高等职业教育机电类专业“互联网+”创新教材

三菱 PLC 项目化教程

主　编　刘振昌　徐　皓
副主编　王　雷　韩天判　焦爱胜
参　编　程　辉　王多文　田爱军　高奇凌
主　审　张　毅

机 械 工 业 出 版 社

本书是在编者多年教学经验的基础上，为适应高等职业院校教学改革的趋势，以满足学生需要为目的编写的理实一体化教材。以教学“实用、够用、活用”为原则，以“项目导向、任务驱动”为教学模式，以项目为载体，从应用型人才培养特点出发，以自动化控制中典型案例为主线，将自动控制过程中的 PLC 编程、触摸屏人机交互界面设计、传感器应用、伺服系统和变频器技术的基本知识和操作技能进行有机融合，注重培养学生技术应用能力、创新能力、分析问题和解决问题的能力，以适应实际工作需要。

本书图文并茂、内容精炼、重点突出。全书共 14 个项目，包括 PLC 概述及编程软件，三相异步电动机单向连续运行控制，三相异步电动机正反转运行控制，三相异步电动机Y-△减压起动控制，自动运料小车系统设计，花式喷泉系统设计，多台电动机顺起、逆停控制设计，大小球分拣系统设计，按钮式人行道交通灯控制设计，全功能物料搬运机械手控制设计，8 站运料小车智能呼叫系统设计，知识竞赛抢答器控制设计，霓虹灯广告屏控制设计，五角星冲孔控制设计。本书采用双色印刷，重点突出，所有项目实例均配有讲解视频，并附有程序文档，扫描相应二维码即可查看。

本书可作为高等职业院校机电类专业教材，也可供相关工程技术人员作为参考资料。

本书配有电子课件、程序文档，凡使用本书作为教材的教师可登录机械工业出版社教育服务网（www. cmpedu. com）注册后免费下载。咨询电话：010-88379375。

图书在版编目（CIP）数据

三菱 PLC 项目化教程/刘振昌，徐皓主编. —北京：机械工业出版社，2022.8（2025.6 重印）
高等职业教育机电类专业“互联网+”创新教材
ISBN 978-7-111-71230-5

Ⅰ.①三…　Ⅱ.①刘…②徐…　Ⅲ.①PLC 技术-高等职业教育-教材
Ⅳ.①TM571.61

中国版本图书馆 CIP 数据核字（2022）第 125553 号

机械工业出版社（北京市百万庄大街 22 号　邮政编码 100037）
策划编辑：刘良超　　　　责任编辑：刘良超
责任校对：陈　越　刘雅娜　责任印制：刘　媛
北京富资园科技发展有限公司印刷
2025 年 6 月第 1 版第 5 次印刷
184mm×260mm · 13.5 印张 · 328 千字
标准书号：ISBN 978-7-111-71230-5
定价：44.80 元

电话服务　　　　　　　网络服务
客服电话：010-88361066　机　工　官　网：www. cmpbook. com
　　　　　010-88379833　机　工　官　博：weibo. com/cmp1952
　　　　　010-68326294　金　　书　　网：www. golden-book. com
封底无防伪标均为盗版　机工教育服务网：www. cmpedu. com

前言

本书是在编者多年教学经验的基础上，为适应高等职业院校教学改革的趋势，以满足学生需要为目的编写的理实一体化教材。以教学“实用、够用、活用”为原则，以“项目导向、任务驱动”为教学模式，以项目为载体，从应用型人才培养特点出发，以自动化控制中典型案例为主线，将自动控制过程中的PLC编程、触摸屏人机交互界面设计、传感器应用、伺服系统和变频器技术的基本知识和操作技能进行有机融合，注重培养学生技术应用能力、创新能力、分析问题和解决问题的能力，以适应实际工作需要。编写人员既有院校一线教师，又有企业人员，实现了校企结合，缩小了理论与实际应用之间的差距，使学生能真正掌握有用的知识，实现理论与实践相结合。本书包含14个项目，项目内包含“学习目标”“重点与难点”“项目分析”“相关知识”“项目实施”“项目评价”和“复习与思考题”环节。本书采用双色印刷，重点突出，所有项目实例均配有讲解视频，并附有程序文档，扫描相应二维码即可查看。

本书由甘肃畜牧工程职业技术学院刘振昌、重庆工程职业技术学院徐皓主编。具体编写分工为：刘振昌编写项目十、项目十二~项目十四，徐皓编写项目六，甘肃畜牧工程职业技术学院王雷编写项目一~项目三，甘肃畜牧工程职业技术学院韩天判编写项目十一，兰州工业学院焦爱胜编写项目五，金昌有色冶金职业技术学院程辉编写项目七、项目八，兰州海红技术股份有限公司王多文编写项目四，兰州申成自动化科技有限公司高奇凌、兰州海红技术股份有限公司田爱军编写项目九。本书微课视频由刘振昌制作，王雷负责后期处理。甘肃畜牧工程职业技术学院张毅审阅了本书并提出许多宝贵的修改意见，在此表示诚挚谢意！

由于编者水平有限，书中不足之处在所难免，恳求读者批评指正，不胜感激。

编　者

二维码索引

（续）

目 录

项目一　PLC概述及编程软件

【学习目标】

1）了解PLC的产生、应用、特点及分类等。
2）了解PLC的基本结构及工作原理。
3）了解PLC内部元器件的种类及编号。
4）掌握PLC编程软件GX Works2和触摸屏编程软件GT Works3的基本操作技能。

【重点与难点】

1）PLC的工作原理。
2）GX Works2和GT Works3的应用。

【相关知识】

一、PLC基础知识

在20世纪60年代，汽车生产线的自动控制系统基本上都是由继电器控制装置构成的。当时汽车的每一次改型都需要重新设计和安装继电器控制装置。随着生产的发展，汽车型号更新的周期越来越短，这样，继电器控制装置就需要经常地重新设计和安装，十分费时、费工、费料，甚至阻碍了更新周期的缩短。美国通用汽车公司为适应汽车型号的不断翻新，试图寻找一种新型的工业控制器，以尽可能减少重新设计和更换继电器控制系统的硬件及接线，减少时间，降低成本。设想中的新型工业控制器能够把计算机的完备功能、灵活及通用等优点和继电器控制系统的简单易懂、操作方便、价格便宜等优点结合起来，并把计算机的编程方法和程序输入方式加以简化，用“面向控制过程，面向对象”的“自然语言”进行编程，使不熟悉计算机的人也能方便地使用，即硬件数量要减少，软件操作要灵活、简单。

1969年，美国数字设备公司研制成功第一台可编程序控制器，并在通用汽车公司的自动装配线上试用成功，从而开创了工业控制的新局面。

1. PLC的定义

1987年，国际电工委员会（IEC）制定了PLC的标准，并给它下了定义：可编程序控制器是一种数字运算操作的电子系统，专为在工业环境下应用而设计。它采用可编程序的存储器，用来在其内部存储执行逻辑运算、顺序控制、定时、计数和算术运算等操作命令，并通过数字式、模拟式的输入和输出，控制各种类型的机械或生产过程。可编程序控制器及其有关的外部设备，都应按易于与工业控制系统联成一个整体，易于扩充其功能的原则设计。

2. PLC 应用领域

随着 PLC 性价比的提高和 PLC 功能的增强，其应用日益广泛。目前，PLC 在国内外已广泛应用于钢铁、采矿、水泥、石油、化工、电力、机械制造、汽车、装卸、造纸、纺织、环保等各个领域。其应用范围大致可归纳为以下几种：

1）开关量的逻辑控制。这是 PLC 最基本、最广泛的应用领域。它取代传统的继电器控制系统，实现逻辑控制、顺序控制。开关量的逻辑控制可用于单机控制和多机群控，也可用于自动生产线的控制等。

2）运动控制。PLC 可用于直线运动或圆周运动的控制。早期直接用开关量 I/O 模块连接位置传感器和执行机械，现在一般使用专用的运动模块。目前，制造商已能够提供拖动步进电动机或伺服电动机的单轴或多轴位置控制模块，即把描述目标位置的数据送给模块，模块移动一轴或多轴到目标位置。当每个轴运动时，位置控制模块保持适当的速度和加速度，确保运动平滑。运动的程序可用 PLC 的语言完成，通过编程器输入。

3）闭环过程控制。PLC 通过模拟量的 I/O 模块实现模拟量与数字量的 A/D、D/A 转换，可实现对温度、压力、流量等连续变化的模拟量的 PID 控制。

4）数据处理。现代的 PLC 具有数学运算（包括矩阵运算、函数运算、逻辑运算）、数据传递、排序和查表、位操作等功能。可以完成数据的采集、分析和处理，数据处理一般用在大中型控制系统中。具有 CNC 功能，把支持顺序控制的 PLC 与数字控制设备紧密结合。

5）通信联网。PLC 的通信包括 PLC 与其他 PLC、上位计算机和智能设备之间的通信。PLC 和计算机之间具有 RS-232 接口，用双绞线、同轴电缆将它们连成网络，可以实现信息的交换，还可以构成“集中管理，分散控制”的分布控制系统。I/O 模块按功能各自放置在生产现场分散控制，然后利用网络连接构成集中管理信息的分布式网络系统。

3. PLC 功能特点

与一般控制装置相比，PLC 有以下特点：

1）可靠性高，抗干扰能力强。工业生产对控制设备的可靠性要求是平均故障间隔时间长、故障修复时间（平均修复时间）短。

2）通用性强，控制程序可变，使用方便。PLC 各种硬件装置品种齐全，可以组成能满足各种要求的控制系统，用户不必自己设计和制作硬件装置。用户在硬件确定以后，在生产工艺流程改变或生产设备更新的情况下，不必改变 PLC 的硬件设备，只需修改或重新编写程序就可以满足要求。因此，PLC 除应用于单机控制外，在工厂自动化中也被大量采用。

3）功能强，适应面广。PLC 不仅有逻辑运算、计时、计数、顺序控制等功能，还具有数字和模拟量的输入/输出、功率驱动、通信、人机对话、自检、记录显示等功能。既可控制一台生产机械、一条生产线，又可控制一个生产过程。

4）编程简单，容易掌握。目前，大多数 PLC 仍采用继电控制形式的“梯形图编程”方式。既继承了传统控制线路的清晰直观，又考虑到大多数工厂企业电气技术人员的读图习惯及编程水平，易于掌握。

5）减少了控制系统的设计及施工的工作量。由于 PLC 采用了软件来取代继电器控制系统中大量的中间继电器、时间继电器、计数器等，控制柜的设计、安装和接线工作量大为减少。同时，PLC 的用户程序可以在实验室模拟调试，减少了现场的调试工作量。

6）体积小、自重轻、功耗低、维护方便。PLC 是将微电子技术应用于工业设备的产品，其结构紧凑，体积小，自重轻，功耗低，并且抗干扰能力强，不易出故障，便于维护，是实现机电一体化的理想控制设备。

4. PLC 的发展现状

目前，随着大规模和超大规模集成电路等微电子技术的发展，PLC 技术已非常成熟，不仅控制功能增强，功耗和体积减小，成本下降，可靠性提高，编程和故障检测更为灵活方便，而且随着远程 I/O 和通信网络、数据处理以及图像显示技术的发展，PLC 正在向连续生产过程控制的方向发展，成为实现工业生产自动化的一大支柱。

知名的 PLC 品牌有 ABB、通用、西门子、三菱、欧姆龙、松下等。

5. PLC 的发展趋势

随着 PLC 应用领域日益扩大，PLC 技术及其产品结构都在不断改进，功能日益强大，性价比越来越高。

（1）在产品规模方面，向两极发展　一方面，大力发展速度更快、性价比更高的小型和超小型 PLC，以适应单机及小型自动控制的需要。另一方面，向高速度、大容量、技术完善的大型 PLC 方向发展。随着复杂系统控制的要求越来越高和微处理器与计算机技术的不断发展，人们对 PLC 的信息处理速度要求也越来越高，要求用户存储器容量也越来越大。

（2）向通信网络化发展　PLC 网络控制是当前控制系统和 PLC 技术发展的潮流。PLC 与 PLC 之间的联网通信、PLC 与上位计算机的联网通信已得到广泛应用。目前，PLC 制造商都在发展自已专用的通信模块和通信软件以加强 PLC 的联网能力。各 PLC 制造商之间也在协商指定通用的通信标准，以构成更大的网络系统。PLC 已成为集散控制系统（DCS）不可缺少的组成部分。

（3）向模块化、智能化发展　为满足工业自动化各种控制系统的需要，近年来，PLC 厂家先后开发了不少新器件和模块，如智能 I/O 模块、温度控制模块和专门用于检测 PLC 外部故障的专用智能模块等，这些模块的开发和应用不仅增强了 PLC 功能，扩展了 PLC 的应用范围，还提高了系统的可靠性。

（4）编程语言和编程工具的多样化和标准化　多种编程语言的并存、互补与发展是 PLC 软件进步的一种趋势。PLC 厂家在使硬件及编程工具换代频繁、丰富多样、功能提高的同时，日益向 MAP（制造自动化协议）靠拢，使 PLC 输入/输出模块、通信协议、编程语言和编程工具等方面的技术规范化和标准化。

二、PLC 的基本组成、工作原理与分类

1. PLC 的基本组成

可编程序控制器实质上是一种工业控制计算机，主要由中央处理单元（CPU）、存储器、输入/输出（I/O）接口、电源和编程器等组成，如图 1-1 所示。

（1）中央处理单元（CPU）　中央处理单元是 PLC 的核心，其功能为接收并存储用户程序和数据；诊断电源、PLC 工作状态及编程的语法错误；接收输入信号，送入数据寄存器

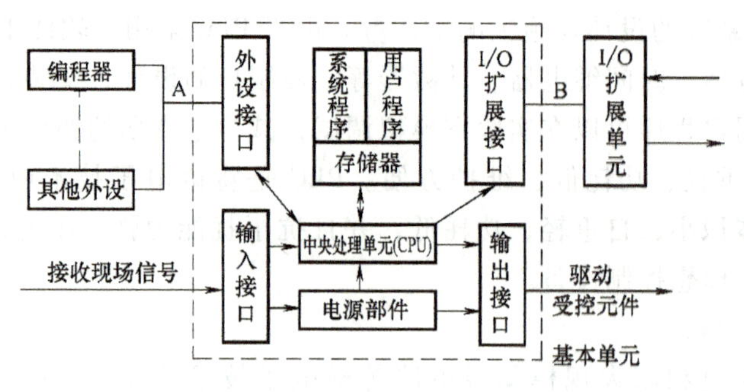

图 1-1　PLC 的基本组成

并保存；运行时顺序读取、解释、执行用户程序，完成用户程序的各种操作；将用户程序的执行结果送至输出端。

（2）存储器

1）系统存储器（ROM）。系统存储器的功能为存放系统工作程序（监控程序），存放模块化应用功能子程序，存放命令解释程序，存放功能子程序的调用管理程序，存放系统参数。PLC 出厂前已将其固化在只读存储器 ROM 或 PROM 中，用户不能更改。

2）用户存储器（RAM）。用户存储器包括用户程序存储区和工作数据存储区。这类存储器一般由低功耗的 CMOS-RAM 构成，其中的存储内容可读出并更改。掉电会丢失存储的内容，一般用锂电池供电。

注意：PLC 产品手册中给出的“存储器类型”和“程序容量”是针对用户程序存储器而言的。

（3）输入接口　输入接口电路采用光电隔离，实现了 PLC 的内部电路与外部电路的电气隔离，减小了电磁干扰。输入接口能够将按钮、行程开关或传感器等产生的信号，转换成数字信号送入主机。

PLC 内部输入电路作用是将 PLC 外部信号送至 PLC 内部电路。PLC 有三种输入类型。一是直流输入，一般为 DC 24V 或 DC 12V，分为源输入和漏输入；二是交流输入，输入规格为 AC 220V；三是模拟量输入，规格有 0～20mA 和 4～20mA 电流信号。其作用包括提供多种类型辅助电源（DC 24V 输入、DC 12V 输入等）、接收开关量及数字量信号（数字量输入单元）、接收模拟量信号（模拟量输入单元）、接收按钮或开关命令（数字量输入单元）、接收传感器输出信号。

（4）输出接口　输出接口电路采用光电隔离器及滤波器，实现了 PLC 的内部电路与外部电路的电气隔离，减小了电磁干扰。输出接口将主机向外输出的信号转换成可以驱动外部执行电路的信号，以便控制接触器线圈等电器通断电；另外，输出电路也使计算机与外部强电隔离。

PLC 输出电路结构形式分为晶体管（脉冲输出）、晶闸管、继电器三种。

1）继电器输出型为有触点输出方式，用于接通或断开开关频率较低的直流负载或交流负载回路。继电器输出带负载能力强，响应速度慢，输出电流大，可达 2A，但接触寿命短，输出频

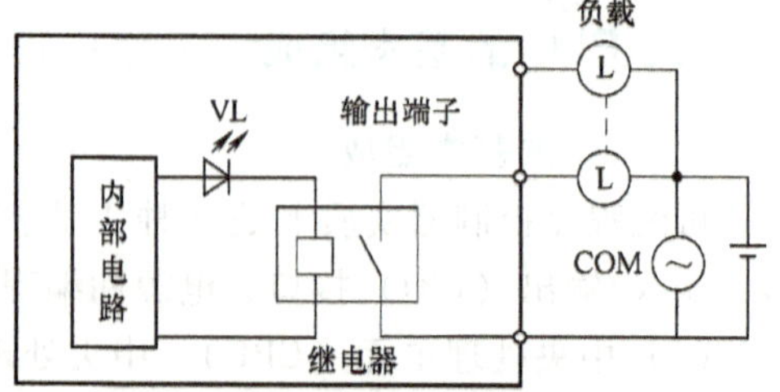

图 1-2　继电器输出型电路

率低。继电器输出型电路如图 1-2 所示。

2）晶闸管输出型为无触点输出方式，用于接通或断开开关频率较高的交流电源负载，响应速度快，但带负载能力不强。晶闸管输出型电路如图 1-3 所示。

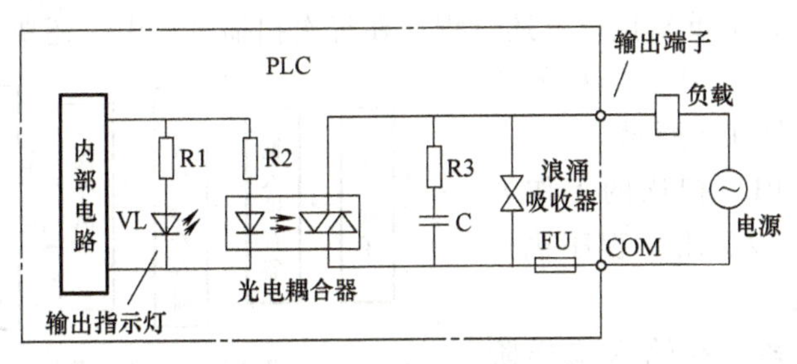

图 1-3　晶闸管输出型电路

3）晶体管输出（脉冲输出）型为无触点输出方式，用于接通或断开开关频率较高的直流电源负载，晶体管输出响应速度快，输出电流小，接触寿命长，输出频率高，但带负载能力小。晶体管输出型电路如图 1-4 所示。

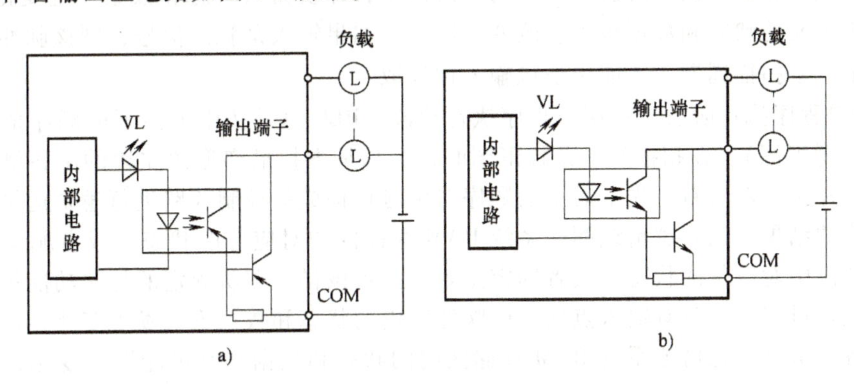

图 1-4　晶体管输出型电路

a）PNP 集电极开路　b）NPN 集电极开路

（5）电源　PLC 的电源是指将外部输入的交流电处理后转换成满足 PLC 的 CPU、存储器、输入输出接口等内部电路工作需要的直流电源电路或电源模块。许多 PLC 的直流电源采用直流开关稳压电源，其特点是输入电压范围宽、体积小、自重轻、效率高、抗干扰性能好，不仅可提供多路独立的电压供内部电路使用，而且还可为输入设备（传感器）提供标准电源（如 24V 隔离直流电源）。

（6）模拟量接口电路

1）模拟量输入接口。把现场连续变化的模拟量标准信号转换成适合 PLC 内部处理的数字量信号。

2）模拟量输出接口。将 PLC 运算处理的若干位数字量信号转换为相应的模拟量信号输出，以满足生产过程现场连续控制要求的信号。

3）智能输入/输出接口。自带 CPU，有专门的处理能力，与主 CPU 配合共同完成控制任务，既可减轻主 CPU 工作负担，又可提高系统的工作效率。

（7）编程器　编程器可采用袖珍式编程器，也可采用带有 PLC 编程软件的计算机，通过通信接口对 PLC 进行编程、调试、监控等。

2. PLC 工作原理

PLC 是采用“顺序扫描，不断循环”方式进行工作的，即在 PLC 运行时，完成内部处理、通信处理、输入刷新、程序执行、输出刷新五个工作阶段，这五个阶段称为一个扫描周期。完成一次扫描后，又重新执行上述过程。在每次扫描过程中，还要完成对输入信号的采样和输出状态的刷新等工作。PLC 的扫描工作方式示意图如图 1-5 所示。

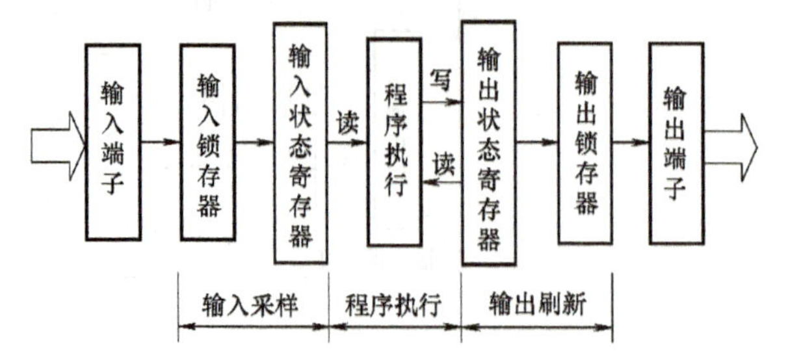

图 1-5　PLC 的扫描工作方式示意图

由图 1-5 可知，PLC 扫描的工作方式主要分输入采样阶段、用户程序执行阶段和输出刷新阶段。

1）输入采样阶段。在输入采样阶段，PLC 以扫描方式依次读入所有输入状态和数据，并将它们存入 I/O 映像区中的相应单元内。输入采样结束后，转入用户程序执行和输出刷新阶段。在这两个阶段中，即使输入状态和数据发生变化，I/O 映像区中相应单元的状态和数据也不会改变。因此，如果输入是脉冲信号，则该脉冲信号的宽度必须大于一个扫描周期，才能保证该输入被读取。

2）用户程序执行阶段。在用户程序执行阶段，PLC 总是按由上而下的顺序依次地扫描用户程序（梯形图）。在扫描每一条梯形图时，又总是先扫描梯形图左边的由各触点构成的控制线路，并按先左后右、先上后下的顺序对由触点构成的控制线路进行逻辑运算，然后根据逻辑运算的结果，刷新逻辑线圈在系统 RAM 存储区中对应位的状态；或者刷新输出线圈在 I/O 映像区中对应位的状态；或者确定是否要执行该梯形图所规定的特殊功能指令。即在用户程序执行过程中，只有输入点在 I/O 映像区内的状态和数据不会发生变化，而其他输出点和软设备在 I/O 映像区或系统 RAM 存储区内的状态和数据都有可能发生变化，而且排在上面的梯形图，其程序执行结果会对排在下面的用到这些线圈或数据的梯形图起作用；而排在下面的梯形图，其被刷新的逻辑线圈的状态或数据只能到下一个扫描周期才能对排在其上面的程序起作用。

3）输出刷新阶段。当扫描用户程序结束后，PLC 就进入输出刷新阶段。在此期间，CPU 按照 I/O 映像区内对应的状态和数据刷新所有的输出锁存电路，再经输出电路驱动相应的外部设备。

3. PLC 的分类

由于 PLC 的品种、型号、规格、功能各不相同，要按统一的标准对它们进行分类十分困难。通常，按 I/O 点数可将 PLC 划分成小、中、大型三类；按功能强弱又可将其分为低档机、中档机和高档机三类。

1）小型 PLC。小型 PLC 的 I/O 点数少于 256 点，单 CPU，8 位或 16 位处理器，用户存储器容量为 4KB 以下。如美国 GE 公司的 GE-Ⅰ型，美国德州仪器公司的 TI100 型，日本三菱电气公司的 F、F1、F2 系列，德国西门子公司的 S7-200，日本东芝公司的 EX20、EX40 等。

2）中型 PLC。中型 PLC 的 I/O 点数为 256～2048 点，双 CPU，用户存储器容量为 2～8KB。如德国西门子公司的 S7-300，美国 GE 公司的 GE-Ⅲ等。

3）大型 PLC。大型 PLC 的 I/O 点数大于 2048 点，多 CPU，16 位或 32 位处理器，用户存储器容量为 8~16KB。如德国西门子公司的 S7-400，美国 GE 公司的 GE-Ⅳ等。

三、三菱 FX 系列 PLC 的硬件、软件资源

PLC 品牌较多，如三菱、欧姆龙、西门子等，本书以三菱 PLC 为介绍对象。

1. FX 系列 PLC 型号

FX 系列可编程序控制器型号格式如下：

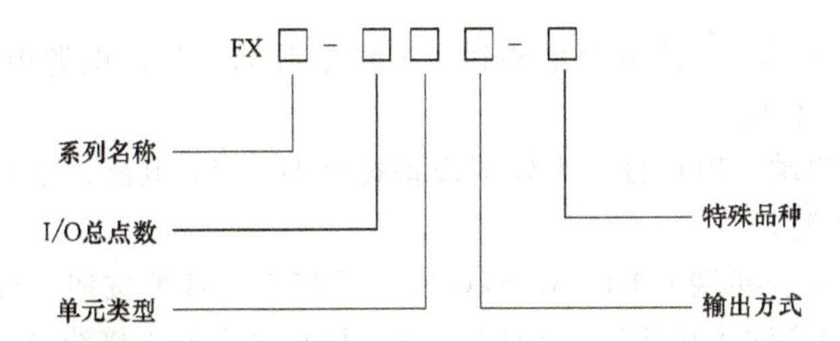

系列名称：如 0、2、0S、1S、0N、1N、2N、2NC、3U、5U 等。

单元类型：M—基本单元；E—输入/输出混合扩展单元；EX—扩展输入模块；EY—扩展输出模块。

输出方式：R—继电器输出；S—晶闸管输出；T—晶体管输出。

特殊品种：D—DC 电源，DC 输入；A1—AC 电源，AC 输入或 AC 输出模块等。

例如 FX2N—48MR-D，其参数意义为：

三菱 FX2N PLC，有 48 个 I/O 点，继电器输出型，使用 DC 24V 电源，DC 输入的基本单元。

2. FX2N 系列 PLC 外部结构

FX2N 的基本指令执行时间可达 0.08s，用户存储器容量可扩展到 16KB，最大可以扩展到 256 个 I/O 点，有 5 种模拟量输入/输出模块、高速计数器模块、脉冲输出模块、4 种位置控制模块、多种 RS-232C/RS-422/RS-485 串行通信模块或功能扩展板以及模拟定时器功能扩展板，使用特殊功能模块和功能扩展板，可以实现模拟量控制、位置控制和联网通信等功能。图 1-6 所示为 FX2N-48MR 型 PLC 面板，主要包含厂商名称、型号、状态指示灯、模式转换开关、通信接口、PLC 的电源端子、输入端子、输入指示灯、输出端子、输出指示灯等几个区域。

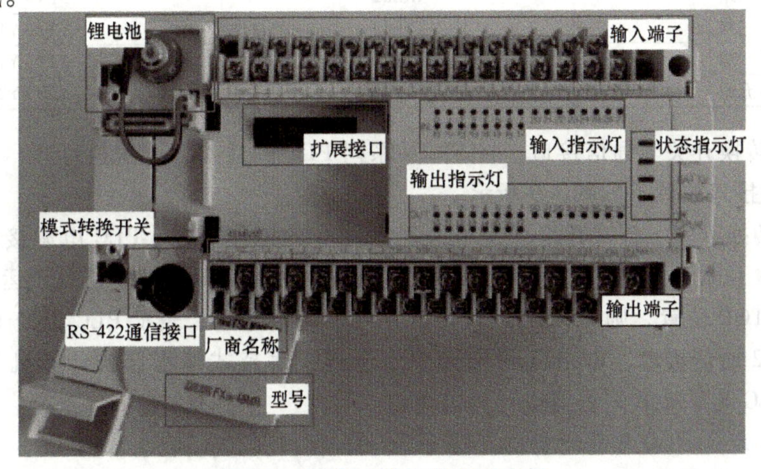

图 1-6 FX2N-48MR 型 PLC 面板

1）输入接线端。FX2N-48MR 型 PLC 的输入接线端如图 1-7 所示。

图 1-7　FX2N-48MR 型 PLC 的输入接线端

2）外部电源输入端。L 接电源的相线，N 接电源的中线。电源电压一般为 AC 100～240V，为 PLC 提供工作电压。

3）直流电源输出端。PLC 自身为外围设备提供 DC 24V 电源，主要用于传感器或其他小容量负载的供给电源。

4）输入接线端和公共端 COM。在 PLC 控制系统中，各种按钮、行程开关和传感器等主令电器直接接到 PLC 输入接线端和 COM 之间，PLC 每个输入接线端子的内部都对应一个电子电路，即输入接口电路。

5）输出接线端。PLC 输出接线端可分为输出接线端和输入公共端。FX2N-48MR 型 PLC 的输出接线端如图 1-8 所示。

图 1-8　FX2N-48MR 型 PLC 的输出接线端

输出设备使用不同的电压类型和等级时，PLC 输出接线端与公共端组合对应关系见表 1-1。当输出设备使用相同的电压类型和等级时，则将 COM1、COM2、COM3、COM4、COM5 用导线短接即可。

表 1-1　PLC 输出接线端与公共端组合对应关系

组次	公共端子	输出端子
第一组	COM1	Y0～Y3
第二组	COM2	Y4～Y7
第三组	COM3	Y10～Y13
第四组	COM4	Y14～Y17
第五组	COM5	Y20～Y27

6）模式转换开关与通信接口。将 FX2N 系列 PLC 的通信区域盖板打开，可见到模式转换开关与通信接口位置，如图 1-9 所示。

① 模式转换开关。模式转换开关用来改变 PLC 的工作模式，PLC 电源接通后，将转换开关拨到 RUN 位置，则 PLC 的运行指示灯（RUN）发光，表示 PLC 正处于运行状态。将转换开关拨到 STOP 位置，则 PLC 的运行指示灯（RUN）熄灭，表示 PLC 正处于停止状态。

② RS-422 通信接口。RS-422 通信接口用来连接手持式编程器或计算机（对应编程软件），保证 PLC 与手持式编程器或计算机通信。

3. FX2N 系列 PLC 编程元件

PLC 编程元件可分为输入继电器、输出继电器、辅助继电器、状态继电器、定时器和计数器、数据寄存器、变址寄存器等。

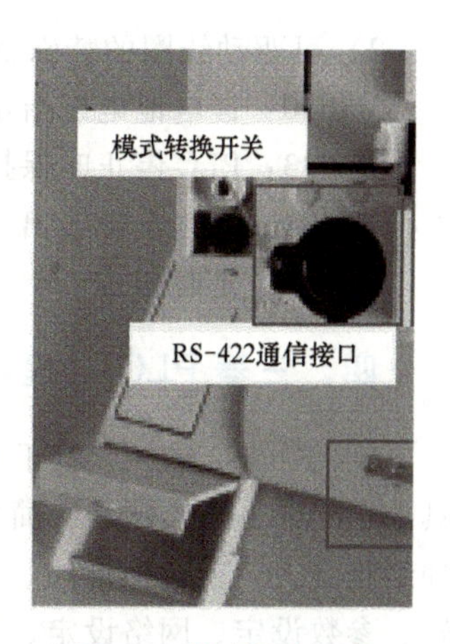

图 1-9　模式转换开关与通信接口

（1）输入继电器（X）　在 PLC 内部，与输入端子相连的输入继电器是光电隔离的电子继电器，采用八进制编号，有大量常开触点和常闭触点。

输入继电器只能由外部信号进行驱动，不能用程序或内部指令进行驱动，其触点也不能直接输出去驱动执行元件。

输入继电器是 PLC 接收外部开关信号的窗口，PLC 通过输入端子将外部信号的状态读入并存在输入映像寄存器。图 1-10 所示为 PLC 控制系统的示意图。

（2）输出继电器（Y）　输出继电器采用八进制编号，有内部触点和外部输出触点（继电器触点、双向晶闸管、晶体管等输出元件）之分，由程序驱动。

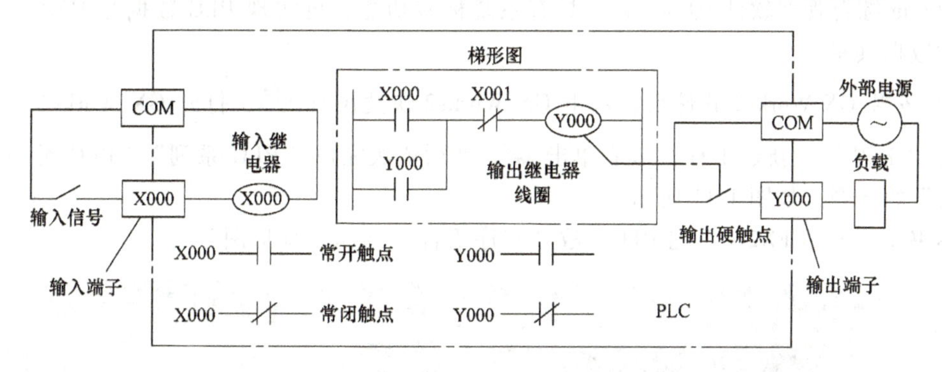

图 1-10　PLC 控制系统的示意图

在 PLC 内部，外部输出触点与输出端子相连，向外部负载输出信号，且一个输出继电器只有一个常开型外部输出触点。

输出继电器有大量内部常开触点和常闭触点，供编程时使用。

输出继电器是 PLC 向外部负载发送信号的窗口。输出继电器将 PLC 的输出信号传送给输出单元，再由后者驱动外部负载。

（3）辅助继电器（M）　辅助继电器（M）由内部软元件的触点驱动，常开触点和常闭触点使用次数不限，但不能直接驱动外部负载，采用十进制编号。

辅助继电器分为通用辅助继电器 M0～M499（500 点）、掉电保持辅助继电器 M500～M1023（524 点）、特殊辅助继电器 M8000～M8255（256 点）。

1）只能利用其触点的特殊辅助继电器。

M8000：运行监控用，PLC 运行时 M8000 接通。

M8002：仅在运行开始瞬间接通的初始脉冲特殊辅助继电器。

M8011：产生 10ms 时钟脉冲的特殊辅助继电器。

M8012：产生 100ms 时钟脉冲的特殊辅助继电器。

M8013：产生 1s 时钟脉冲的特殊辅助继电器。

M8014：产生 1min 时钟脉冲的特殊辅助继电器。

2）可驱动线圈的特殊辅助继电器。

M8030：锂电池电压指示灯。

M8033：PLC 停止时保持输出。

M8034：停止全部输出。

M8039：定时扫描。

四、三菱 PLC 编程软件——GX Works2

GX Works2 是一款基于 Windows 操作系统运行，用于 PLC 设计、调试、维护的编程工具。GX Works2 软件具有简单工程（Simple Project）和结构化工程（Structured Project）两种编程方式，支持梯形图、指令表、SFC、ST 及结构化梯形图等编程语言，可实现程序编辑、参数设定、网络设定、程序监控、调试及在线更改、智能功能模块设置等功能，适用于三菱 Q、L、FX 等系列可编程序控制器，兼容 GX Developer 软件，支持三菱电动机工控产品 IQ Platform 综合管理软件 IQ Works，具有系统标签功能，可实现 PLC 数据与 HMI、运动控制器的数据共享。

1）安装 GX Works2 软件后，双击 GX Works2 快捷图标，打开 GX Works2，在菜单栏单击“工程”→“新建工程”或者单击，然后依次完成“PLC 系列”“PLC 类型”“程序语言”的选择，如图 1-11 所示。

本书主要介绍 FX2N 系列 PLC，故“程序语言”选择“梯形图”。

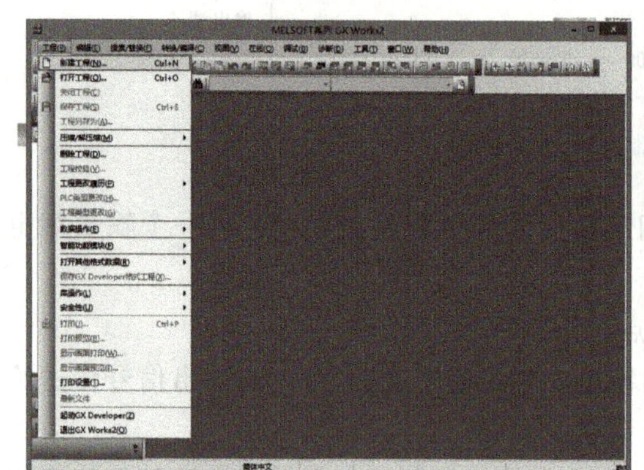

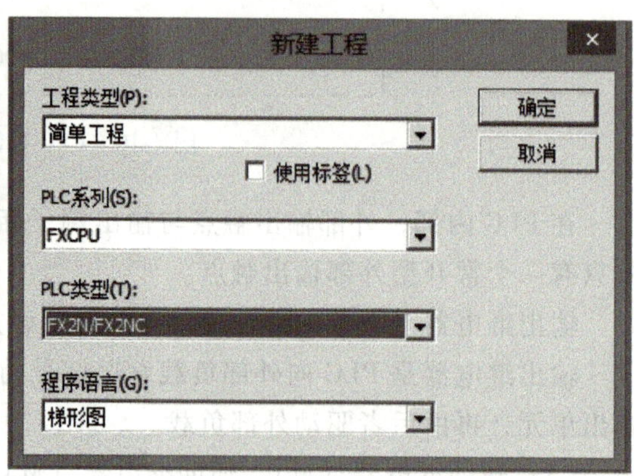

图 1-11　新建工程

2）GX Works2 编辑界面由五大部分组成，分别是菜单栏、快捷工具、工程管理器、连接目标、编辑区，如图 1-12 所示。

五、三菱触摸屏编程软件——GT Works3

GT Works3 是一款触摸屏编程软件，用于画面设计，适用于 GOT2000、GS2000 系列触摸屏，包含 GT Designer3、GT Manual3、Data Transfer 等软件模块。可与三菱 FX 系列 PLC、三菱 A 系列 PLC、欧姆龙 C 系列 PLC、富士 N 系列 PLC、松下 FP 系列 PLC、AB-SLC500 系列 PLC、西门子 S7-200 系列 PLC、西门子 S7-300 系列 PLC 等可编程序控制器通信连接。

三菱触摸屏画面制作采用 GT Designer3 软件模块，设置过程如下。

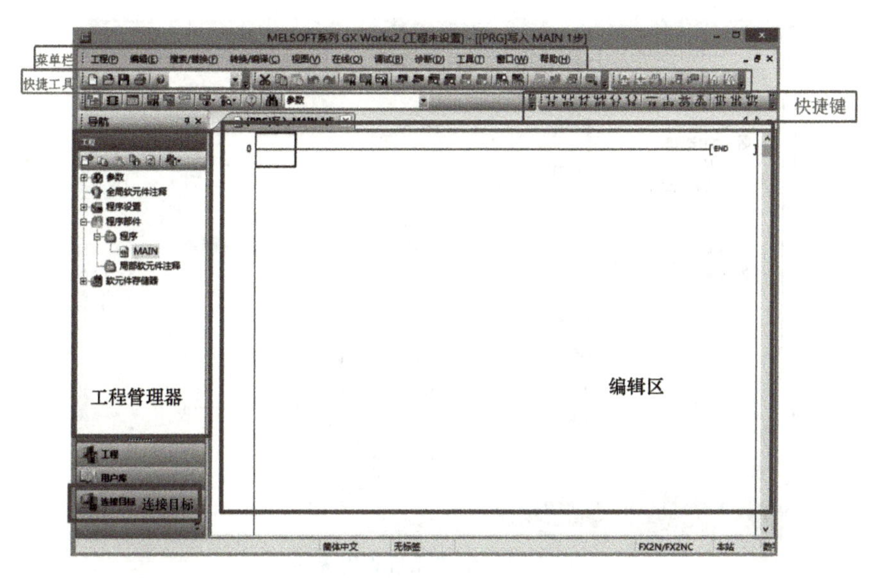

图 1-12 GX Works2 编辑界面简介

1）在桌面双击 GT Designer3 快捷图标，进入软件主界面，弹出如图 1-13 所示工程选择窗口，选择“新建”按钮即可新建工程。

2）弹出新建工程向导界面，单击“下一步”，如图 1-14 所示。

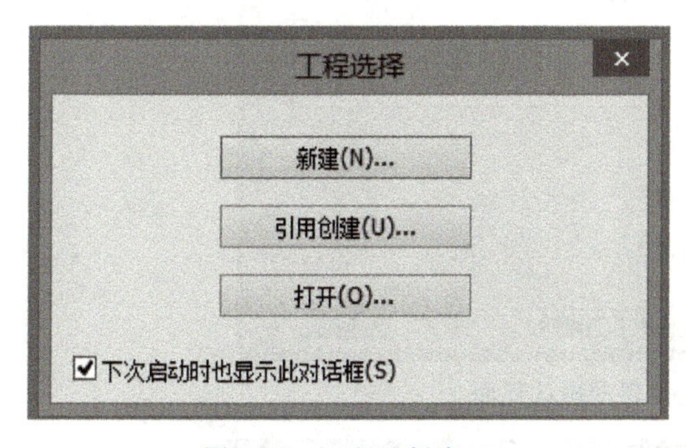

图 1-13 工程选择窗口

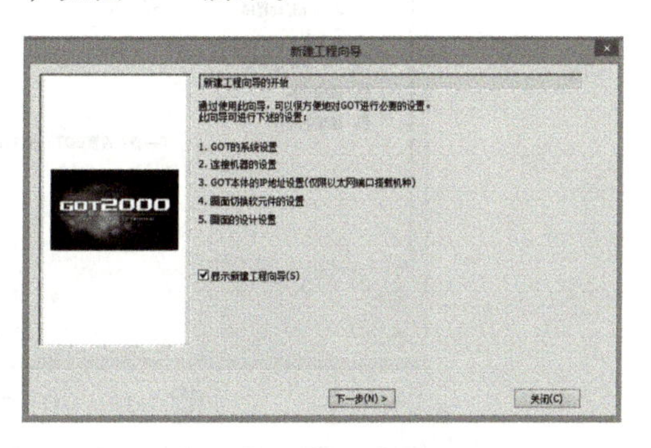

图 1-14 新建工程向导界面

3）进入 GOT 系统设置界面。单击“机种”下拉菜单，然后选择要使用的设备型号，接着在“颜色设置”中设置颜色数。设置完毕后单击“下一步”，如图 1-15 所示。

4）进入 GOT 系统设置的确认窗口，单击“下一步”，如图 1-16 所示。

5）进入连接机器设置界面，用户可选择制造商、机种。单击“下一步”，如图 1-17 所示。

6）接口设置。单击 I/F 下拉菜单，选择接口进行设置。单击“下一步”，如图 1-18 所示。

7）通信驱动程序设置。单击通信驱动程序的下拉菜单，选择驱动程序，还可以单击详细设置按钮，对波特率、重试次数、发送延迟时间进行设置。单击“下一步”，如图 1-19 所示。

8）单击“追加”按钮可以填加机器，设置完毕后，单击“下一步”，如图 1-20 所示。

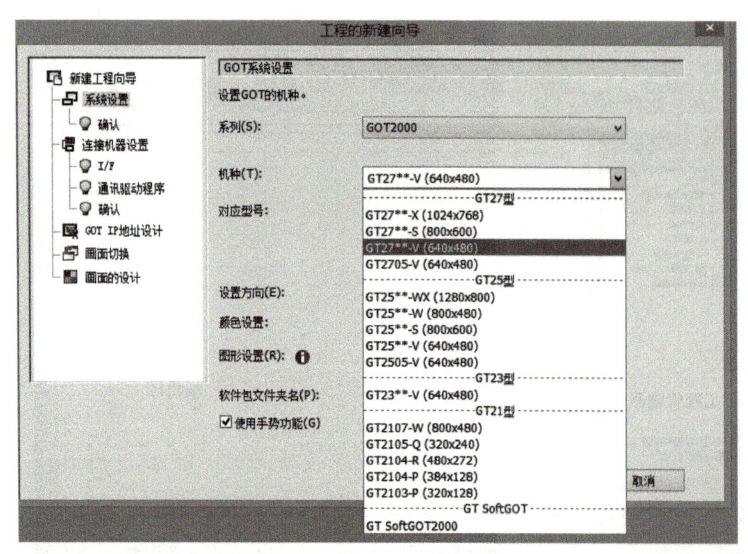

图 1-15　GOT 系统设置界面

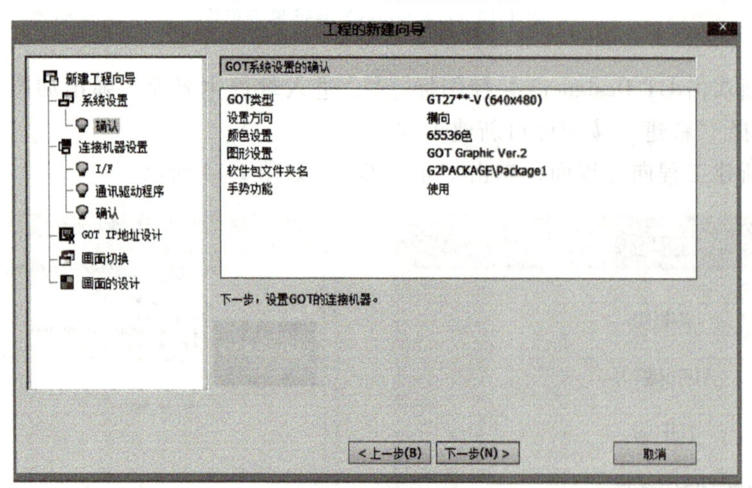

图 1-16　GOT 系统设置的确认界面

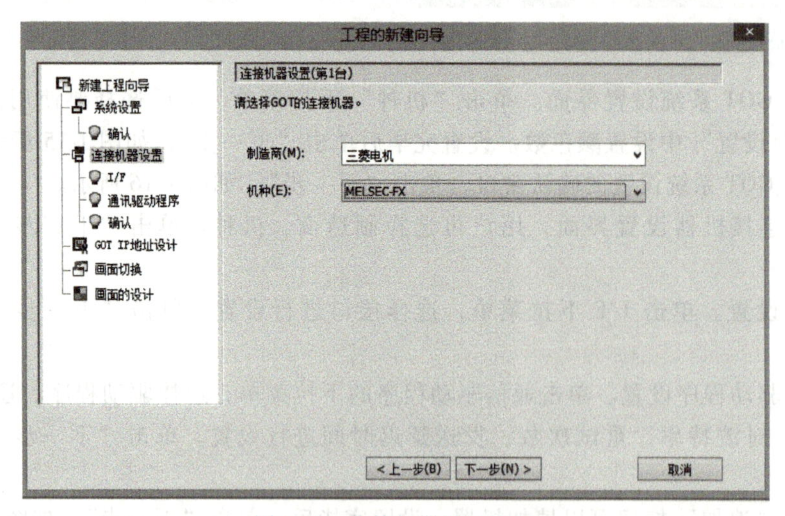

图 1-17　连接机器设置界面

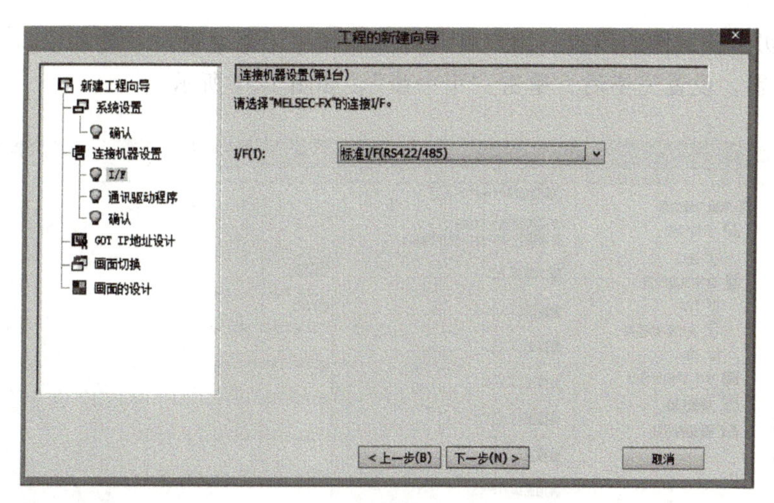

图 1-18　接口设置

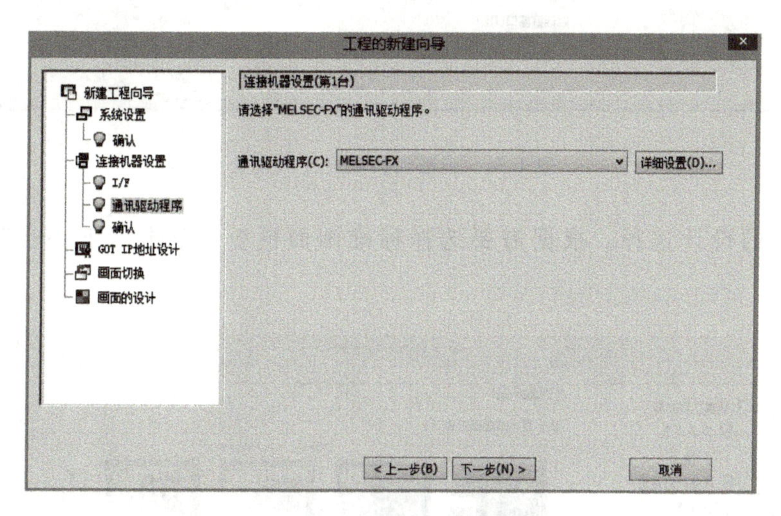

图 1-19　通信驱动程序设置

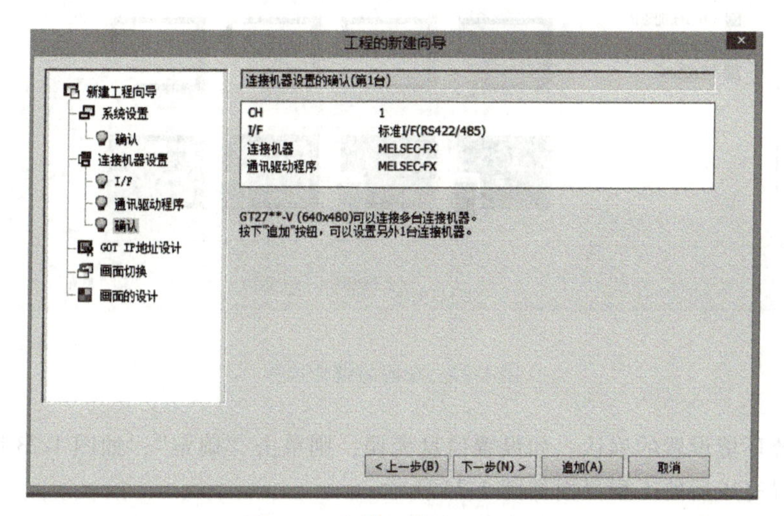

图 1-20　连接机器设置的确认

9）画面切换软元件的设置。用户可以对基本画面、重叠窗口、叠加窗口、对话框窗口等参数进行设置，设置完毕后，单击“下一步”，如图1-21所示。

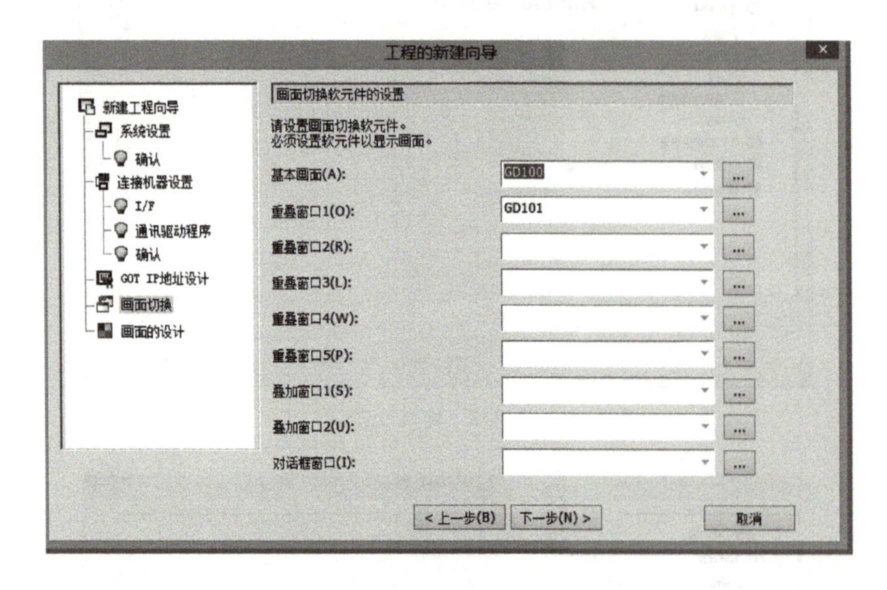

图1-21　画面切换软元件的设置

10）画面的设计选择。根据需要选择标准画面模板，单击“下一步”，如图1-22所示。

图1-22　画面的设计选择

11）系统环境设置的确认。如设置信息无误，则单击“确定”，如图1-23所示。

12）设置完成后的工程界面如图1-24所示。

画面设计界面各区域的说明如图1-25所示。

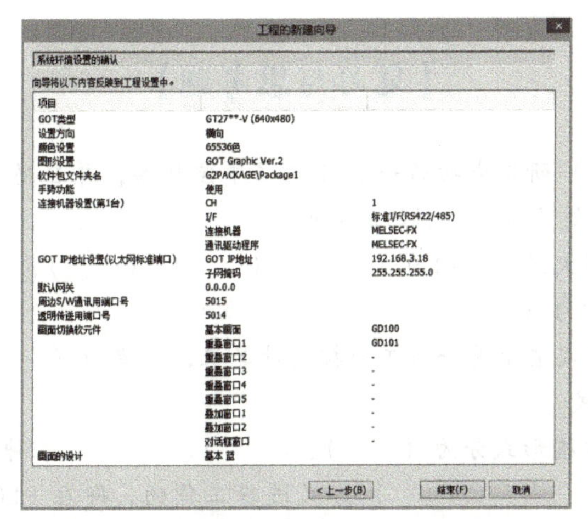

图 1-23　系统环境设置的确认

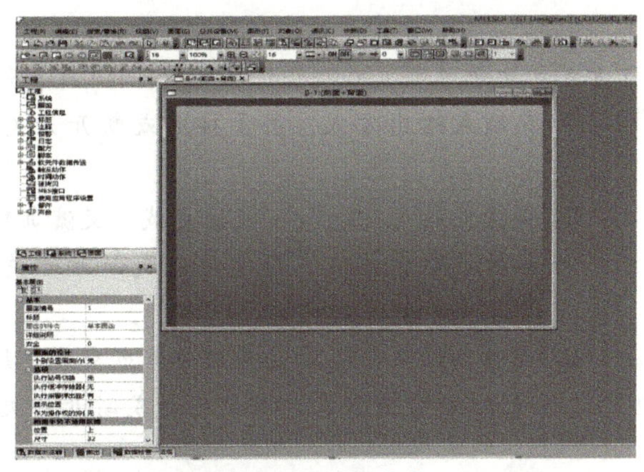

图 1-24　设置完毕

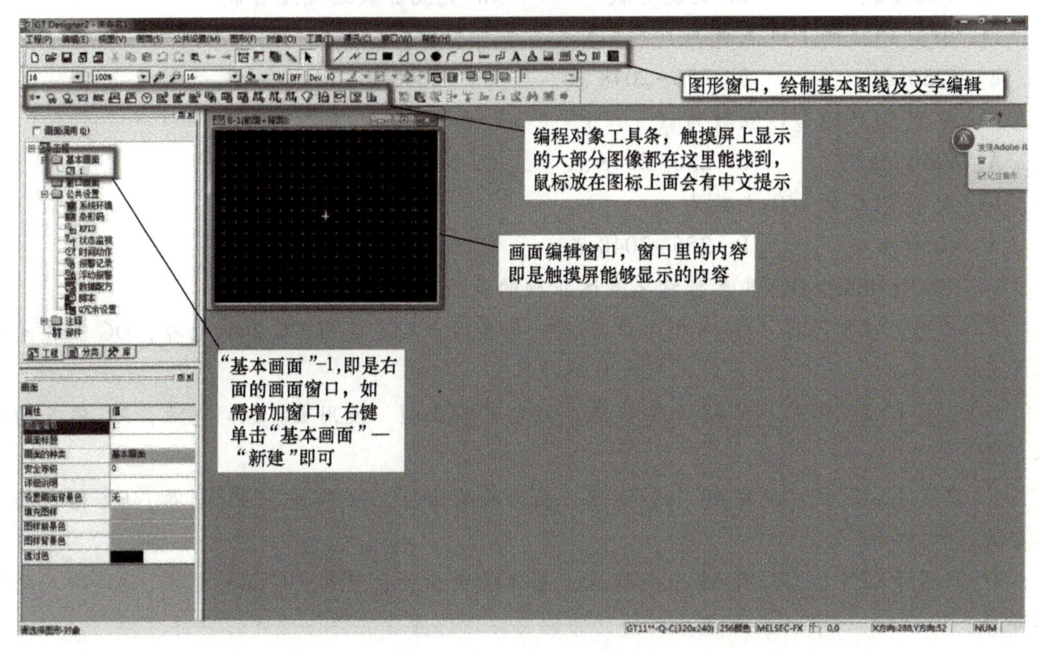

图 1-25　画面设计界面

【复习与思考题】

1. 1969年，（ ）研制成功第一台可编程序控制器，并在通用汽车公司的自动装配线上试用成功，从而开创了工业控制的新局面。

2. PLC的应用范围大致可归纳为（ ）、（ ）、（ ）、（ ）、（ ）。

3. PLC的中文全称为（ ）。

4. 可编程序控制器实质上是一种工业控制计算机，主要由（ ）、（ ）、（ ）、（ ）和编程器等组成。

5. PLC输出电路结构形式分为（ ）、（ ）、（ ）三种。

6. PLC是采用（ ）方式进行工作的，即在PLC运行时，完成内部处理、通信处理、输入刷新、程序执行、输出刷新五个工作阶段，这五个阶段称为一个扫描周期。

7. PLC扫描的工作方式主要分（ ）、（ ）、（ ）三个阶段。

8. 继电器输出型PLC为有触点输出方式，用于接通或断开开关频率较低的（ ）回路。

A. 直流负载　　B. 交流负载　　C. 直流负载或交流负载

9. 晶闸管输出型PLC为无触点输出方式，用于接通或断开开关频率较高的（ ）负载。

A. 直流负载　　B. 交流负载　　C. 直流负载或交流负载

10. 晶体管输出型PLC为无触点输出方式，用于接通或断开开关频率较高的（ ）负载。

A. 直流负载　　B. 交流负载　　C. 直流负载或交流负载

11. 小型PLC的I/O点数为（ ）。

A. <256点　　B. 256~2048点　　C. >2048点

12. 中型PLC的I/O点数为（ ）。

A. <256点　　B. 256~2048点　　C. >2048点

13. 大型PLC的I/O点数为（ ）。

A. <256点　　B. 256~2048点　　C. >2048点

14. FX2N-48MR-D，其参数意义表述正确的是（ ）。

A. 三菱FX2N PLC，有48个I/O点，继电器输出型，使用DC 24V电源，DC输入的基本单元

B. 三菱FX2N PLC，有48个I/O点，继电器输出型，使用DC 24V电源，AC输入的基本单元

C. 三菱FX2N PLC，有48个I/O点，晶体管输出型，使用DC 24V电源，DC输入的基本单元

D. 三菱FX2N PLC，有48个I/O点，晶体管输出型，使用DC 24V电源，AC输入的基本单元

15. 关于输入继电器（X）的表述错误的是（ ）。

A. 在 PLC 内部与输入端子相连的输入继电器是光电隔离的电子继电器

B. 采用八进制编号，有无数个常开触点和常闭触点

C. 只能由外部信号进行驱动，不能用程序或内部指令进行驱动，其触点也不能直接输出去驱动执行元件

D. 只能由外部信号进行驱动，能用程序或内部指令进行驱动，其触点能直接输出去驱动执行元件

16. 关于输出继电器（Y）表述错误的是（　　）。

A. 输出继电器采用八进制编号

B. 有内部触点和外部输出触点（继电器触点、双向晶闸管、晶体管等输出元件）之分，由程序驱动

C. 在 PLC 内部，外部输出触点与输出端子相连，向外部负载输出信号，且一个输出继电器只有一个常开型外部输出触点

D. 一个输出继电器有无数个常开型外部输出触点

17. 关于辅助继电器（M）表述正确的是（　　）。

A. 辅助继电器（M）由内部软元件的触点驱动，常开触点和常闭触点使用次数不限

B. 不能直接驱动外部负载

C. 辅助继电器分为通用辅助继电器 M0～M499（500 点）、掉电保持辅助继电器 M500～M1023（524 点）、特殊辅助继电器 M8000～M8255（256 点）

D. 采用十进制编号

18. 能产生 1s 时钟脉冲的特殊辅助继电器是（　　）。

A. M8011　　B. M8012　　C. M8013　　D. M8014

项目二　三相异步电动机单向连续运行控制

【学习目标】

1）了解常用低压电器的结构、原理及使用方法。

2）了解 PLC 的编程语言和编程方法。

3）掌握 FX2N 系列 PLC 基本逻辑指令 LD、LDI、AND、ANI、OR、ORI、ANB、ORB、OUT 的使用方法。

4）熟练掌握 GX Works2 程序输入、仿真、下载等操作技能。

5）掌握三相异步电动机单向连续运行的电气控制原理及 PLC 改造程序设计。

【重点与难点】

起保停程序和优先控制程序的设计。

【项目分析】

图 2-1 所示为三相异步电动机单向连续运行的电气接线图，图 2-2 所示为三相异步电动

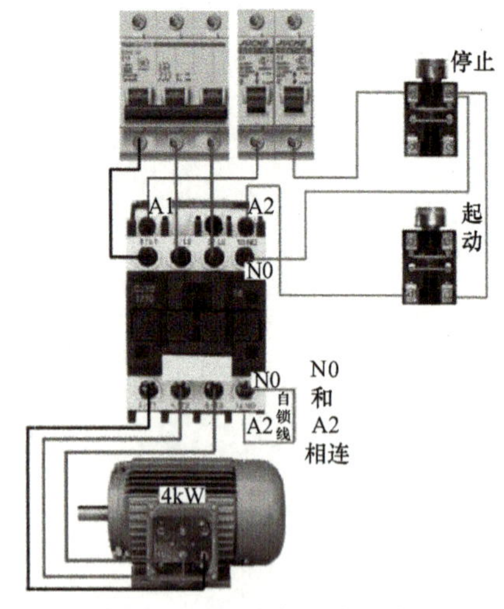

图 2-1　三相异步电动机单向连续运行的电气接线图

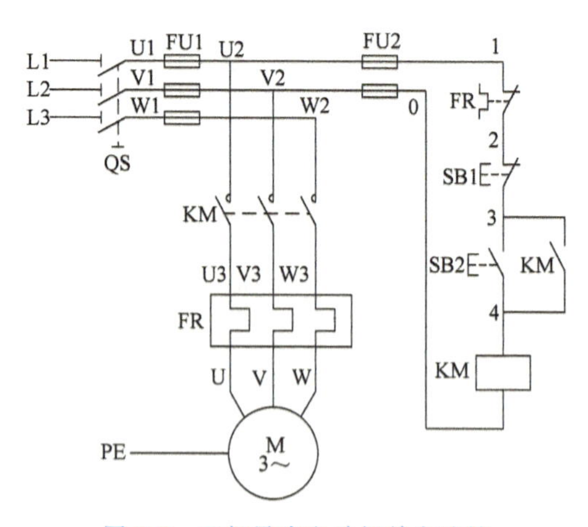

图 2-2　三相异步电动机单向连续运行的电气控制原理图

机单向连续运行的电气控制原理图。其工作过程为：先接通电源开关 QS，按下起动按钮 SB2，交流接触器 KM 线圈得电，KM 主触点闭合，电动机运转，交流接触器 KM 辅助触点闭合自锁，使电动机连续运转。当按下停止按钮 SB1 时，交流接触器 KM 线圈失电，KM 主触点和辅助触点断开，电动机停止运转。

请用 FX2N 系列 PLC 对该控制线路进行技术改造，该单向连续运行控制线路的控制要求如下：

1）按下起动按钮 SB2，三相异步电动机单向连续运转。

2）按下停止按钮 SB1，三相异步电动机停止运转。

3）具有短路保护和过载保护等必要保护措施。

通过三相异步电动机单向连续运行的电气控制原理图分析和控制要求，本项目用起保停程序即可完成三相异步电动机单向连续运行。

【相关知识】

一、低压电器

1. 按钮

按钮是一种常用的控制电器元件，常用来接通或断开控制电路（其中电流很小），从而达到控制电动机或其他电气设备运行目的的一种开关。

常见的按钮主要有急停按钮、起动按钮、停止按钮、组合按钮（键盘）、点动按钮、复位按钮。

（1）外形、结构及符号　按钮的外形结构如图 2-3 所示，它由按键、动作触点、复位弹簧、按钮盒组成。图 2-4 所示为按钮的内部结构。图 2-5 所示为按钮符号。

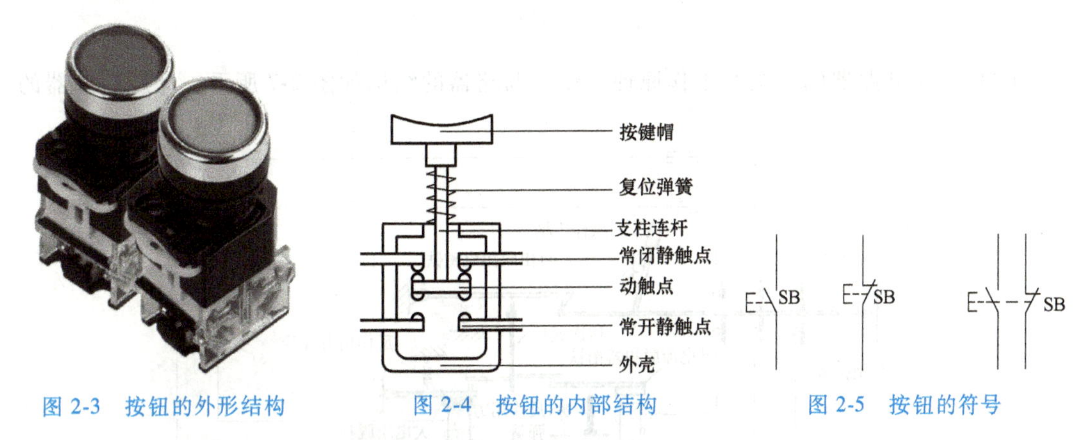

图 2-3　按钮的外形结构　　图 2-4　按钮的内部结构　　图 2-5　按钮的符号

（2）按钮型号含义　按钮的型号含义如下：

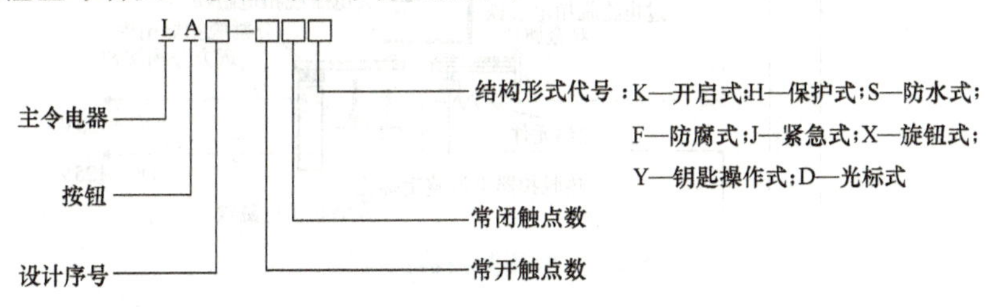

2. 低压断路器

低压断路器是低压配电网络和电力拖动系统中常用的一种电器，它集控制和多种保护功能于一身，正常情况下用于完成不频繁接通和分断电路。当电路中发生短路、过载及欠电压等故障时，能自动切断故障电路，保护用电设备的安全。低压断路器相当于刀开关、熔断器、热继电器和欠电压继电器的组合。

（1）低压断路器的分类　低压断路器种类很多，按结构和性能可以分为万能式（又称为框架式）、装置式（又称为塑壳式）、限流式、直流快速式、漏电保护式和灭磁式等，常见低压断路器如图2-6所示。

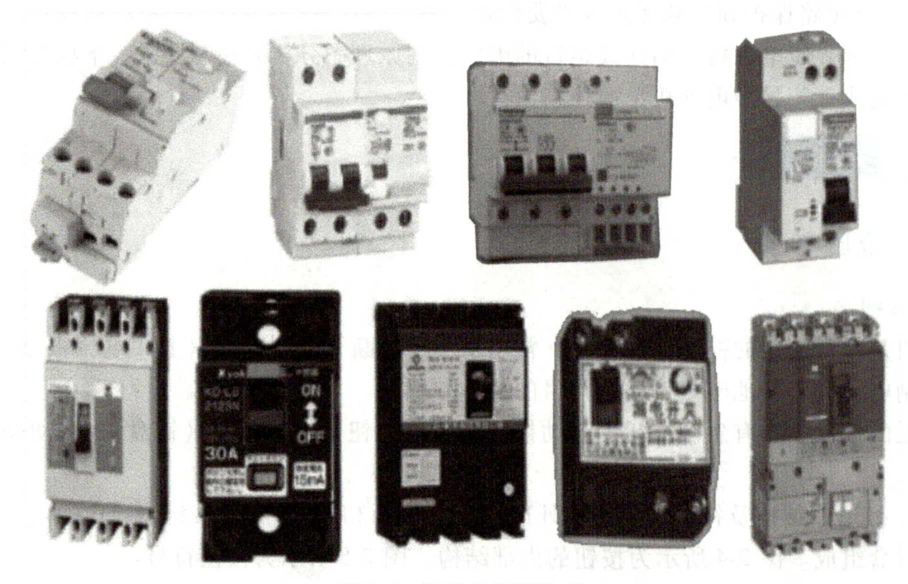

图2-6　常见低压断路器

（2）低压断路器的结构及工作原理　低压断路器的结构如图2-7所示。低压断路器的主

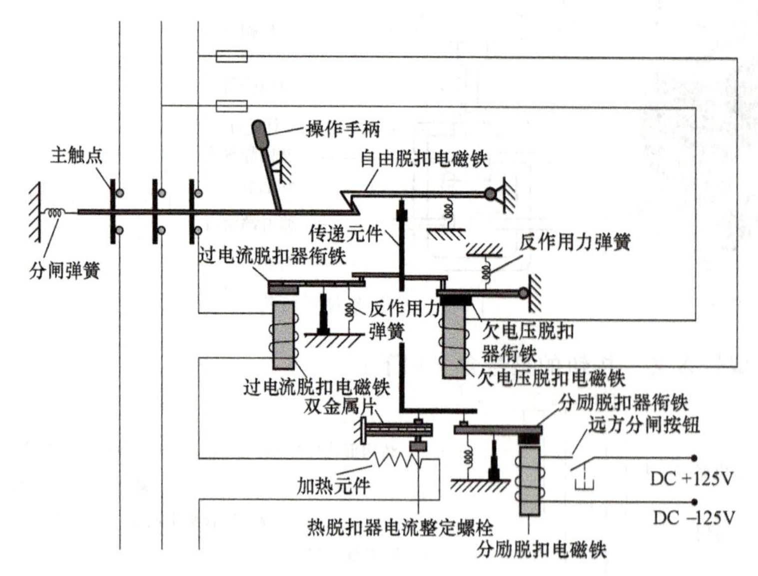

图2-7　低压断路器的结构

触点是靠手动操作或电动合闸的。主触点闭合后，自由脱扣机构将主触点锁在合闸位置上。过电流脱扣器的线圈和热脱扣器的热元件与主电路串联，欠电压脱扣器的线圈和电源并联。当电路发生短路或严重过载时，过电流脱扣器的衔铁吸合，使自由脱扣机构动作，主触点断开主电路。当电路过载时，热脱扣器的加热元件发热，使双金属片向上弯曲，推动自由脱扣机构动作。当电路欠电压时，欠电压脱扣器的衔铁释放，也使自由脱扣机构动作。分励脱扣器则作为远距离控制用，在正常工作时，其线圈是断电的，在需要距离控制时，按下起动按钮，使线圈通电，衔铁带动自由脱扣机构动作，使主触点断开。低压断路器的符号如图 2-8 所示。

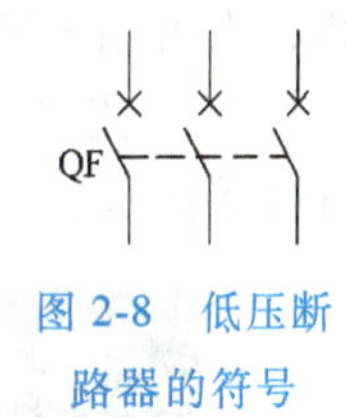

图 2-8　低压断路器的符号

（3）低压断路器技术参数和型号含义　低压断路器的主要技术参数有额定电压、额定电流、脱扣器类型、极数、整定电流范围、动作时间、分断能力等。

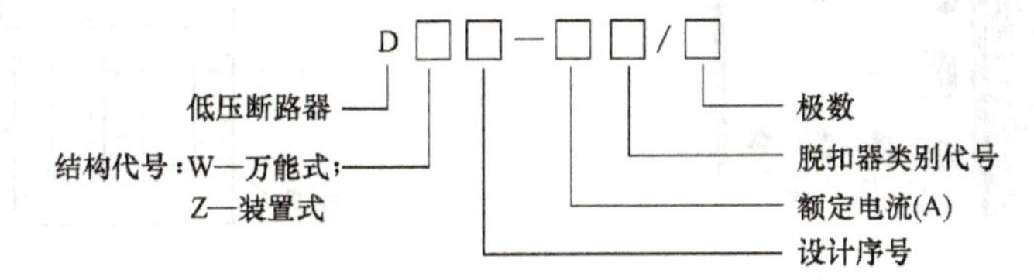

3. 熔断器

熔断器是低压配电网络和电力拖动系统中主要用作短路保护，有时兼作过载保护的电器。使用时把它串接于被保护的电路中，当电路发生短路或严重过载时，熔体中流过很大的故障电流，以其自身产生的热量使熔体迅速熔断，从而自动切断电路，实现短路和过载保护作用。

（1）熔断器结构及分类　熔断器按结构形式可分为插入式、螺旋式、有填料封闭管式、无填料封闭管式、自复式等。其外形结构及符号如图 2-9 所示。

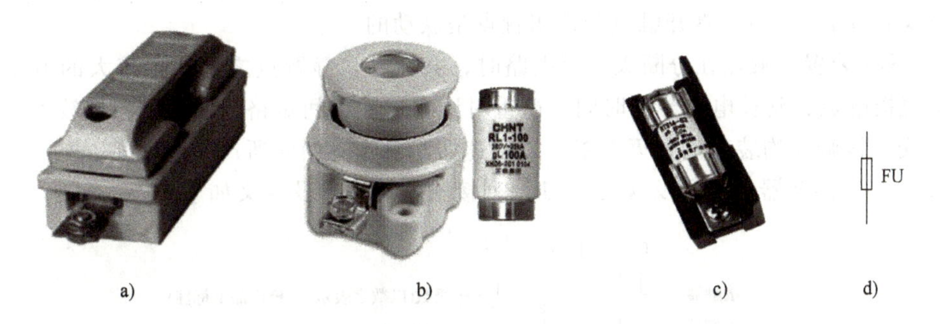

图 2-9　熔断器的外形结构及符号

a）插入式　b）螺旋式　c）填料式　d）符号

（2）熔断器型号　熔断器的型号及含义如下。

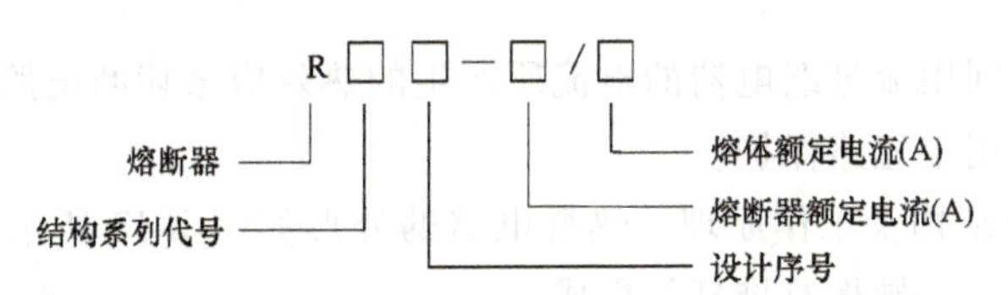

4. 接触器

接触器是一种自动的电磁式开关，用于远距离频繁接通或断开交流主电路及大容量控制电路。接触器具有欠电压自动释放保护功能，工作可靠，使用寿命长，其主要控制对象是电动机，也可用于控制其他负载。接触器外形图如图 2-10 所示。

（1）交流接触器结构及工作原理　交流接触器由电磁系统、触点系统、灭弧装置和其他部件等组成，基本结构如图 2-11 所示。

图 2-10　接触器外形图

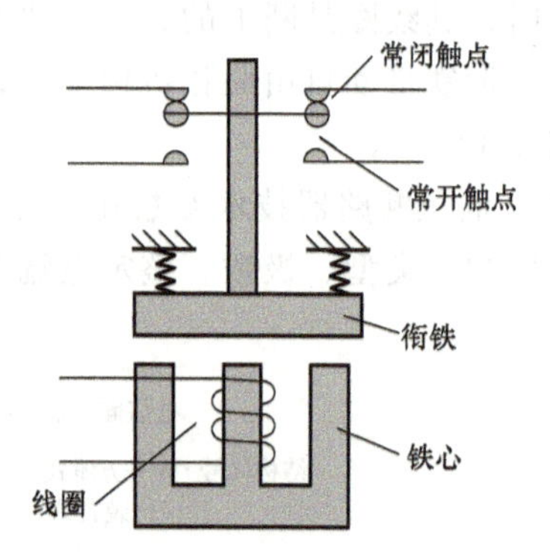

图 2-11　接触器的基本结构

1）电磁系统。由吸引线圈、静铁心和衔铁（动铁心）三部分组成。其作用原理是：吸引线圈通电时产生磁场，衔铁受到电磁力的作用而被吸向铁心；吸引线圈断电后，磁场消失，衔铁在复位弹簧的作用下，恢复原位。衔铁带动连接机构运动，从而带动触点做相应的动作，实现电路的接通或断开。

2）触点系统。交流接触器的触点按接触情况可分为点接触、线接触式和面接触式三种。按触点的结构形式可分为桥式触点和指形触点两种。当接触器未工作时，处于接通状态的触点称为常闭触点（又称动断触点）；当接触器未工作时，处于断开状态的触点称为常开触点（又称动合触点）。常开触点和常闭触点是联动的。

3）灭弧装置。触点在分断大电流电路时，会在动、静触点之间产生较大的电弧。电弧不仅会烧损触点，延长电路分断时间，严重时还会造成相间短路，因此，容量较大（20A 以上）的交流接触器均装有陶瓷灭弧罩，以迅速切断触点分断时所产生的电弧。

（2）交流接触器的型号及含义　CJ 系列接触器的型号及含义如下。

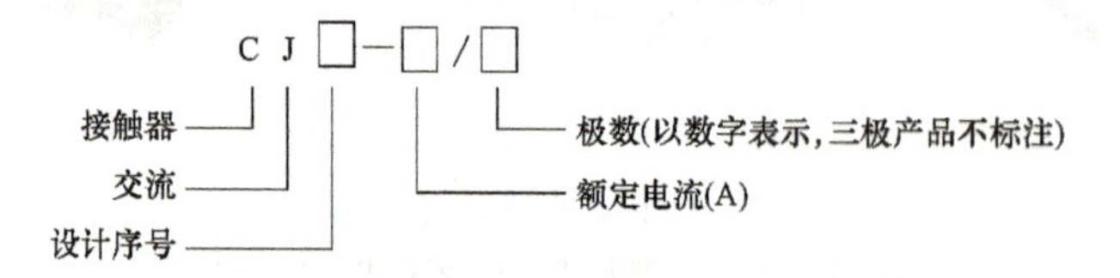

（3）交流接触器的电气符号　交流接触器的电气符号如图 2-12 所示。

5. 热继电器

热继电器是一种利用流过继电器的电流所产生的热效应来切断电路的保护电器，具有过载保护功能，但不能用于短路保护。

（1）热继电器的结构及工作原理　热继电器的外形如图 2-13 所示，它由热元件、双金属片、触点、复位按钮、导板及推杆等组成。

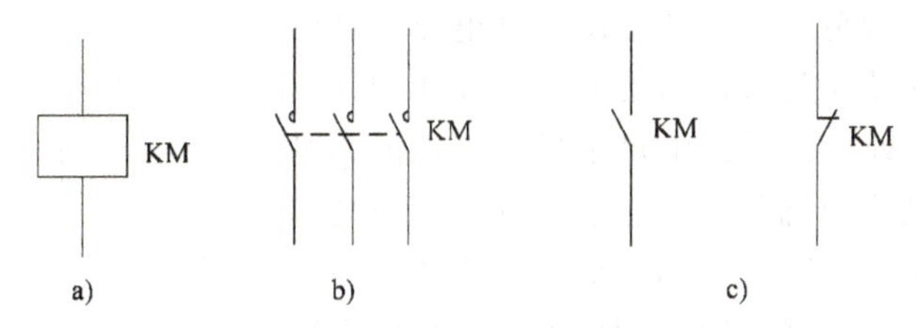

图 2-12　交流接触器的电气符号

a）线圈　b）常开主触点　c）辅助常开、常闭触点

当电动机正常运行时，热继电器的热元件不会产生足够的热量使保护功能动作，其常闭触点保持闭合状态；当电动机过载时，热继电器的热元件会产生足够的热量使保护功能动作，其常闭触点断开，通过控制线路使电动机失电，从而保护电动机。当故障排除后，应使热继电器复位，才可以重新起动电动机。热继电器一般具有手动复位和自动复位两种复位形式。这两种复位形式的转换，可借助复位螺钉的调节来完成，热继电器出厂时，生产厂家一般设定成自动复位状态。在使用时，热继电器设定成手动复位状态还是自动复位状态应根据控制线路的具体情况而定。一般情况下，应遵循热继电器保护动作后即使热继电器自动复位，被保护的电动机也不应自动再起动的原则，否则应将热继电器设定为手动复位状态。这是为了防止电动机在故障未被消除的情况下多次重复再起动而受到损坏。例如，一般采用按钮控制的手动起动和手动停止的控制线路，热继电器可设定成自动复位形式；采用自动元件控制的自动起动线路，应将热继电器设定为手动复位形式。

图 2-13　热继电器的外形

（2）热继电器的电气符号　热继电器的电气符号如图 2-14 所示。

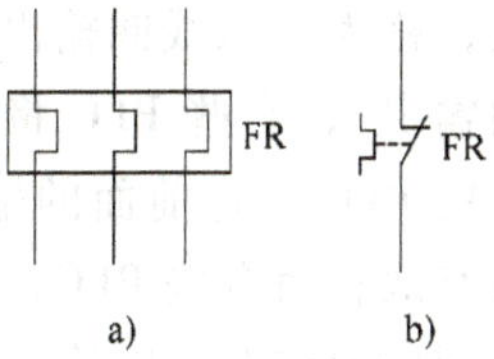

图 2-14　热继电器的电气符号

a）热元件　b）常闭触点

二、PLC 的编程语言和编程方法

所谓程序编制，就是用户根据控制对象的要求，利用 PLC 厂家提供的程序编制语言，将一个控制要求描述出来的过程。PLC 常用的编程语言有梯形图、指令语句表、顺序功能图（SFC）和功能块图等，其中梯形图和指令语句表常常联合使用。

1. 梯形图（语言）

梯形图是一种从继电接触控制电路图演变而来的图形语言。它是借助类似于继电器的动合触点、动断触点、线圈以及串联、并联等术语和符号，根据控制要求连接而成的表示 PLC 输入和输出之间逻辑关系的图形，直观易懂。

（1）梯形图示例　梯形图中常用图形符号—| |—表示 PLC 编程元件的常开触点，用图形符号—|/|—表示 PLC 编程元件的常闭触点；用—(　)表示它们的线圈。梯形图中编程元件的种类用图形符号及标注的字母或数字加以区别。触点和线圈等组成的独立电路称为网络，用编程软件生成的梯形图和语句表程序中有网络编号，允许以网络为单位给梯形图加注释。图 2-15 所示为梯形图示例。

（2）梯形图编程规范　尽管梯形图与继电器电路图在结构形式、元件符号及逻辑控制功能等方面相似，但它们又有许多不同之处。梯形图中每个梯级流过的不是物理电流，而是“概念电流”，从左流向右，其两端没有电源。这个“概念电流”只是用来形象地描述用户程序执行中应满足线圈接通的条件。梯形图的编程规则如下：

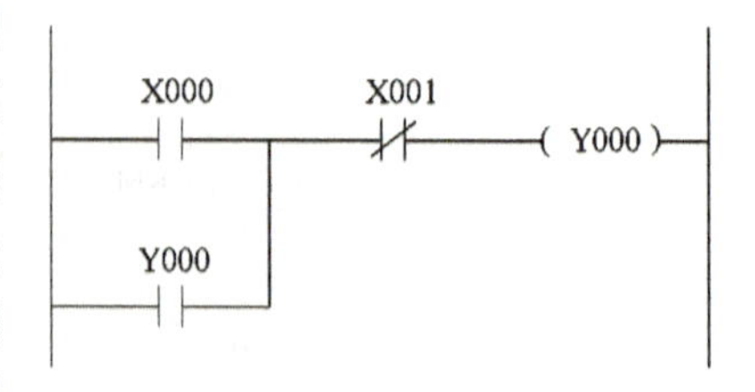

图 2-15　梯形图示例

1）梯形图按从左到右、自上而下的顺序排列。每一逻辑行（或称梯级）总是起始于左母线，然后是触点的连接，最后终止于线圈或右母线（右母线可以不画出）。

注意：左母线与线圈之间一定要有触点，而线圈与右母线之间则不能有任何触点，如图 2-16 所示。

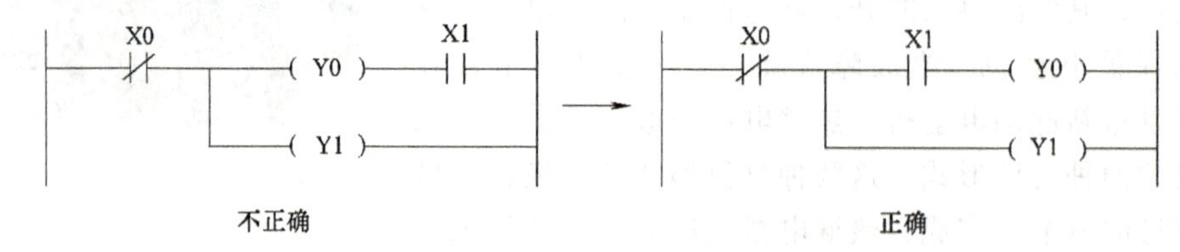

图 2-16　梯形图编程

2）梯形图中的触点可以任意串联或并联，但继电器线圈只能并联而不能串联。

3）触点的使用次数不受限制。

4）一般情况下，在梯形图中同一线圈只能出现一次。而同一编号触点在梯形图中可以重复出现。如果在程序中，同一线圈使用了两次或多次，称为“双线圈输出”，如图 2-17 所示。对于“双线圈输出”，有些 PLC 将其视为语法错误，绝对不允许；有些 PLC 则将前面的输出视为无效，只有最后一次输出有效；而有些 PLC，在含有跳转指令或步进指令的梯形图中允许双线圈输出。

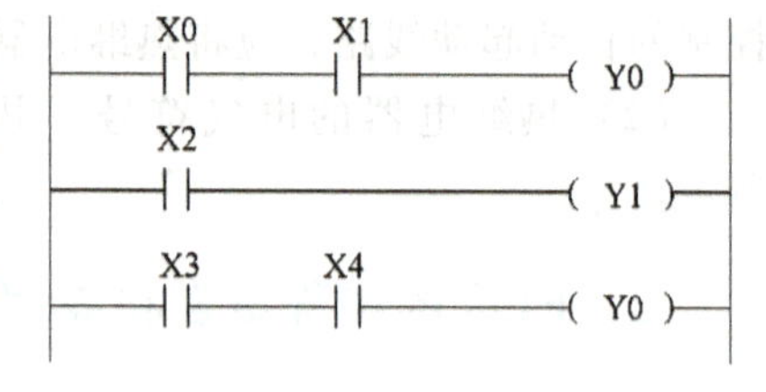

图 2-17　双线圈输出

5）对于不可编程梯形图必须经过等效变换，变成可编程梯形图。

6）有多个串联电路相并联时，应将串联触点多的回路放在上方，称为“上重下轻”原则，如图 2-18 所示。

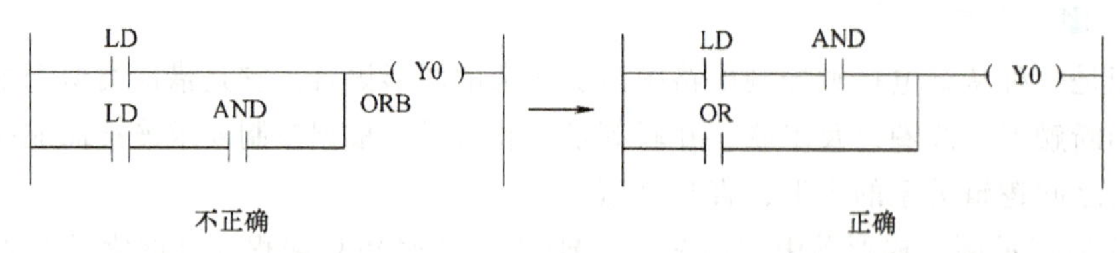

图 2-18　“上重下轻”原则

7）在有多个并联电路相串联时，应将并联触点多的回路放在左方，称为“左重右轻”原则，如图 2-19 所示。这样编制的程序简洁明了，语句较少。

8）触点应画在水平线上，不能画在垂直分支线上，即不允许出现桥式电路。如图 2-20

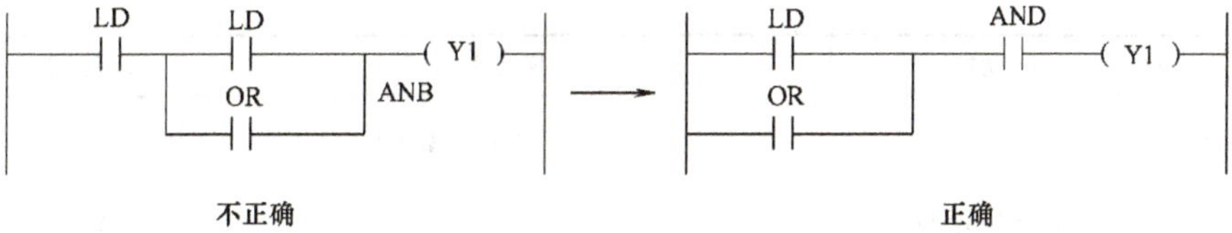

LD　LD　(Y1)　OR　ANB　→　LD　AND　(Y1)　OR

不正确　　　　正确

图 2-19 “左重右轻”原则

所示，触点 X1 画在垂直线上，就很难正确识别它与其他触点的相互关系，应该重新优化。

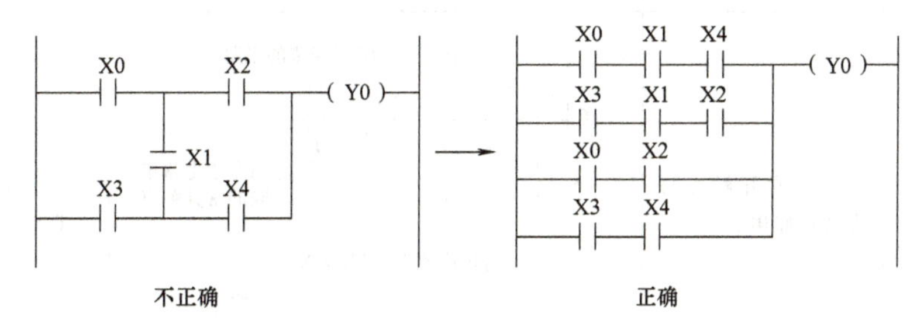

图 2-20　桥式电路优化

9）程序结束后应有结束指令（END）。

注意：在设计梯形图时，输入继电器的触点状态按输入设备全部为常开进行设计更为合适，不易出错。建议用户尽可能用输入设备的常开触点与 PLC 输入端连接，如果某些信号只能用常闭触点输入，可先按输入设备为常开来设计，然后将梯形图中对应的输入继电器触点取反（常开改成常闭、常闭改成常开）。

2. 指令语句表

指令语句表是一种用指令助记符来编制 PLC 程序的语言，它类似于计算机的汇编语言，但比汇编语言易懂易学，若干条指令组成的程序就是指令语句表，简称指令表。指令语句由步序、指令语和作用器件编号三部分组成。图 2-15 所示梯形图转换为指令语句表后如图 2-21 所示。

步序	指令语	作用器件编号
0	LD	X. 000
1	OR	Y. 000
2	ANI	X. 001
3	OUT	Y. 000

图 2-21　梯形图转换为指令语句表

三、FX2N 系列 PLC 基本逻辑指令

FX2N 系列 PLC 基本指令有 27 条，步进指令有 2 条，功能指令有 128 种，共 298 条。FX2N 系列 PLC 基本逻辑指令见表 2-1。

表 2-1　FX2N 系列 PLC 基本逻辑指令

助记符	指令名称	功能	梯形图	可用元件	程序步长
LD	取	常开触点与左母线连接	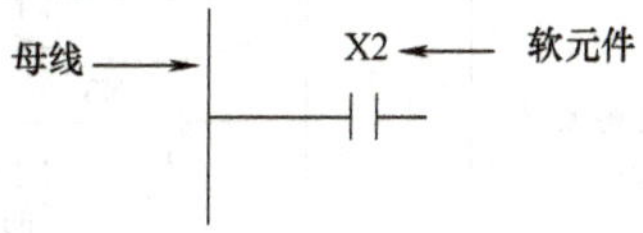 母线→　X2←软元件 语句格式为：LD X2 在分支电路接点处也可使用	X、Y、M、T、C、S	1

（续）

助记符	指令名称	功能	梯形图	可用元件	程序步长
LDI	取反	常闭触点与左母线连接	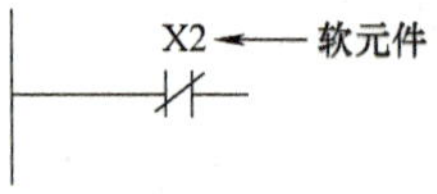 X2 ← 软元件 语句格式为：LDI X2 在分支电路接点处也可使用	X、Y、M、T、C、S	1
AND	与	单个常开触点与左边电路串联	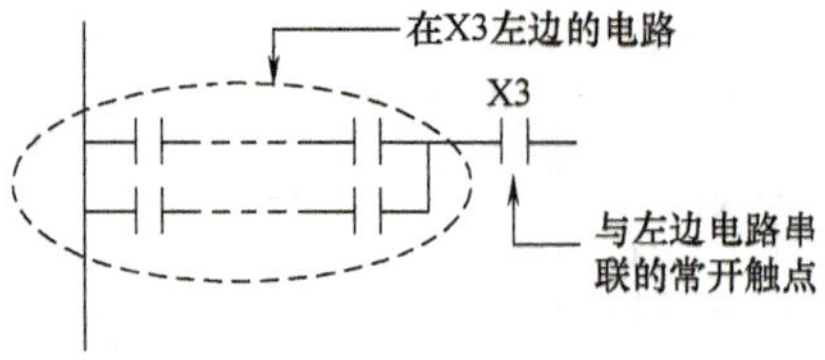 在X3左边的电路 X3 与左边电路串联的常开触点 语句格式为：AND X3 软元件 串联触点数量不受限制	X、Y、M、T、C、S	1
ANI	与非	单个常闭触点与左边电路串联	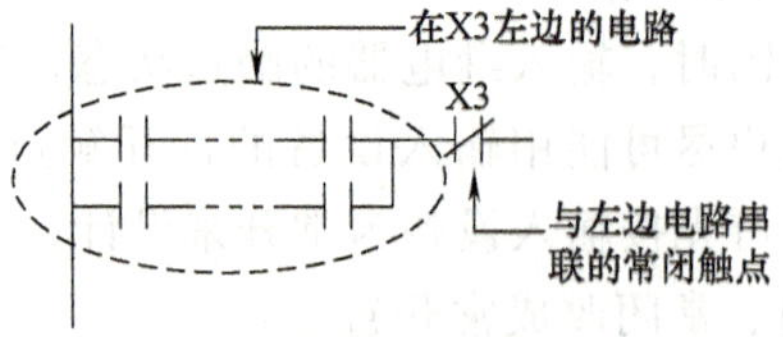 在X3左边的电路 X3 与左边电路串联的常闭触点 语句格式为：ANI X3 软元件 串联触点数量不受限制	X、Y、M、T、C、S	1
OR	或	单个常开触点与上面电路并联	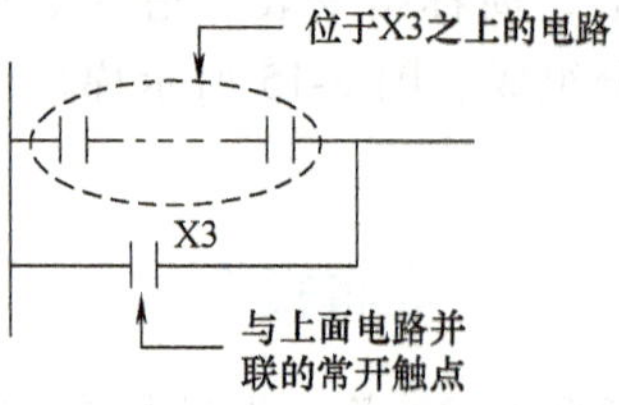 位于X3之上的电路 X3 与上面电路并联的常开触点 语句格式为：OR X3 并联触点数量不受限制	X、Y、M、T、C、S	1
ORI	或非	单个常闭触点与上面电路并联	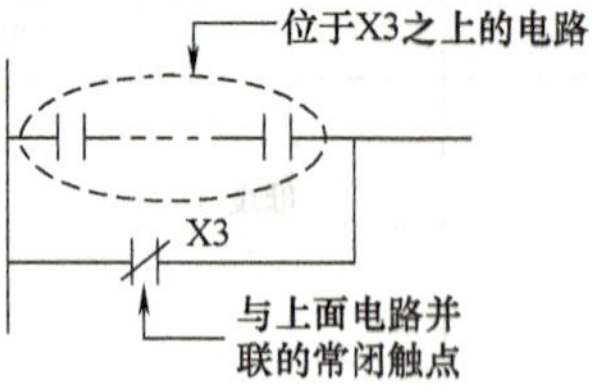 位于X3之上的电路 X3 与上面电路并联的常闭触点 语句格式为：ORI X3 并联触点数量不受限制	X、Y、M、T、C、S	1

（续）

助记符	指令名称	功能	梯形图	可用元件	程序步长
ANB	与块	串联电路块（每一分支电路都从LD/LDI指令开始操作，即母线后移）	从LD/LDI开始编程 ANB 电路块1(或触点组1)　电路块2 每个串联电路块结束后紧接着使用ANB，串联块的数量无限制；但所有串联电路块结束后多次使用ANB时，不能连续使用7次	无	1
ORB	或块	分支电路的并联（每一分支电路都从LD/LDI指令开始操作，即母线后移）	电路块1 ORB 电路块2 从LD/LDI开始编程 每个并联电路块结束后紧接着使用ORB，并联块的数量无限制；但所有并联电路块结束后多次使用ORB时，不能连续使用7次	无	1
OUT	输出	线圈驱动（据前面逻辑运算的结果驱动线圈，并联OUT可连续使用多次）	X000　(Y000)	Y、M、T、C、S	X、M：1 T、M：2 T：3 C：3-5

【案例1】 起保停控制程序。图2-22所示为起动、保持、停止PLC控制程序，在图2-22a所示的梯形图中，当起动信号X001为ON时，输出Y000得电为ON，因为Y000的常开触点和X001并联，实现自锁使输出Y000保持。当停止信号X002为ON时，Y000失电，使其输出为0。

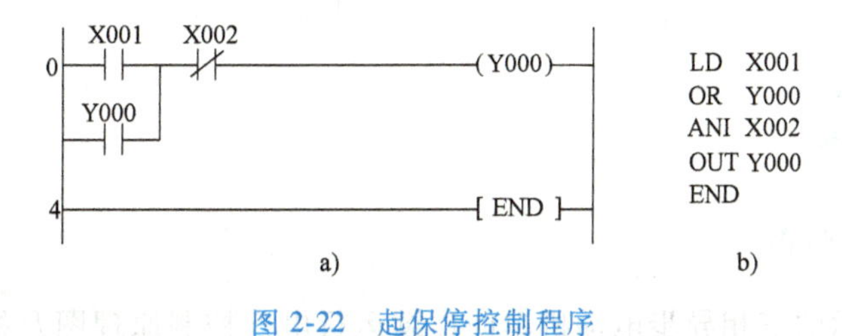

图2-22　起保停控制程序

a）梯形图　b）指令表

【案例2】 优先选择控制程序。图2-23a所示为两个输入信号X001、X002的优先选择控制梯形图，即先接通的获得优先权，而后接通的无效（如抢答器、具有互锁的正反转控制等）。其中X000为复位或停止信号，Y001、Y002分别为输入信号X001、X002的控制对象。

【案例3】 写出图2-24所示梯形图的指令表。

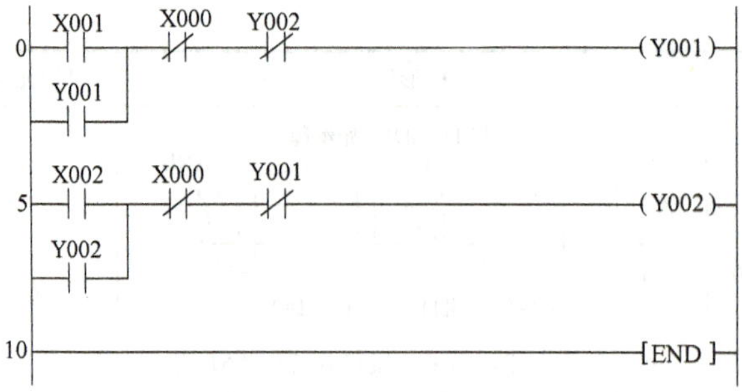

0	LD	X001
1	OR	Y001
2	ANI	X000
3	ANI	Y002
4	OUT	Y001
5	LD	X002
6	OR	Y002
7	ANI	X000
8	ANI	Y001
9	OUT	Y002
10	END	

a)　　b)

图 2-23　优先选择控制程序

a）梯形图　b）指令表

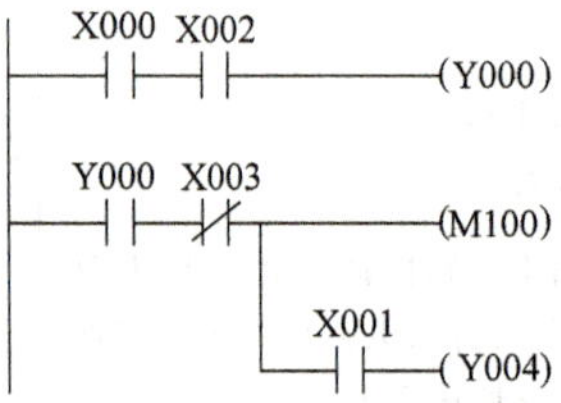

步序	助记符	操作元件	
1	LD	X000	；取常开触点X000
2	AND	X002	；与常开触点X002串联
3	OUT	Y000	；输出到Y000线圈
4	LD	Y000	；取常开触点Y000
5	ANI	X003	；与常闭触点X003串联
6	OUT	M100	；输出到M100线圈
7	AND	X001	；与常开触点X001串联
8	OUT	Y004	；输出到Y004线圈

图 2-24　案例 3 图

【案例 4】　写出图 2-25 所示梯形图的指令表。

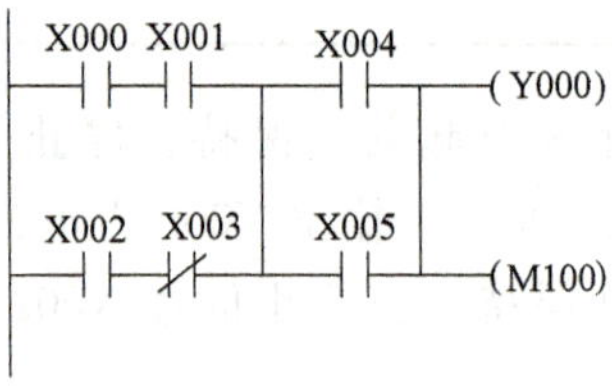

步序	助记符	操作元件	
1	LD	X000	；从左母线取X000
2	AND	X001	；X001与X000串联
3	LD	X002	；从左母线取X002
4	ANI	X003	；X003与X002串联
5	ORB		；两个串联块并联
6	LD	X004	；从小母线取X004
7	OR	X005	；X005与X004并联
8	ANB		；两个并联块串联
9	OUT	Y000	；输出到 Y000线圈
10	OUT	M100	；输出到M100线圈

图 2-25　案例 4 图

【项目实施】

一、I/O 地址分配

根据图 2-2 所示的三相异步电动机单向连续运行电气控制原理图及控制要求，设定 I/O 地址分配表，见表 2-2。

表 2-2　I/O 地址分配表

输入			输出		
元器件代号	地址号	功能说明	元器件代号	地址号	功能说明
SB1	X000	停止按钮	KM	Y000	电动机控制
SB2	X001	起动按钮			
FR	X003	过载保护			

二、硬件接线图设计

根据表 2-2 所列的 I/O 地址分配表，可对控制系统硬件接线图进行设计，如图 2-26 所示。

三、控制程序设计

根据系统控制要求和 I/O 地址分配表，利用基本指令（起保停控制程序）设计的控制程序梯形图如图 2-27 所示。

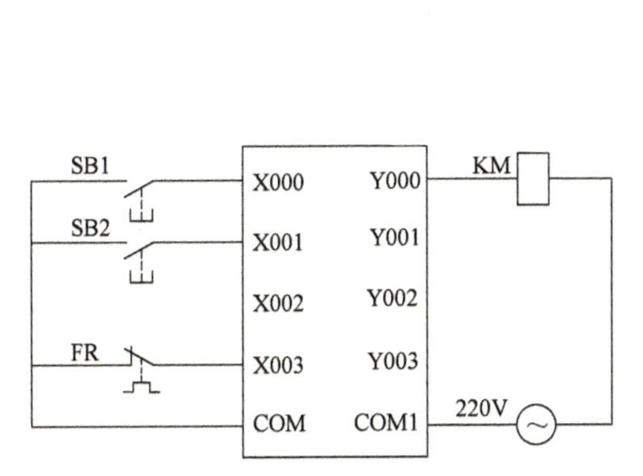

图 2-26　硬件接线图

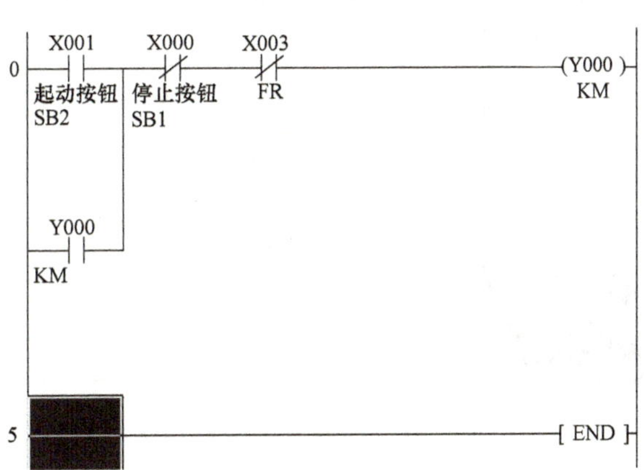

图 2-27　电动机单向连续运行 PLC 程序

四、程序输入及仿真运行

1. 输入 PLC 控制程序

1）双击 GX Works2 快捷图标，打开 GX Works2。

2）在菜单栏中单击“工程”→“新建工程”或者单击快捷工具，然后依次完成图 2-28 所示的“PLC 系列”“PLC 类型”“程序语言”的选择。

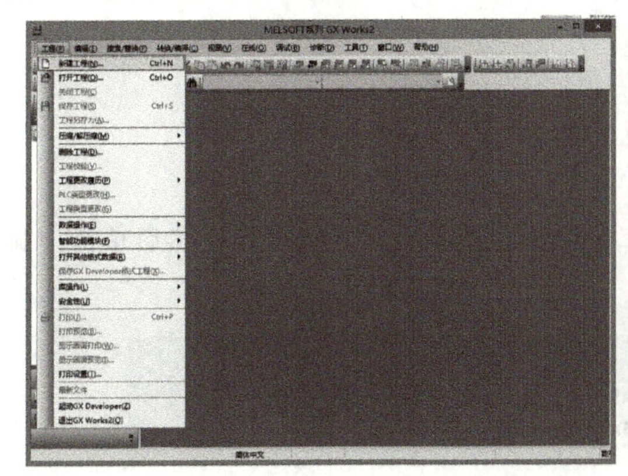

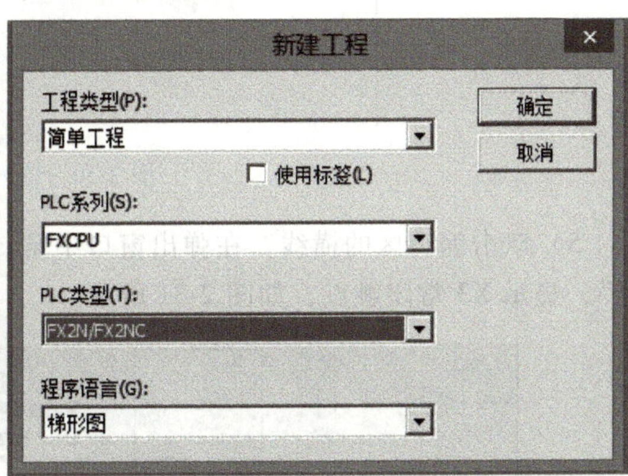

图 2-28　新建工程设置

注意：本书使用的是 FX2N 系列 PLC，“程序语言”选择“梯形图”。

3）双击编辑区的横线，在弹出窗口中第二个空格栏里填写“LD X1”（字母大小写均可），然后单击“确定”。显示 X1 常开触点，如图 2-29 所示。也可以在第一个空格栏选中常开触点⊣⊢（或使用快捷键<F5>），然后在第二个空格栏输入“X1”。

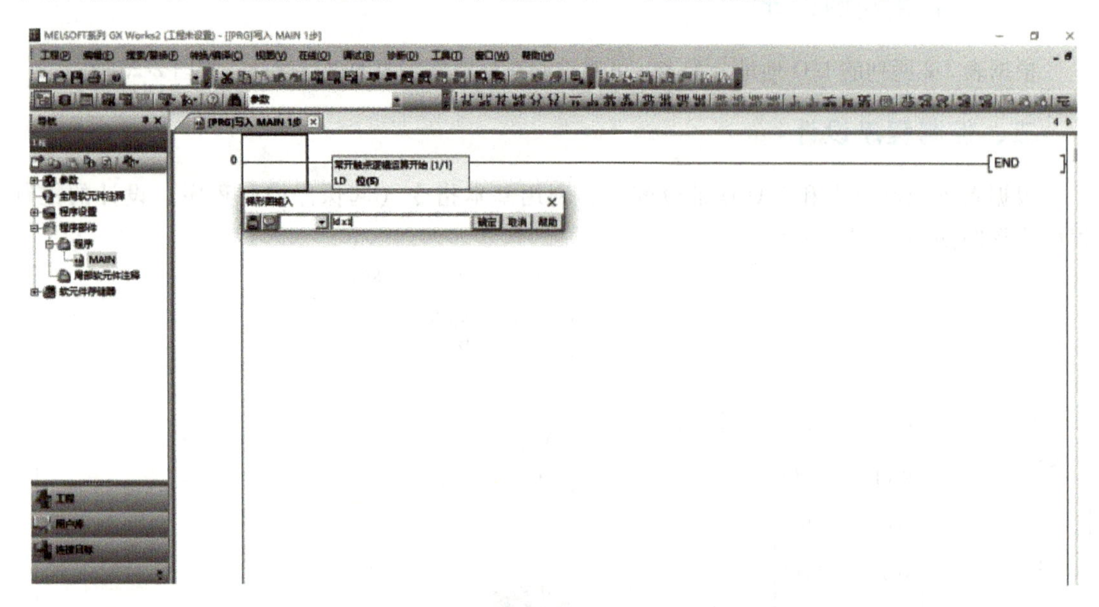

图 2-29　输入“LD X1”

4）双击编辑区的横线，在弹出窗口中第二个空格栏里填写“ANI X0”，然后单击“确定”，显示 X0 常闭触点，如图 2-30 所示。

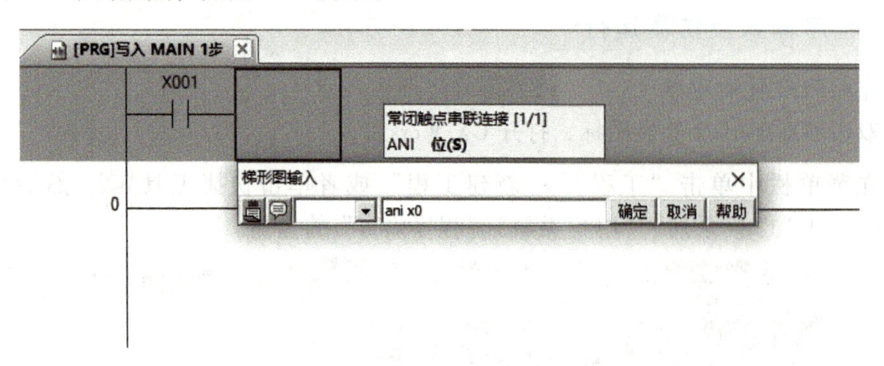

图 2-30　输入“ANI X0”

5）双击编辑区的横线，在弹出窗口中第二个空格栏里填写“ANI X3”，然后单击“确定”，显示 X3 常闭触点，如图 2-31 所示。

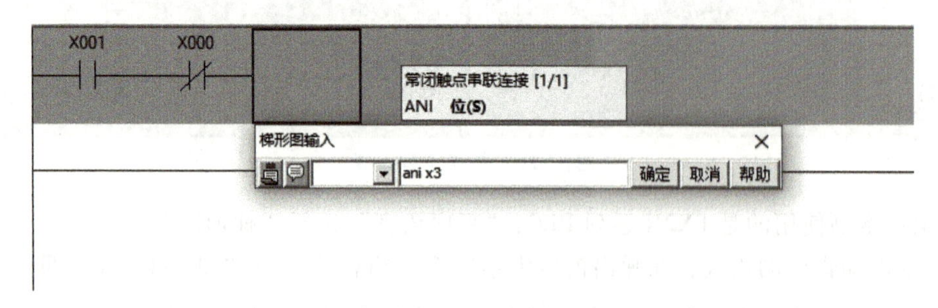

图 2-31　输入“ANI X3”

6）双击编辑区的横线，在弹出窗口中第二个空格栏里填写“OUT Y0”，然后单击“确定”，显示线圈 Y0，如图 2-32 所示。

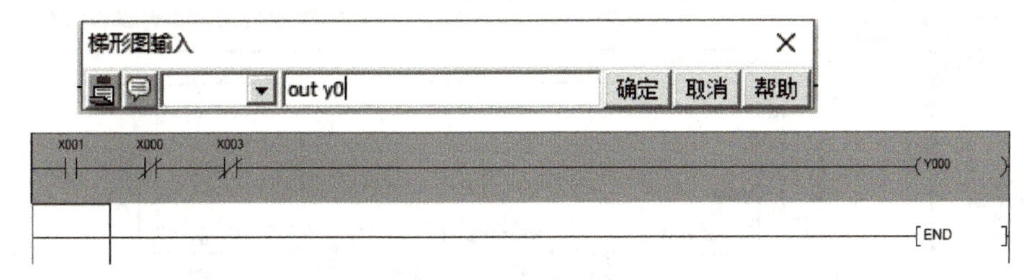

图 2-32　输入“OUT Y0”

7）双击编辑区的横线，在弹出窗口的第二个空格栏里填写“OR Y0”，然后单击“确定”，显示 Y0 常开触点，如图 2-33 所示。

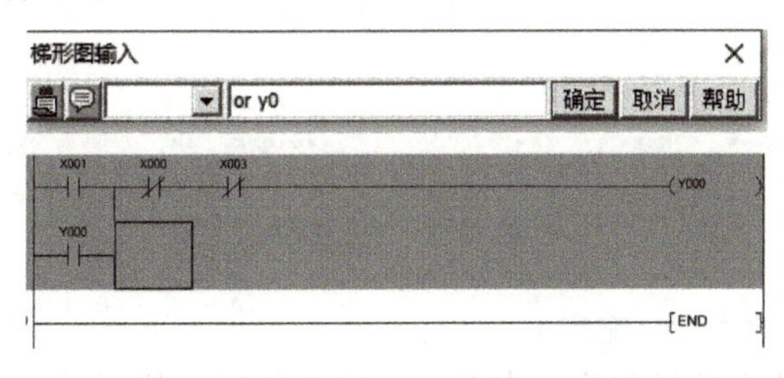

图 2-33　输入“OR Y0”

2. 软元件注释

1）在菜单栏中单击“编辑”→“文档创建”→“软元件注释编辑”，进入软元件注释编辑状态，如图 2-34 所示。

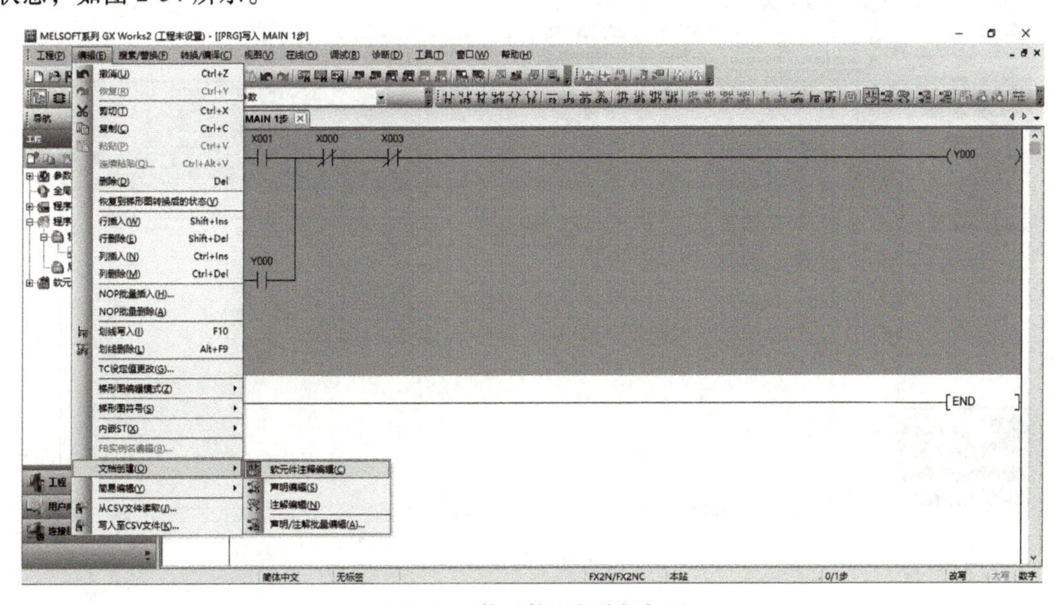

图 2-34　软元件注释编辑打开

2）双击需注释的软元件（如 X0），弹出如图 2-35 所示“注释输入”窗口，在文本框中输入“停止按钮 SB1”，单击“确定”。依次完成其他软元件的注释。

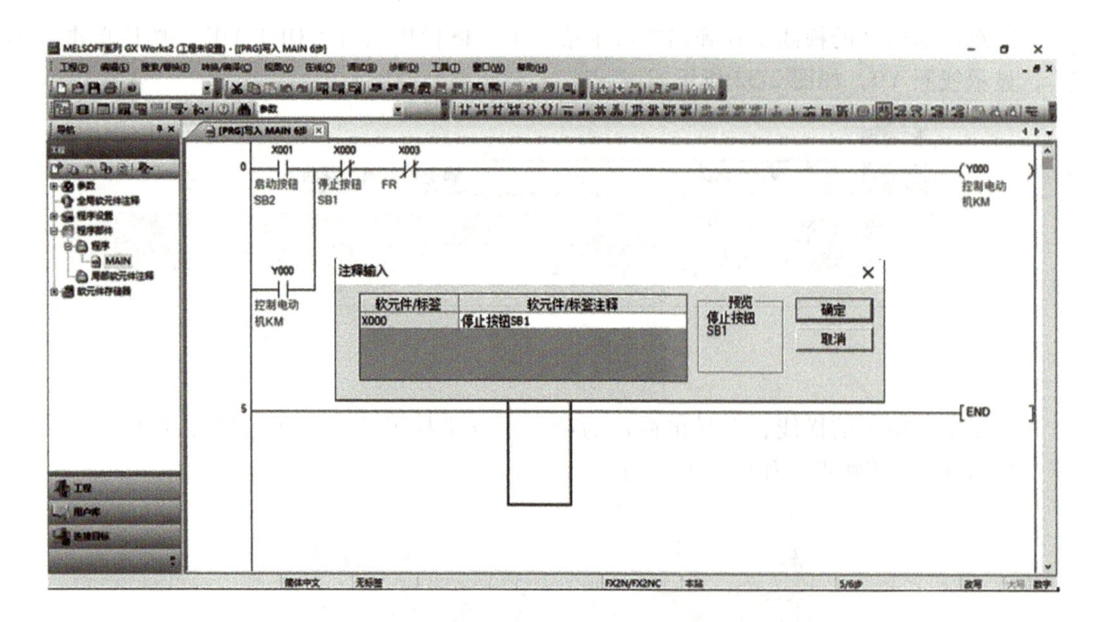

图 2-35　注释输入

3. 程序的仿真（强制输入/输出）

1）程序的转换。若未转换程序，在关闭程序文件时，梯形图数据将不会被保存，即编辑区为空白。只有转换后，梯形图才会被保存，才能进行模拟仿真。如图 2-36 所示，单击菜单栏“转换/编译”→“转换”，或按快捷键<F4>进行程序转换。

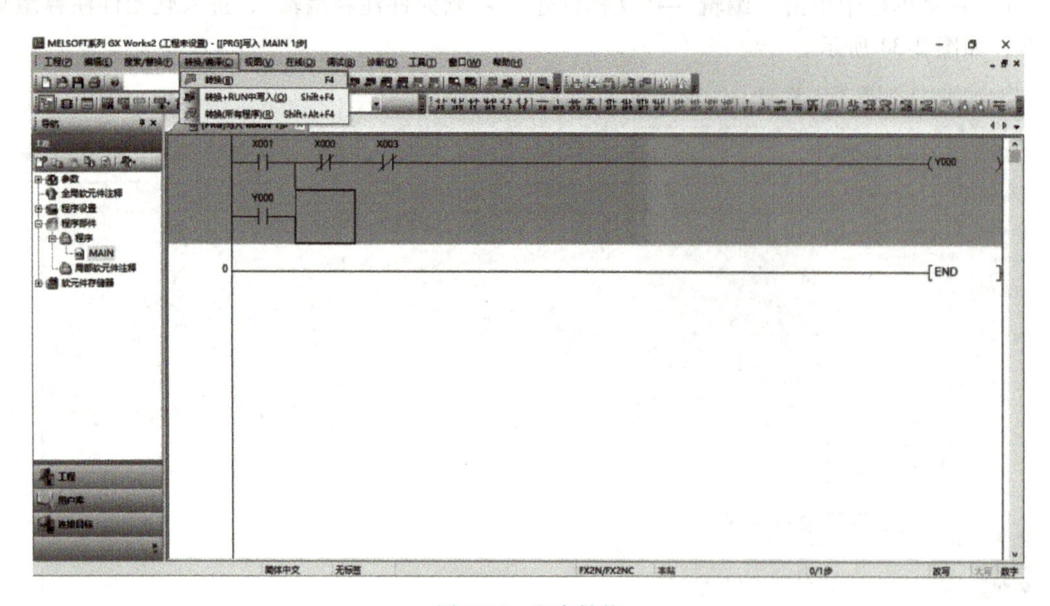

图 2-36　程序转换

2）当程序已转换时，编辑区会显示为白底，未转换则为灰底。单击菜单栏的“调试”，选择调试中的“模拟开始”命令，如图 2-37 所示。

3）按下“模拟开始”后，会弹出两个窗口，左边是“运行 RUN/停止 STOP 信号”监

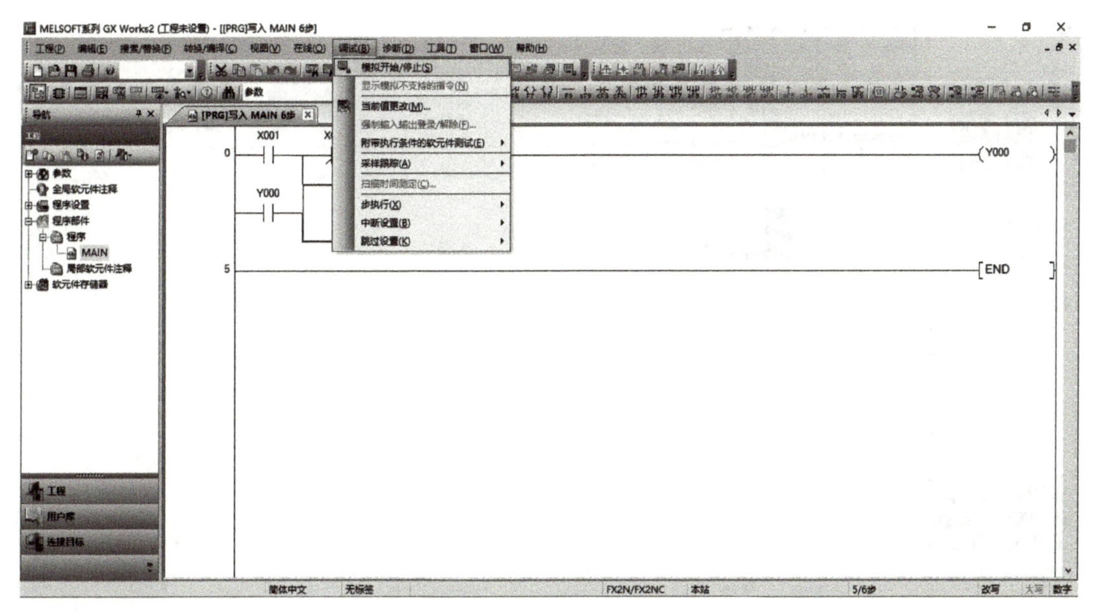

图 2-37　程序模拟开始

视窗口；右边是模拟程序下载到 PLC 的进度显示窗口。进度达 100% 时，可以单击“关闭”，如图 2-38 所示。

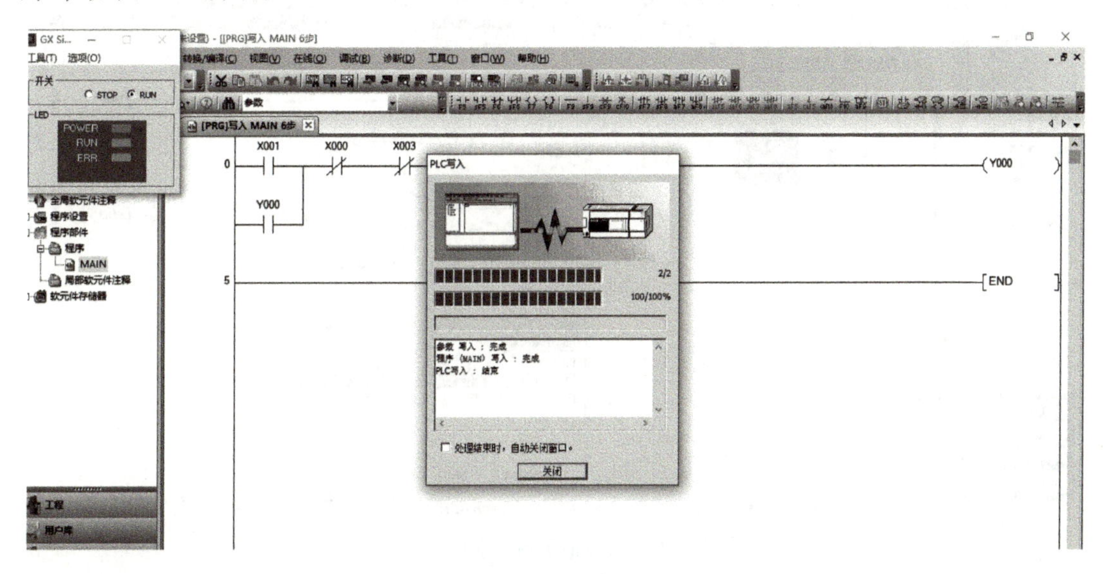

图 2-38　模拟程序写入中

4）单击菜单栏的“调试”，选择“当前值更改”命令，可以更改模拟程序中触点的状态，如 ON 或 OFF，如图 2-39 所示。

5）在“当前值更改”的窗口中第一栏填写“X1”（或者双击编辑区梯形图中的“X1”）。接着，单击“ON”，表示“X1”得到高电平。“X1”得电将驱动线圈“Y0”得电。如果一直为“ON”，“Y0”会一直得电，直到按下“OFF”，如图 2-40 所示。

注意，得电或者常闭时，梯形图中的触点或线圈会显示蓝色条形。

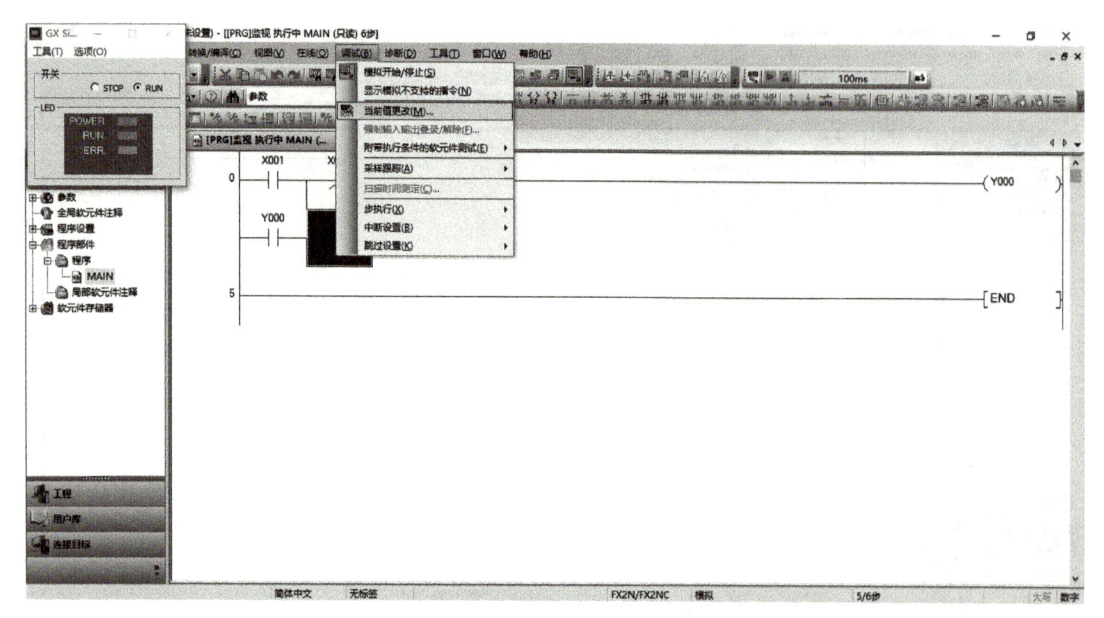

图 2-39 当前值更改

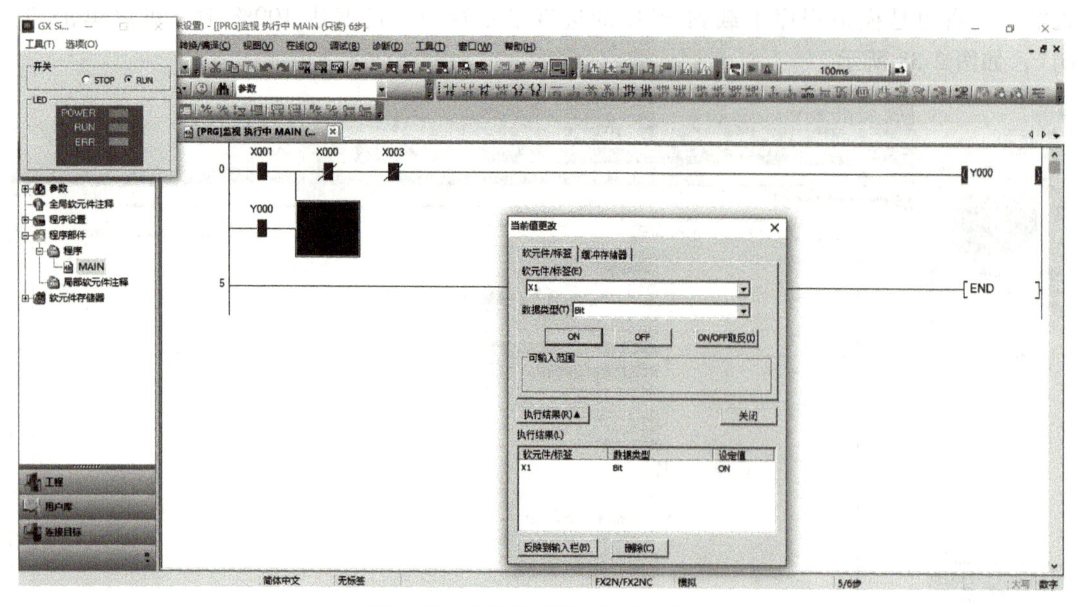

图 2-40 当前值更改“X1”得电

4. 梯形图的写入/读取

1）在调试仿真时，“编辑区显示栏”显示“监视 执行中”，并且双击常开触点“X0”修改参数时，会发现只有“搜索”，而不是修改，如图 2-41 所示。原因是梯形图处于只读状态，不能修改参数。

注意，在读取模式时，即单击图形符号 ” 后，“编辑区显示栏”显示“读取 MAIN 只读”，也表示只读状态。

2）单击快捷键“写入模式”，“编辑区显示栏”显示“写入 MAIN”，双击“X0”弹窗

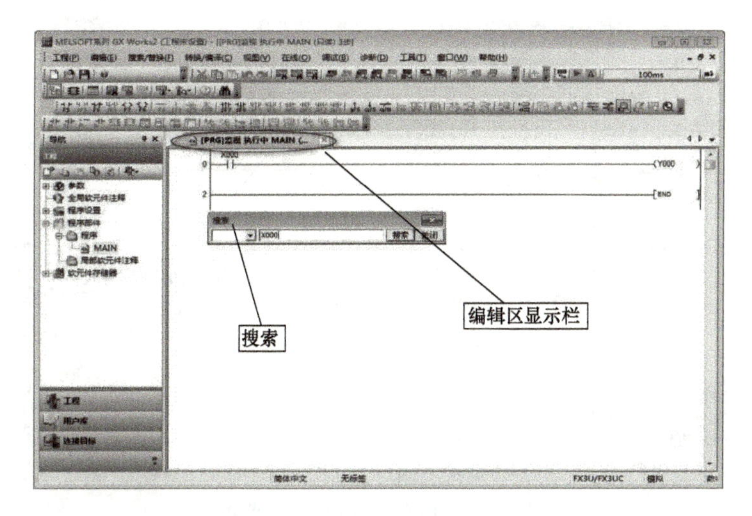

图 2-41　梯形图读取

就会显示“梯形图输入”，表示写入状态，可以任意修改参数，如图 2-42 所示。

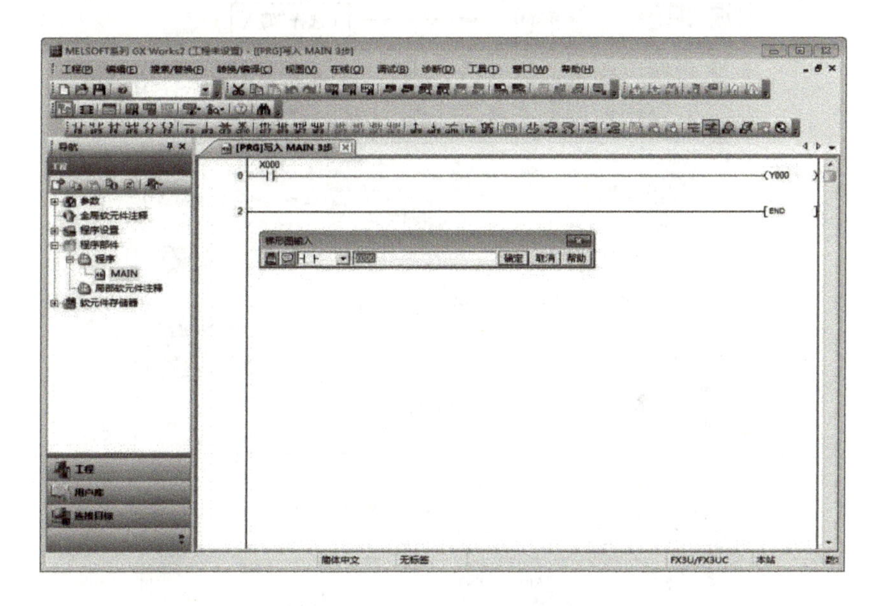

图 2-42　梯形图输入

5. 程序的写入/读取

1）将转换好的程序下载到 PLC 中，即单击菜单栏“在线”，选择“PLC 写入”，如图 2-43 所示。

2）在此弹窗中，先选择“写入”，再单击“参数+程序”，之后单击“执行”，如图 2-44 所示。

3）在弹出的“应用程序”提示窗口中，单击“是（Y）”，接着等待下载进度完成，如图 2-45 所示。

4）进度达 100%时，会弹出第二个提示窗口，依然单击“是（Y）”。完成后，可以直接关闭窗口，如图 2-46 所示。

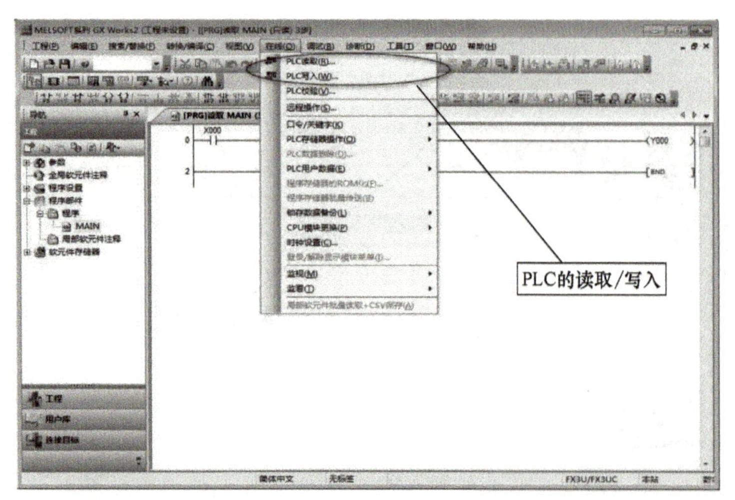

图 2-43 PLC 的读取/写入菜单

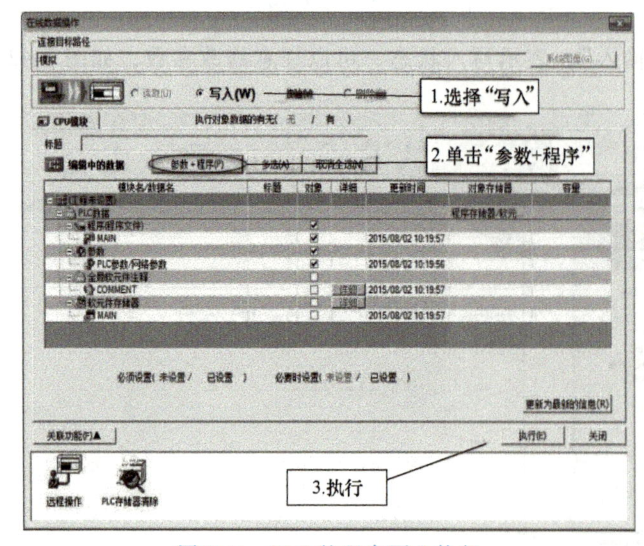

图 2-44 PLC 的程序写入执行

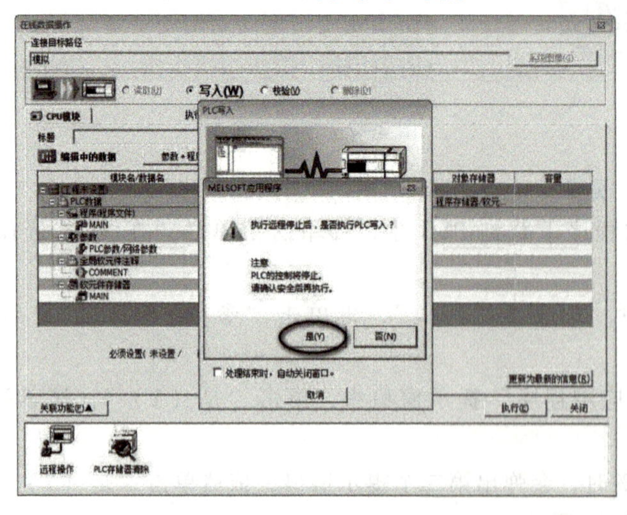

图 2-45 程序写入确认开始

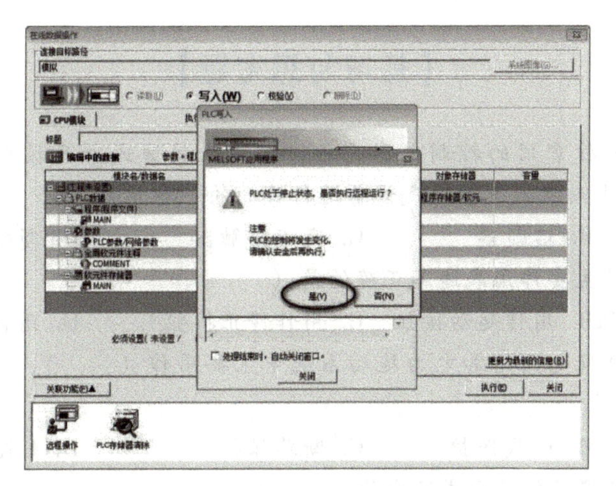

图 2-46　程序写入完成

三相异步电动机单向连续运行微课

【项目评价】

填写项目评价表，见表 2-3。

表 2-3　项目评价表

评价方式	项目内容	评分标准	配分	得分
自我评价	PLC 程序设计	1. 编制程序，每出现一处错误扣 1~2 分 2. 分析工作过程原理，每出现一处错误扣 1~2 分	30	
	GX Works2 使用	1. 输入程序，每出现一处错误扣 1~2 分 2. 程序运行出错，每次扣 3 分	30	
	PLC 连接与使用	1. 安装与调试，每出现一处错误扣 3 分 2. 使用与操作，每出现一处错误扣 3 分	20	
	安全文明操作	1. 违反操作规程，产生不安全因素，视情况扣 5~10 分 2. 迟到、早退、工作场地不清洁，每次扣 3~5 分	20	
签名		总分 1（自我评价总分×40%）		
小组评价	实训记录与自我评价情况		20	
	对实训室规章制度的学习与掌握情况		20	
	团队协作能力		20	
	安全责任意识		20	
	能否主动参与整理工具、器材与清洁场地		20	
参评人员签名		总分 2（小组评价总分×30%）		
教师评价				
教师签名		教师评分（30）		
总分（总分 1+总分 2+教师评分）				

【复习与思考题】

1.（　　）是一种常用的控制电器元件，常用来接通或断开控制电路（其中电流很小），从而达到控制电动机或其他电气设备运行目的的一种开关。

A. 按钮　　B. 熔断器　　C. 交流接触器　　D. 断路器

2. 关于对按钮的主要作用表述不正确的是（　　）。

A. 用作急停按钮B. 用作起动按钮　C. 用作停止按钮　　D. 用作指示灯

3. 熔断器在低压配电网络和电力拖动系统中主要用作（　　），有时兼作过载保护的电器。

A. 过热保护　　B. 过载保护　　C. 断路保护　　D. 短路保护

4.（多选）熔断器按结构形式可分为（　　）。

A. 插入式（RC 系列）　　B. 螺旋式（RL 系列）

C. 有填料封闭管式（RT 系列）　　D. 无填料封闭管式（RM 系列）

E. 自复式

5. 下列关于接触器表述正确的是（　　）。

A. 接触器是一种自动的电磁式开关，用于近距离频繁接通或断开交流主电路及大容量控制电路

B. 接触器是一种自动的电磁式开关，用于远距离频繁接通或断开交流主电路及小容量控制电路

C. 接触器是一种自动的电磁式开关，用于远距离频繁接通或断开交流主电路及大容量控制电路

D. 接触器是一种手动的电磁式开关，用于远距离频繁接通或断开交流主电路及大容量控制电路

6. 交流接触器由（　　）、（　　）、（　　）和其他部件等组成。

7. 下列关于热继电器的表述正确的是（　　）。

A. 热继电器是一种利用流过继电器的电流所产生的热效应来接通电路的保护电器。具有过载保护功能，但不能用于短路保护

B. 热继电器是一种利用流过继电器的电流所产生的热效应来切断电路的保护电器。具有过载保护功能，但不能用于短路保护

C. 热继电器是一种利用流过继电器的电流所产生的热效应来切断电路的保护电器，具有过载保护和短路保护功能

D. 热继电器是一种利用流过继电器的电流所产生的热效应来接通电路的保护电器。具有短路保护功能，但不能用于过载保护

8.（多选）PLC 常用的编程语言有（　　）。

A. 梯形图　　B. 指令语句表　　C. 顺序功能图（SFC）　D. 功能图块

9.（多选）下列关于梯形图表述正确的是（　　）。

A. 梯形图是一种从继电接触控制电路图演变而来的图形语言

B. 梯形图中常用图形符号—| |—表示 PLC 编程元件的动合触点，用图形符号—|/|—表示

PLC 编程元件的动断触点；用—(　　)表示它们的线圈

C. 梯形图按从左到右、自上而下地顺序排列

D. 梯形图中的触点可以任意串联或并联，但继电器线圈只能并联而不能串联

10. 依据梯形图编程原则，图 2-47 所示梯形图正确的是（　　）。

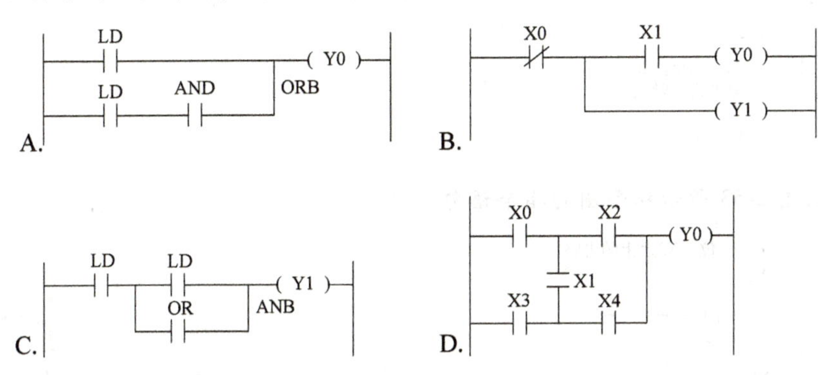

图 2-47　题 10 图

11. 写出图 2-48 所示梯形图的指令语句。

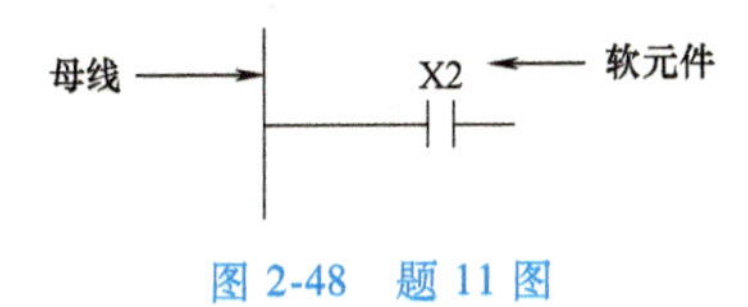

图 2-48　题 11 图

12. 写出图 2-49 所示梯形图的指令语句。

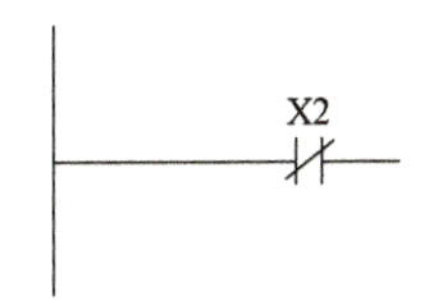

图 2-49　题 12 图

13. 写出图 2-50 所示梯形图的指令语句。

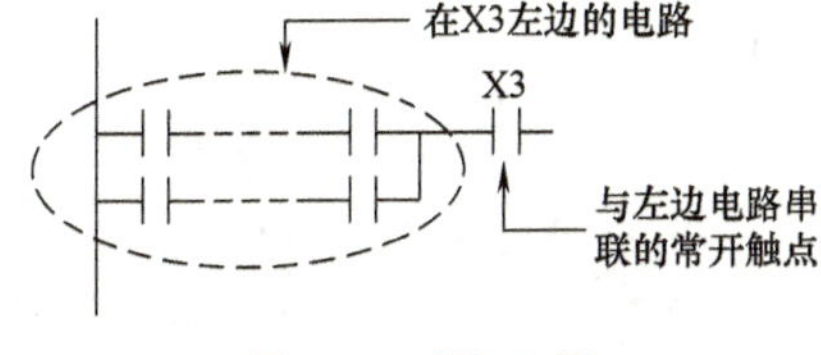

图 2-50　题 13 图

14. 写出图 2-51 所示梯形图的指令语句。

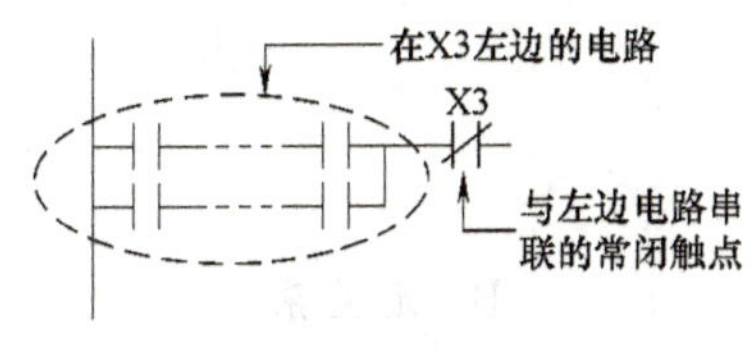

图 2-51　题 14 图

15. 写出图 2-52 所示梯形图的指令语句。

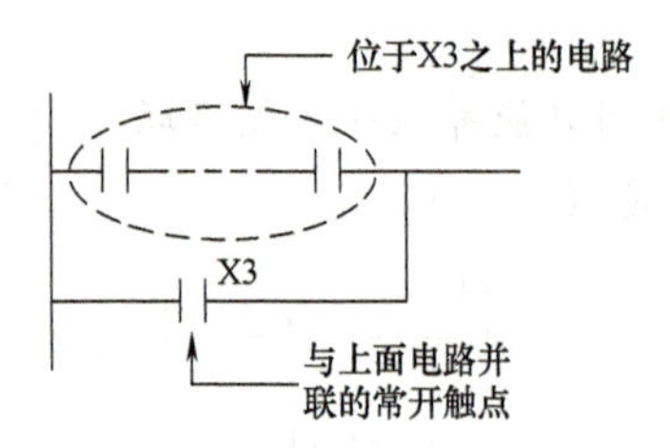

图 2-52　题 15 图

16. 写出图 2-53 所示梯形图的指令语句。

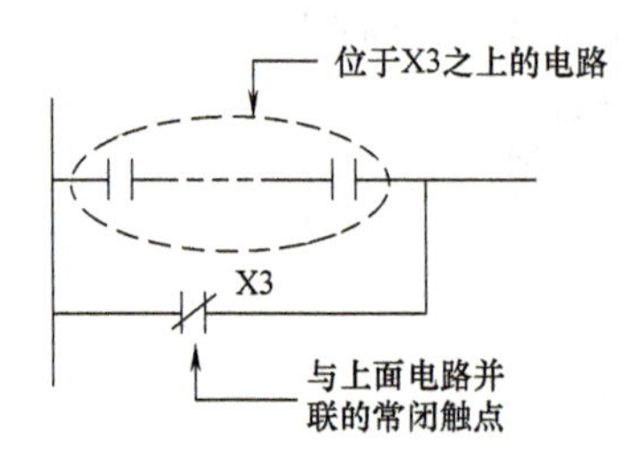

图 2-53　题 16 图

17. 写出图 2-54 所示梯形图的指令语句。

图 2-54　题 17 图

18. 写出图 2-55 所示梯形图的指令语句。

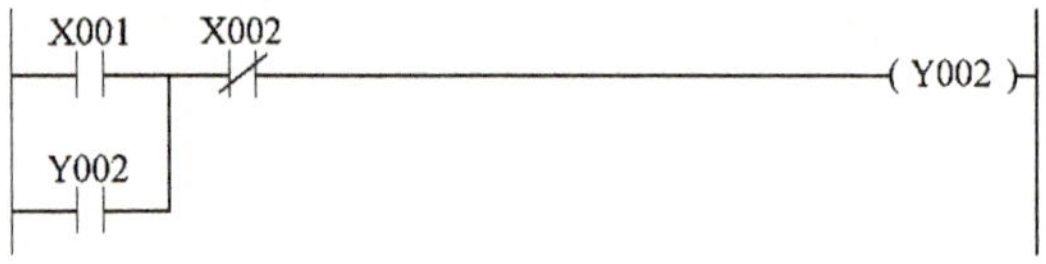

图 2-55　题 18 图

19. 图 2-56 所示圈中，Y1 与 Y2 的关系是（　　）。

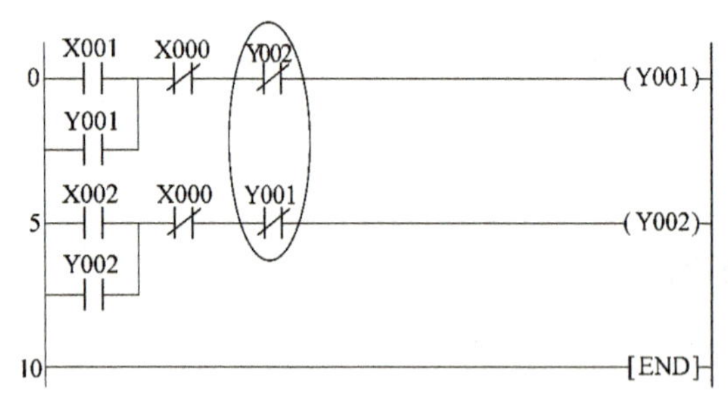

图 2-56　题 19 图

A. 互锁　　B. 自锁　　C. 并联　　D. 无关系

20. 图 2-57 所示程序主要用于（　　）程序设计。

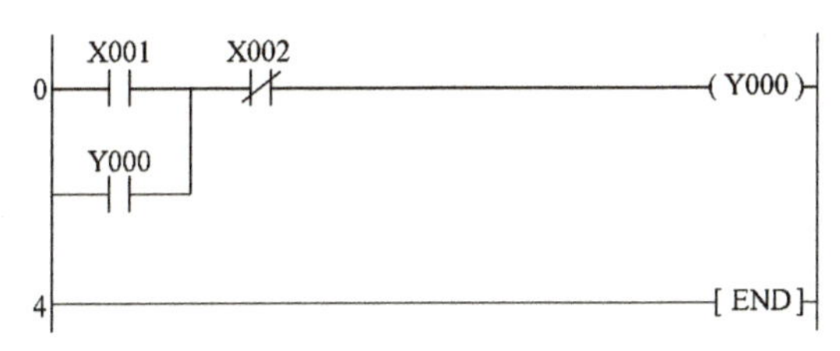

图 2-57　题 20 图

A. 优先起动　　B. 起保停　　C. 单动　　D. 异地控制

21. 图 2-58 所示圈中，Y2 的作用是（　　）。

图 2-58　题 21 图

A. 互锁　　B. 自锁　　C. 并联　　D. 无关系

22. 写出图 2-59 所示梯形图的指令语句表。

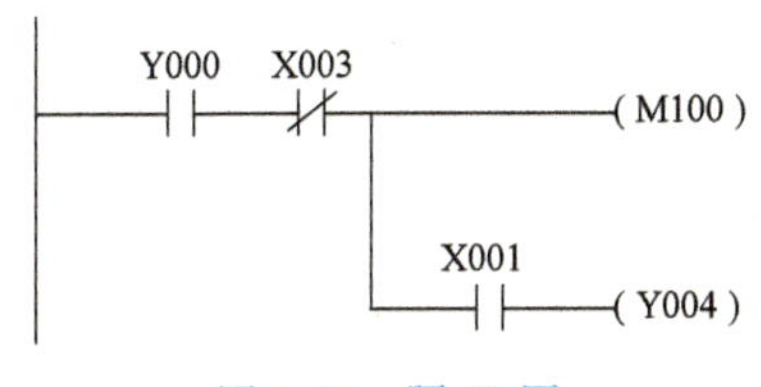

图 2-59　题 22 图

23. 写出图 2-60 所示梯形图的指令语句表。

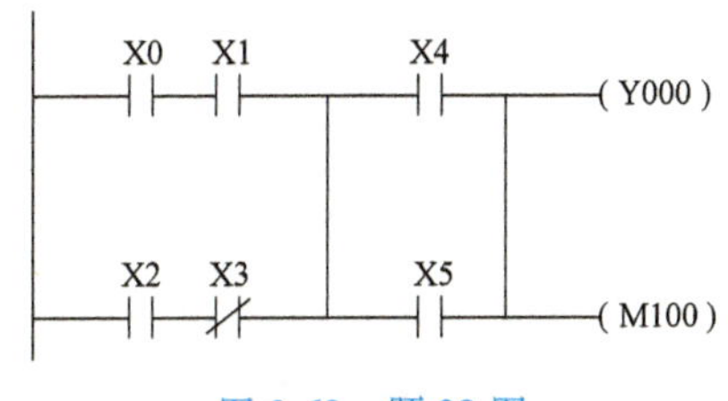

图 2-60　题 23 图

24. 写出图 2-61 所示梯形图的指令语句表。

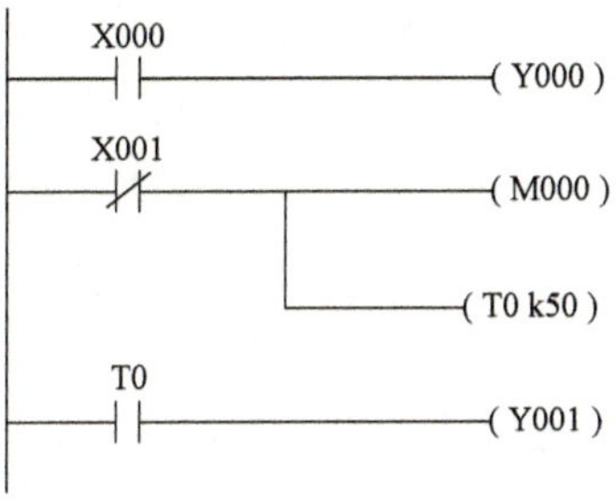

图 2-61　题 24 图

25. 写出图 2-62 所示梯形图的指令语句表。

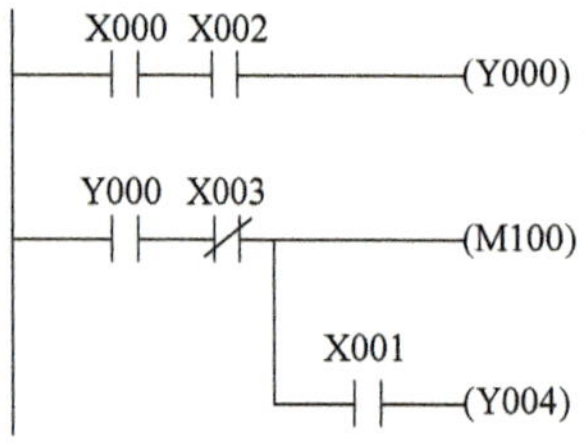

X000 X002 (Y000)
Y000 X003 (M100)
X001 (Y004)

图 2-62　题 25 图

26. GX Works2 中，可按（　　）进行程序转换。

A. F2 键　　B. F7 键　　C. F4 键　　D. F1 键

27. GX Works2 中当程序已转换和未转换时，编辑区会分别显示（　　）。

A. 白底，灰底　B. 灰底，灰底　C. 灰底，白底　D. 白底，白底

项目三　三相异步电动机正反转运行控制

【学习目标】

1）掌握 FX2N 系列 PLC 基本逻辑指令 MC、MCR、SET、RST、MPS、MRD、MPP、INV、END、NOP 的使用方法。

2）了解 PLC 程序设计基本方法。

3）能熟练掌握 GX Works2 程序输入、仿真、下载等操作技能。

4）掌握三相异步电动机正反转运行的电气控制原理及 PLC 控制程序设计。

【重点与难点】

起保停程序和联锁程序的综合应用。

【项目分析】

图 3-1 所示为三相异步电动机正反转运行的电气接线图，图 3-2 所示为三相异步电动机正反转运行的电气控制原理图。其工作过程为：先接通电源开关 QS，按下顺起动按钮 SB2，交流接触器 KM1 线圈得电，KM1 主触点闭合，KM1 的常开触点闭合自锁，KM2 线圈不得电，KM2 常闭触点闭合，电动机做星形联结起动，电动机正转；按下逆起动按钮 SB3，交流接触器 KM2 线圈得电，KM2 主触点闭合，KM2 的常开触点闭合自锁，KM1 线圈不得电，KM1 常闭触点闭合，电动机做星形联结起动，电动机反转；在电动机正转时，反转（逆起动）按钮 SB3 被屏蔽，在电动机反转时，正转（顺起动）按钮 SB2 被屏蔽；如需正反转切换，应首先按下停止按钮 SB1，使电动机处于停止工作状

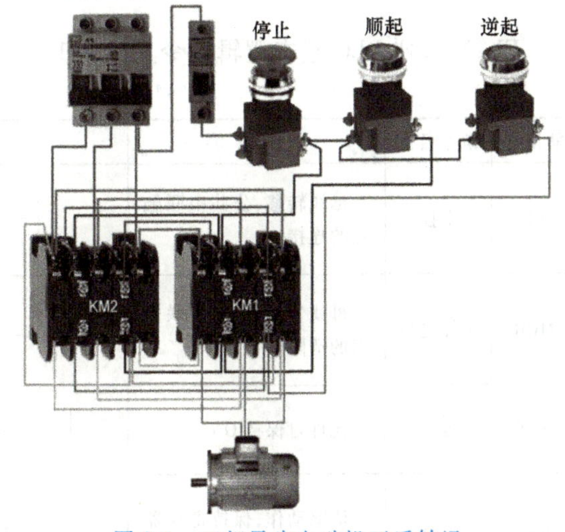

图 3-1　三相异步电动机正反转运行的电气接线图

态，方可对其做旋转方向切换。

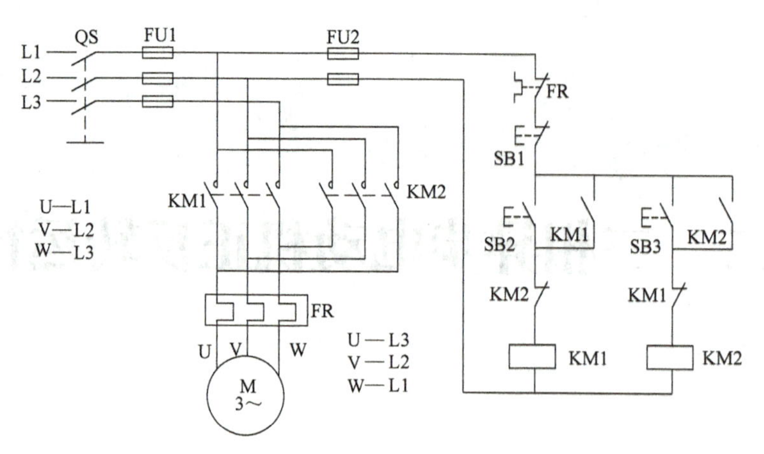

图 3-2　三相异步电动机正反转运行的电气控制原理图

请用 FX2N 系列 PLC 对该控制线路进行技术改造，该正反转运转控制线路控制要求如下：

1）按下起动按钮 SB2，三相异步电动机正转。

2）按下起动按钮 SB3，三相异步电动机反转。

3）按下停止按钮 SB1，三相异步电动机停止运转。

4）具有短路保护和过载保护等必要保护措施。

通过分析，该控制电路用两个起保停控制程序即可实现其功能，但在控制过程中需要考虑正转和反正起动顺序问题，同时也要考虑到电动机不能同时正反转，所以在设计过程中要考虑到“互锁”。电动机正反转常用于电控车库门的开起、货物运输机的运行等场合。

【相关知识】

一、FX2N 系列 PLC 基本逻辑指令

FX2N 系列 PLC 基本逻辑指令见表 3-1。

表 3-1　FX2N 系列 PLC 基本逻辑指令

助记符	指令名称	功能	梯形图	可用元件	程序步长
MC	主控	母线转移，公共串联触点的连接	MC N Y0	Y、M（特 M 除外）	3
MCR	主控复位	母线复位，公共串联触点的清除	MCR N	N：嵌套级数	3
SET	置位	元件自保持 ON	SET Y0	Y、M、S	Y、M：1 S、特 M：2 T、C：2 D、V、Z、特 D：3
RST	复位	清除动作，保持寄存器清零	RST Y0	Y、M、S、T、C、D、V、Z	

（续）

助记符	指令名称	功能	梯形图	可用元件	程序步长
MPS	进栈	存储执行 MPS 前的操作结果		无	1
MRD	读栈	读出由 MPS 存储的操作结果，即读出栈的最上层数据		无	1
MPP	出栈	读出由 MPS 存储的操作结果，并清除		无	1
INV	取反	对前面的运算结果取反		无	1
END	结束	1）输入/输出处理 2）回到第 0 步	[END]	无	0
NOP	空操作	在执行 NOP 指令时，并不做任何动作，待执行完 NOP 指令的时间过后再执行下一步的程序		无	0

【案例 1】　主控指令（MC、MCR）应用。

在编程时常会出现这样的情况，多个线圈同时受一个或一组触点控制，如果在每个线圈的控制电路中都串入同样的触点，如图 3-3a 所示，将占用很多存储单元。使用主控指令就可以解决这一问题，MC、MCR 指令的使用如图 3-3b 所示，利用 MC N0 M0 实现左母线右移，使 Y1、Y2 都在 X0 的控制之下，其中 N0 表示嵌套等级，在无嵌套结构中，N0 的使用次数无限制；利用 MCR N0 恢复到原左母线状态。如果 X0 断开则会跳过 MC、MCR 之间的指令向下执行。

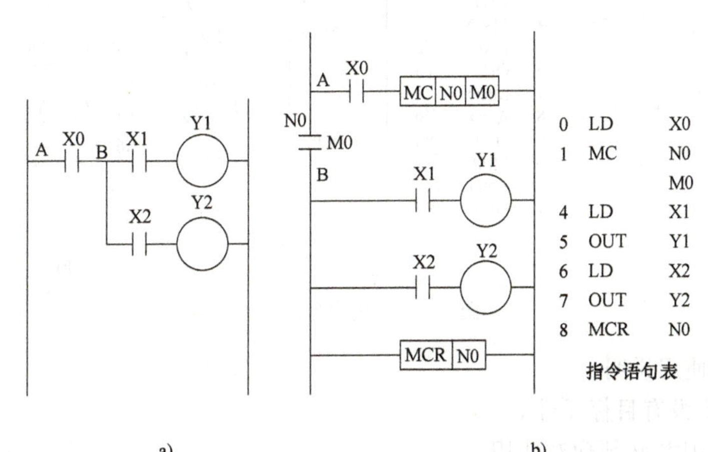

图 3-3　主控指令实例

MC、MCR 指令的使用说明：

1）MC、MCR 指令的目标元件为 Y 和 M，但不能用特殊辅助继电器。MC 占 3 个程序步，MCR 占 2 个程序步。

2）主控触点在梯形图中与一般触点垂直（如图 3-3b 中的 M0）。主控触点是与左母线相连的常开触点，也是控制一组电路的总开关。与主控触点相连的触点必须用 LD 或 LDI 指令。

3）MC 指令的输入触点断开时，在 MC 和 MCR 之内的积算定时器、计数器、用复位/置位指令驱动的元件保持其之前的状态不变。非积算定时器和计数器，用 OUT 指令驱动的元件将复位，如图 3-3b 中，当 X0 断开时，Y1 和 Y2 即变为 OFF。

4）在一个 MC 指令区内，若再使用 MC 指令，称为嵌套。嵌套级数最多为 8 级，编号按 N0→N1→N2→N3→N4→N5→N6→N7 顺序增大，每级的返回用对应的 MCR 指令，从编号大的嵌套级开始复位。

【案例 2】 堆栈指令（MPS/MRD/MPP）应用。

堆栈指令是 FX 系列中新增的基本指令，用于多重输出电路，为编程带来便利。在 FX 系列 PLC 中有 11 个存储单元，它们专门用来存储程序运算的中间结果，称为栈存储器。

（1）MPS（进栈指令） 将运算结果送入栈存储器的第一段，同时将先前送入的数据依次移到栈的下一段。

（2）MRD（读栈指令） 将栈存储器的第一段数据（最后进栈的数据）读出且该数据继续保存在栈存储器的第一段，栈内的数据不发生移动。

（3）MPP（出栈指令） 将栈存储器的第一段数据（最后进栈的数据）读出且该数据从栈中消失，同时将栈中其他数据依次上移。

图 3-4a 所示为一层栈，进栈后的信息可无限使用，最后一次使用 MPP 指令弹出信号；图 3-4b 所示为二层栈，它用了两个栈单元。

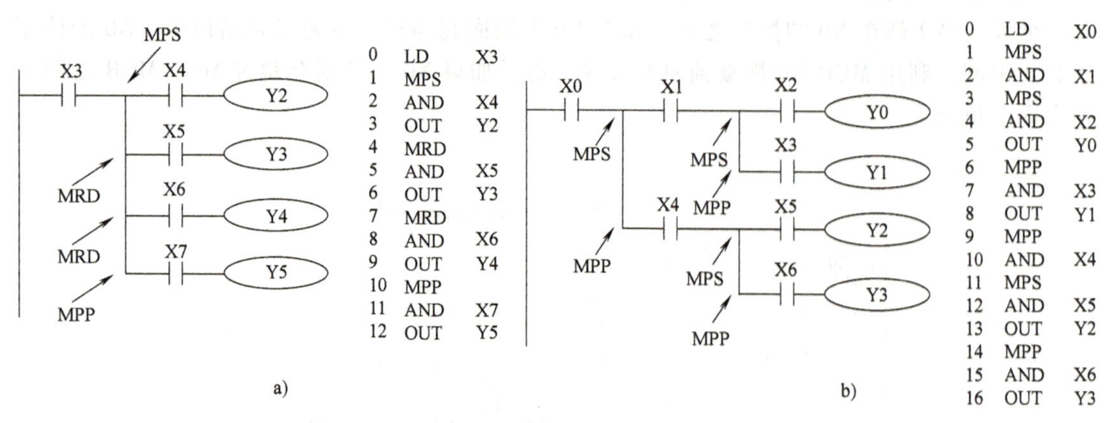

图 3-4 堆栈指令的应用

堆栈指令的使用说明：

1）堆栈指令没有目标元件。

2）MPS 和 MPP 必须配对使用。

3）由于栈存储单元只有 11 个，所以栈的层次最多有 11 层。

【案例 3】 置位与复位指令（SET/RST）应用。

（1）SET（置位指令） 使被操作的目标元件置位并保持。

（2）RST（复位指令） 使被操作的目标元件复位并保持清零状态。

SET、RST 指令的使用如图 3-5 所示。当 X0 常开闭合时，Y0 变为 ON 状态并保持，即使 X0 断开，Y0 的 ON 状态仍保持不变；只有当 X1 常开闭合时，Y0 才变为 OFF 状态并保持，即使 X1 断开，Y0 也仍为 OFF 状态。

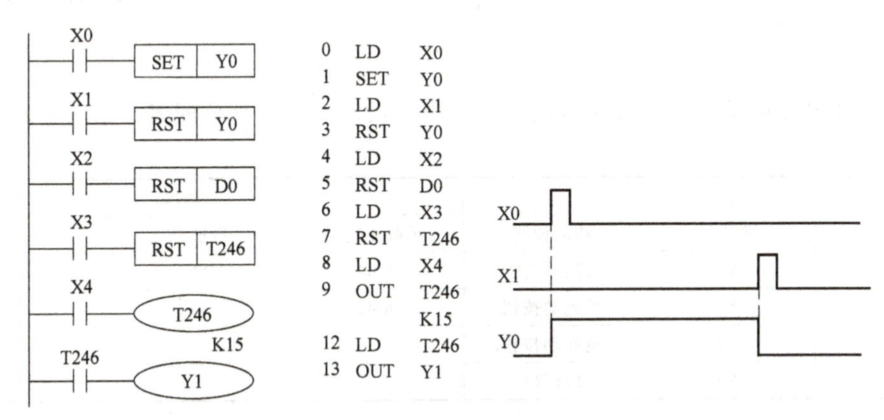

图 3-5　SET、RST 指令的使用

SET、RST 指令的使用说明：

1）SET 指令的目标元件为 Y、M、S，RST 指令的目标元件为 Y、M、S、T、C、D、V、Z。RST 指令常被用来对 D、Z、V 的内容清零，还用来复位积算定时器和计数器。

2）对于同一目标元件，SET、RST 可多次使用，顺序也可随意，但最后执行者有效。

二、PLC 程序设计方法

常见的 PLC 程序设计方法主要有梯形图法、逻辑流程图法、时序流程图法和步进顺控法。

1）梯形图法。梯形图法是用梯形图语言去编制 PLC 程序。这是一种模仿继电器控制系统的编程方法。其图形甚至元件名称都与继电器控制电路十分相近。这种方法可以方便地把原继电器控制电路移植成 PLC 的梯形图语言。

2）逻辑流程图法。逻辑流程图法是用逻辑框图表示 PLC 程序的执行过程，反映输入与输出的关系。逻辑流程图法是把系统的工艺流程用逻辑框图表示出来，形成系统的逻辑流程图。用这种方法编制的 PLC 控制程序逻辑思路清晰、输入与输出的因果关系及联锁条件明确。逻辑流程图会使整个程序脉络清楚，便于分析控制程序，便于查找故障点，便于调试程序和维修程序。有时对一个复杂的程序，直接用语句表和用梯形图编程可能难以下手，这时可以先画出逻辑流程图，再为逻辑流程图的各个部分用语句表和梯形图编制 PLC 应用程序。

3）时序流程图法。时序流程图法是首先画出控制系统的时序图（即到某一个时间应该进行哪项控制的控制时序图），再根据时序关系画出对应的控制任务的程序框图，最后把程序框图写成 PLC 程序。时序流程图法很适用于以时间为基准的控制系统。

4）步进顺控法。步进顺控法是在顺控指令的配合下设计复杂的控制程序。一般比较复杂的程序，都可以分成若干个功能比较简单的程序段，一个程序段可以看成整个控制过程中的一步。从整体角度去看，一个复杂系统的控制过程是由这样若干个步组成的。系统控制的任务实际上可以认为在不同时刻或者在不同进程中去完成对各个步的控制。为此，不少 PLC 生产厂家在自己的 PLC 中增加了步进顺控指令。在画完各个步进的状态流程图之后，可以利用步进顺控指令方便地编写控制程序。

【项目实施】

一、I/O 地址分配

根据三相异步电动机单向连续运转控制要求，设定 I/O 地址分配表，见表 3-2。

表 3-2　I/O 地址分配表

输入			输出		
元器件代号	地址号	功能说明	元器件代号	地址号	功能说明
SB1	X0	停止按钮	KM1	Y0	电动机正转
SB2	X1	顺起动按钮	KM2	Y1	电动机反转
SB3	X2	逆起动按钮			
FR	X3	过载保护			

二、硬件接线图设计

根据表 3-2 所示的 I/O 地址分配表，可对控制系统硬件接线图进行设计，如图 3-6 所示。

三、控制程序设计

根据系统控制要求和 I/O 地址分配表，利用基本指令设计的控制程序梯形图如图 3-7 所示，利用堆栈指令设计的梯形图如图 3-8 所示，利用 SET、RST 指令设计的梯形图如图 3-9 所示。

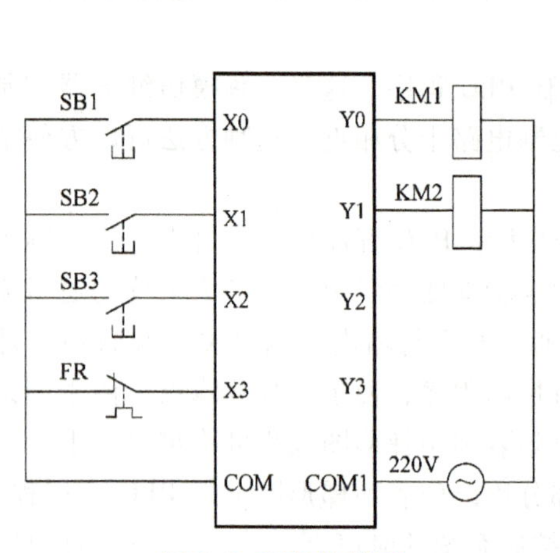

图 3-6　硬件接线图

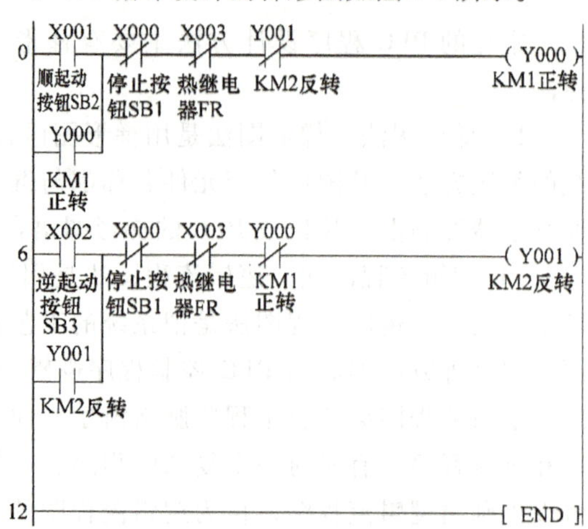

图 3-7　应用基本指令实现三相异步电动机正反转控制

四、程序输入、仿真调试及运行

1）在 GX Works2 中完成三相异步电动机正反转控制程序。

2）利用 GX Works2 调试功能完成程序仿真运行，测试功能是否达到设计要求，如不能达到设计要求，应进行相应修改，直至仿真结果与系统设计要求一样。图 3-10 所示为程序仿真调试界面。

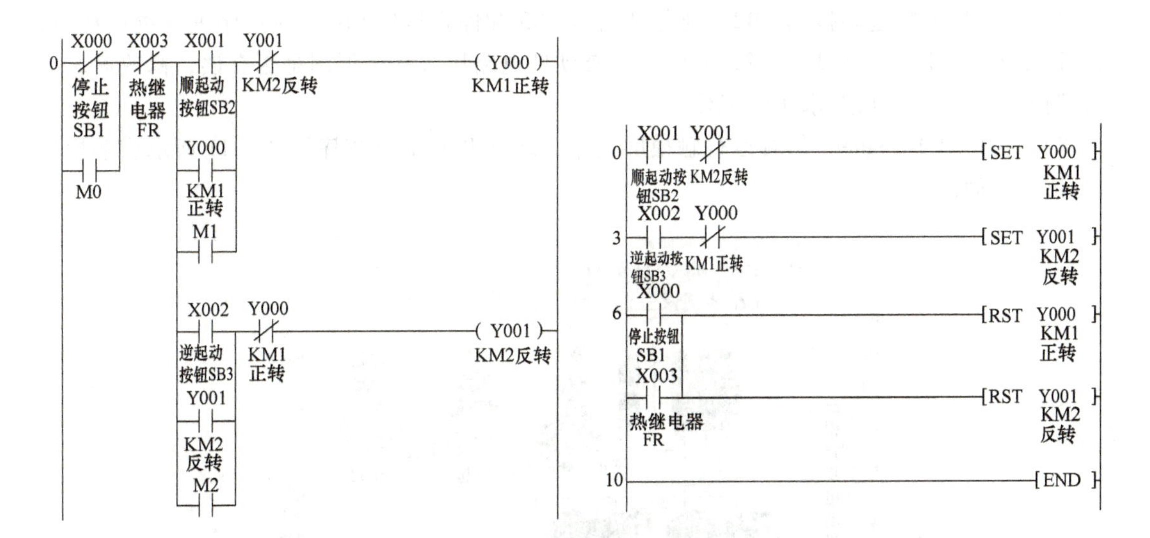

图 3-8　应用堆栈指令实现三相异步电动机正反转控制

图 3-9　应用 SET、RST 指令实现三相异步电动机正反转控制

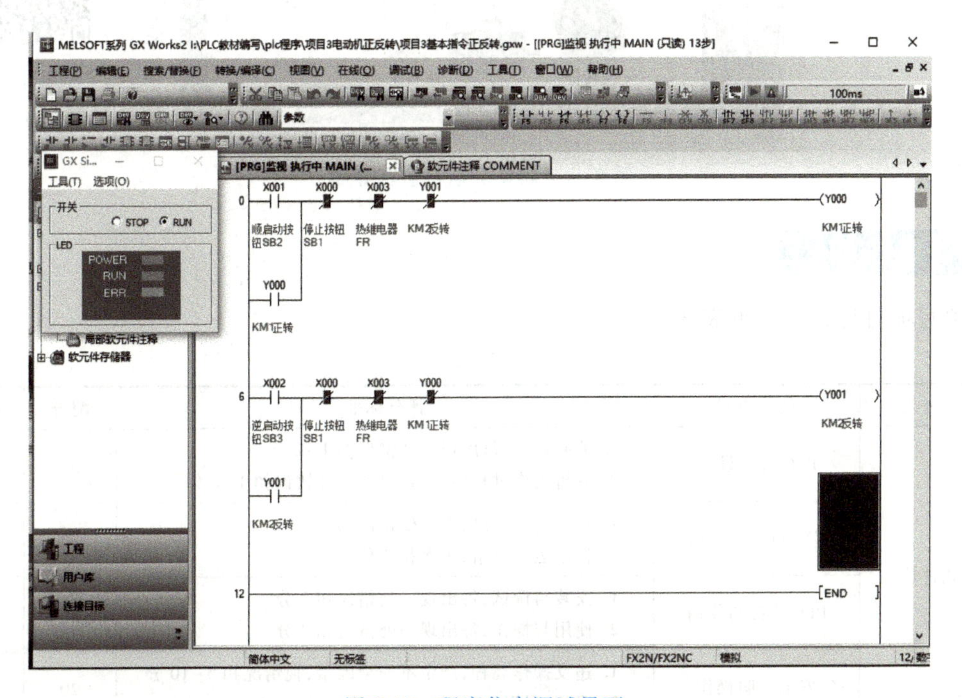

图 3-10　程序仿真调试界面

3）将 PLC 运行模式选择开关拨到“STOP”位置，此时 PLC 处于停止状态，可以进行程序的编写。

4）执行“在线”→“PLC 写入”，将程序文件下载到 PLC。

5）将 PLC 运行模式选择开关拨到“RUN”位置，使 PLC 处于运行状态。

6）单击菜单栏“在线”→“监视”→“监视模式”，监控运行中各输入、输出器件的通断状态。

7）分别按下顺起动按钮 SB2、逆起动按钮 SB3 和停止按钮 SB1，对程序进行调试运行，观察程序运行情况。若出现故障，应分别检查硬件电路接线和梯形图是否有误，修改后，应重新调试，直至系统按要求正常工作。

8）打开 GT Designer3 仿真运行触摸屏程序，结合 PLC 验证程序。图 3-11 所示为触摸屏运行仿真界面。

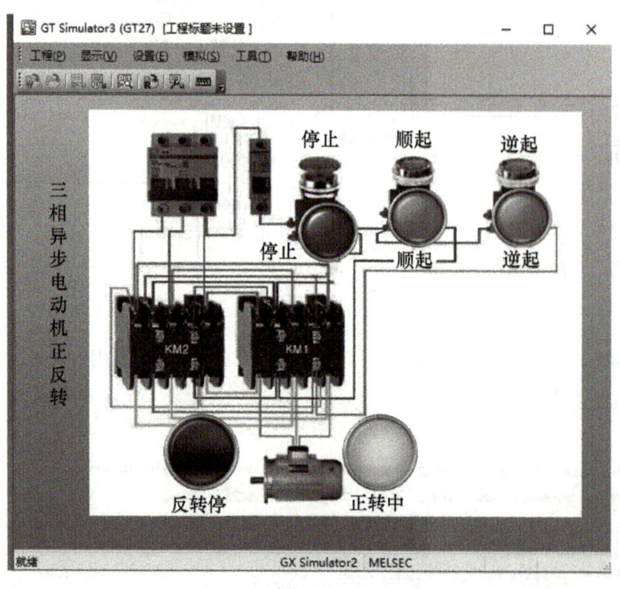

图 3-11 触摸屏运行仿真界面

三相异步电动机正反转微课

【项目评价】

填写项目评价表，见表 3-3。

表 3-3 项目评价表

评价方式	项目内容	评分标准	配分	得分
自我评价	PLC 程序设计	1. 编制程序，每出现一处错误扣 1~2 分 2. 分析工作过程原理，每出现一处错误扣 1~2 分	30	
	GX Works2 使用	1. 输入程序，每出现一处错误扣 1~2 分 2. 程序运行出错，每次扣 3 分	30	
	PLC 连接与使用	1. 安装与调试，每出现一处错误扣 3 分 2. 使用与操作，每出现一处错误扣 3 分	20	
	安全文明操作	1. 违反操作规程，产生不安全因素，视情况扣 5~10 分 2. 迟到、早退、工作场地不清洁，每次扣 3~5 分	20	
签名		总分 1（自我评价总分×40%）		
小组评价	实训记录与自我评价情况		20	
	对实训室规章制度的学习与掌握情况		20	
	团队协作能力		20	
	安全责任意识		20	
	能否主动参与整理工具、器材与清洁场地		20	

（续）

评价方式	项目内容	评分标准	配分	得分
参评人员签名		总分2（小组评价总分×30%）		
教师评价				
教师签名		教师评分（30）		
总分（总分1+总分2+教师评分）				

【复习与思考题】

1. 下列关于主控指令表述错误的是（　　）。

A. 主控触点在梯形图中与一般触点垂直

B. 主控触点是与左母线相连的常开触点，是控制一组电路的总开关

C. 与主控触点相连的触点必须用 LD 或 LDI 指令

D. MC、MCR 指令的目标元件为 Y 和 M，能用特殊辅助继电器

2. 下列关于堆栈指令表述错误的是（　　）。

A. FX 系列中堆栈指令用于单一输出电路

B. 堆栈指令没有目标元件

C. MRD（读栈指令）将栈存储器的第一段数据（最后进栈的数据）读出且该数据继续保存在栈存储器的第一段，栈内的数据不发生移动

D. MPS 和 MPP 必须配对使用

3. 下列关于 SET/RST 指令表述错误的是（　　）。

A. SET（置位指令）使被操作的目标元件置位并保持

B. RST（复位指令）使被操作的目标元件复位并保持清零状态

C. SET 指令的目标元件为 X、Y、M、S

D. RST 指令的目标元件为 Y、M、S、T、C、D、V、Z

4. 常见的 PLC 程序设计方法主要有（　　）、（　　）、（　　）和（　　）。

5. 写出图 3-12 所示梯形图的指令语句表。

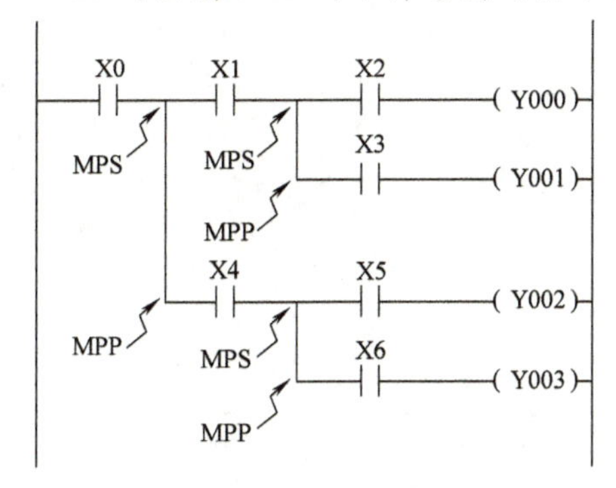

图 3-12　题 5 图

6. 写出图3-13所示梯形图的指令语句表。

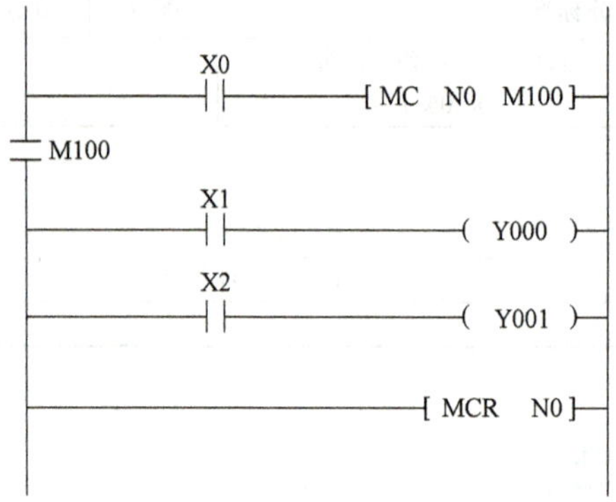

图3-13 题6图

7. 写出图3-14所示梯形图的指令语句表。

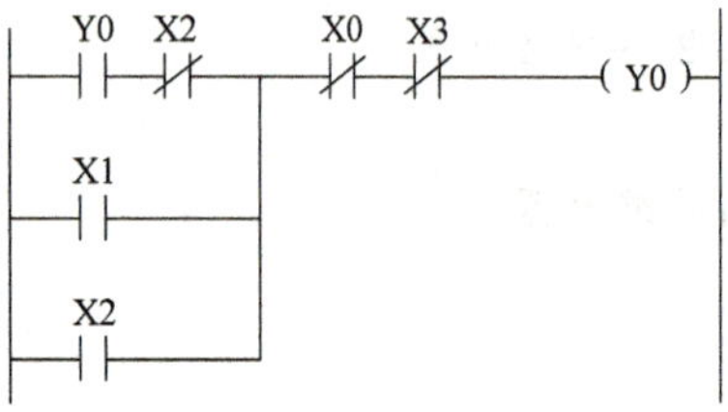

图3-14 题7图

8. 用辅助继电器优化法设计三相异步电动机正反转控制程序。

项目四　三相异步电动机Y-Δ减压起动控制

【学习目标】

1）掌握 FX2N 系列 PLC 基本逻辑指令 LDP、LDF、ANDP、ANDF、ORP、ORF、PLS、PLF 的使用方法。

2）掌握 PLC 内部元件定时器的应用。

3）熟练掌握 GX Works2 程序输入、仿真、下载等操作技能。

4）掌握三相异步电动机Y-Δ减压起动运行的电气控制原理及 PLC 控制程序设计。

【重点与难点】

振荡程序设计方法。

【项目分析】

图 4-1 所示为三相异步电动机Y-Δ减压起动的电气接线图，图 4-2 所示为三相异步电动

图 4-1　三相异步电动机Y-Δ减压起动的电气接线图

机Y-△减压起动的电气控制原理图。其工作过程为：先接通电源开关 QS，按下起动按钮 SB2，交流接触器 KM1 和 KM3 线圈得电，KM1 和 KM3 主触点闭合，KM3 常闭触点断开，三相异步电动机定子绕组为Y联结，电动机减压起动，同时时间继电器 KT 开始计时。KT 计时时间到，KT 线圈得电，KM3 线圈失电，KM3 的常闭触点闭合，KT 的常开触点闭合，使交流接触器 KM2 线圈得电并自锁，使三相异步电动机定子绕组为△联结，电动机全压运行。当按下停止按钮 SB1 时，交流接触器 KM1、KM2 线圈失电，KM1、KM3 主触点和辅助触点断开，电动机停止运转。

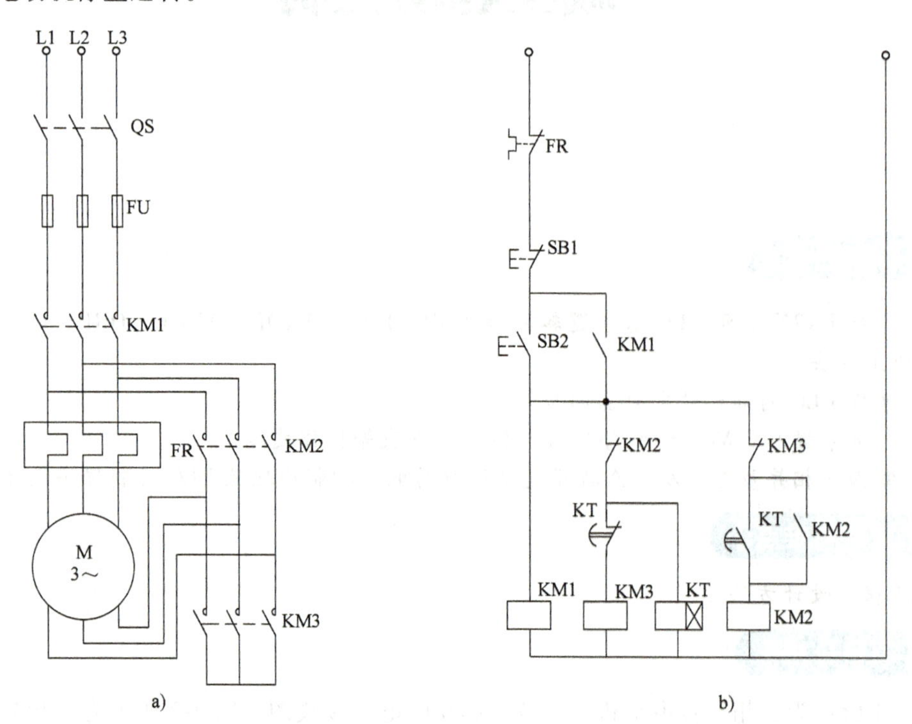

图 4-2 三相异步电动机Y-△减压起动的电气控制原理图

请用 FX2N 系列 PLC 对该控制电路进行技术改造，该三相异步电动机Y-△减压起动控制要求如下：

1）按下起动按钮 SB2，三相异步电动机定子绕组为Y联结，电动机减压起动；延时 5s 后三相异步电动机定子绕组为△联结，电动机全压运行。

2）按下停止按钮 SB1，三相异步电动机停止运转。

3）具有联锁、短路保护和过载保护等必要保护措施。

通过上述项目分析可知，该控制电路用时间继电器实现电动机Y联结减压起动后自动切换到△联结全压运行。

【相关知识】

一、FX2N 系列 PLC 基本逻辑指令

FX2N 系列 PLC 基本逻辑指令见表 4-1。

表 4-1　FX2N 系列 PLC 基本逻辑指令

助记符	指令名称	功能	梯形图	可用元件	程序步长
LDP	取脉冲上升沿	上升沿检出运算开始		X、Y、M、S、T、C	2
LDF	取脉冲下降沿	下降沿检出运算开始		X、Y、M、S、T、C	2
ANDP	与脉冲上升沿	上升沿检出串联连接		X、Y、M、S、T、C	2
ANDF	与脉冲下降沿	下降沿检出串联连接		X、Y、M、S、T、C	2
ORP	或脉冲上升沿	上升沿检出并联连接		X、Y、M、S、T、C	2
ORF	或脉冲上升沿	下降沿检出并联连接		X、Y、M、S、T、C	2
PLS	上升沿微分	上升沿微分输出（接通一周期的扫描时间）	X5 PLS M10	Y、M（除特 M）	2
PLF	下降沿微分	下降沿微分输出（接通一周期的扫描时间）	X6 PLF M11	Y、M（除特 M）	2

【案例 1】　脉冲微分指令 PLS/PLF。

脉冲微分指令主要用于检测输入的上升沿或下降沿，当条件满足时，产生一个很窄的脉冲信号输出。

PLS 指令称为“上升沿脉冲微分指令”。功能是：当检测到输入脉冲的上升沿时，PLS 指令的操作元件 Y 或 M 的线圈得到一个扫描周期，产生一个宽度为一个扫描周期的脉冲信号输出。

PLF 指令称为“下降沿脉冲微分指令”。功能是：当检测到输入脉冲的下降沿时，PLF 指令的操作元件 Y 或 M 的线圈得到一个扫描周期，产生一个宽度为一个扫描周期的脉冲信号输出。

PLS 指令和 PLF 指令的使用如图 4-3 所示。

二、定时器（T）

定时器实际是内部脉冲计数器，可对内部 1ms、10ms 和 100ms 时钟脉冲进行加计数，当达到用户设定值时，触点动作。

定时器可以用用户程序存储器内的常数 K 或 H 作为设定值，也可以用数据寄存器 D 的内容作为设定值。

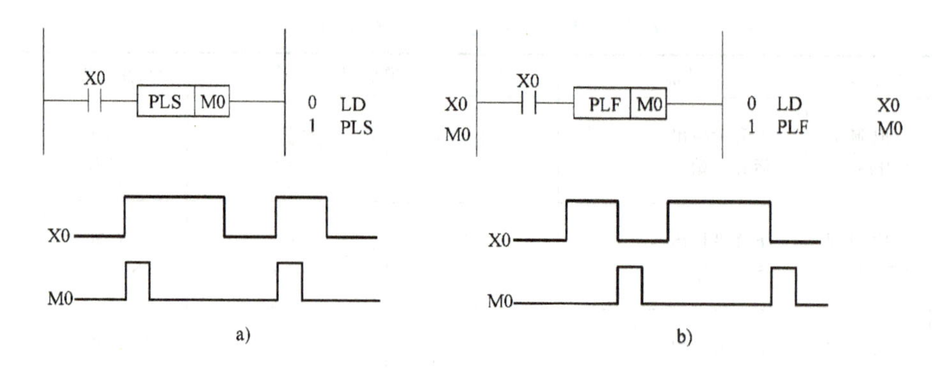

图 4-3　PLS 指令和 PLF 指令的使用

（1）普通定时器（T0～T245）

100ms 定时器 T0～T199 共 200 点，设定范围 0.1～3276.7s。

10ms 定时器 T200～T245 共 46 点，设定范围 0.01～327.67s。

【案例 2】　100ms 普通定时器的工作过程如图 4-4 所示。

（2）积算定时器（T246～T255）

1ms 定时器 T246～T249 共 4 点，设定范围 0.001～32.767s。

100ms 定时器 T250～T255 共 6 点，设定范围为 0.1～3276.7s。

【案例 3】　1ms 积算定时器的工作过程如图 4-5 所示。

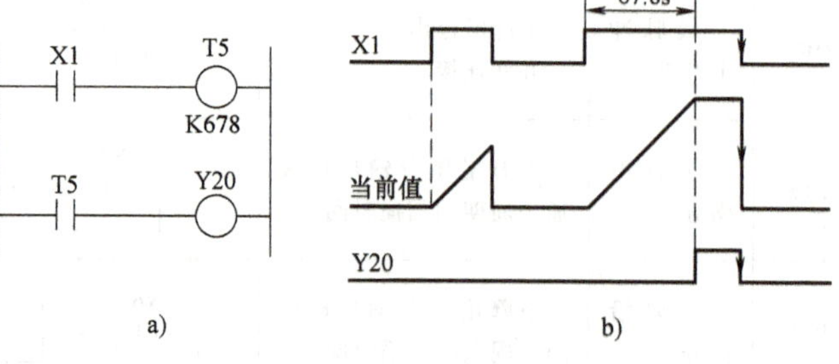

图 4-4　100ms 普通定时器的工作过程

a）梯形图　b）时序图

【案例 4】　振荡程序。图 4-6 所示为用两个定时器产生连续振荡信号的电路。在 X1 接通期间，Y0 产生的连续振荡信号的周期为 3s，占空比为 1∶2（接通时间∶断开时间）。其中，接通时间（或脉宽）为 1s，由定时器 T2 设定；断开时间为 2s，由定时器 T1 设定。

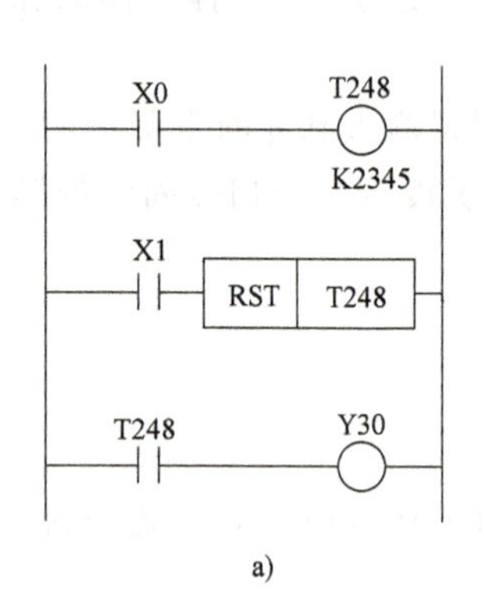

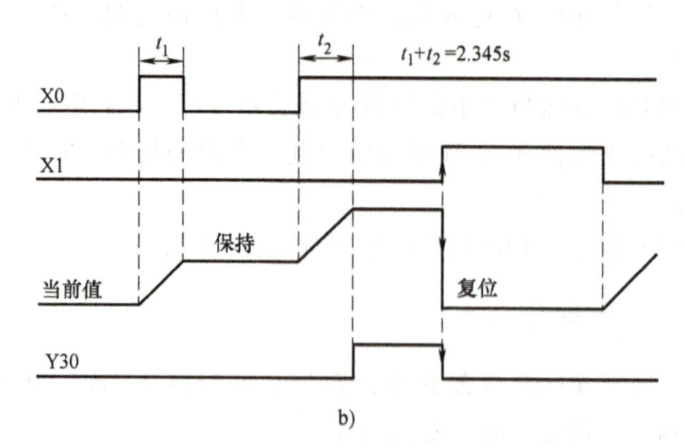

图 4-5　1ms 积算定时器的工作过程

a）梯形图　b）时序图

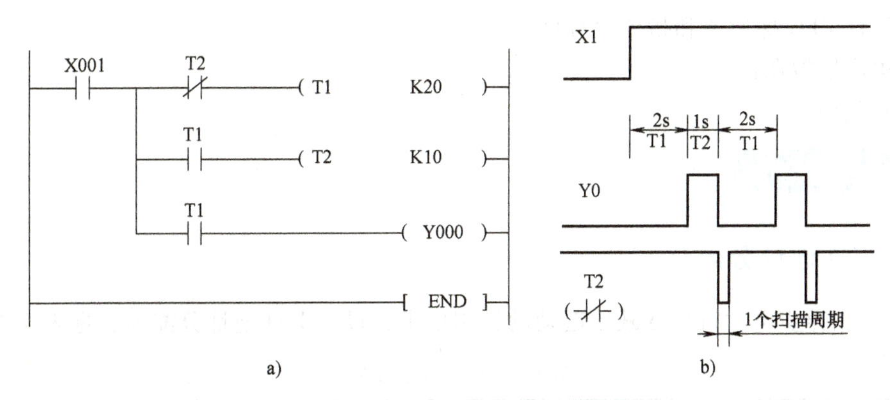

图 4-6　两个定时器实现的振荡程序

a）梯形图　b）时序图

【案例 5】　断电延时控制程序。图 4-7 所示为用位元件 M0 实现的断电延时电路。若输入 X0 接通，M0 线圈通电产生输出，并通过 M0 触点自锁。当输入 X0 断电时，线圈 M0 不是立即停止输出，而是经过 T0 延时 10s 后才停止输出。

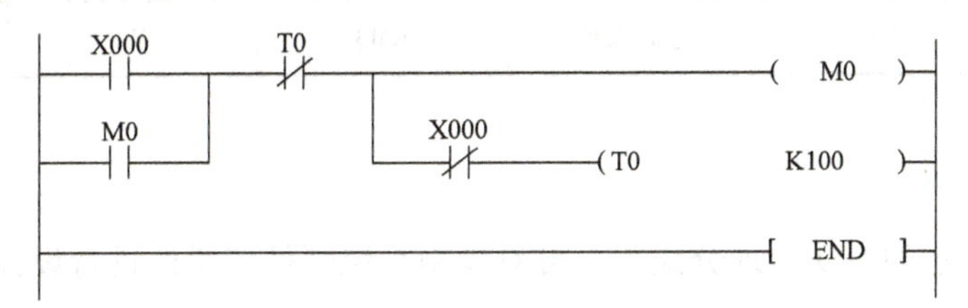

图 4-7　断电延时控制程序

三、PLC 控制系统设计原则

任何一种控制系统都是为了实现被控对象的工艺要求，以提高生产效率和产品质量。因此，在设计 PLC 控制系统时，应遵循以下原则：

1）最大限度地满足被控对象的控制要求。

2）保证 PLC 控制系统安全可靠。

3）力求简单、经济、使用和维修方便。

4）适应发展的需要。

四、PLC 控制系统设计与调试的步骤

（1）分析被控对象的工艺要求

（2）控制电路（系统硬件）的设计

1）确定输入/输出设备。

2）选择 PLC 及其有关设备。

3）分配 PLC 地址，列出 I/O 地址分配表。

4）设计 PLC 外围接线图及其他部分电气线路图。

（3）PLC 程序（软件）设计

1）设计程序流程图或状态转移图。

2）设计 PLC 梯形图和指令表程序。
3）程序模拟调试。
4）安装调试。

【项目实施】

一、I/O 地址分配

根据三相异步电动机Y-△减压起动的控制要求，设定 I/O 地址分配表，见表 4-2。

表 4-2　I/O 地址分配表

输入			输出		
元器件代号	地址号	功能说明	元器件代号	地址号	功能说明
SB1	X0	停止按钮	KM1	Y0	主电路电源控制
SB2	X1	起动按钮	KM2	Y1	电动机△联结控制
FR	X3	过载保护	KM3	Y2	电动机Y联结控制

二、硬件接线图设计

根据表 4-2 所示的 I/O 地址分配表，可对控制系统硬件接线图进行设计，如图 4-8 所示。

三、控制程序设计

根据系统控制要求和 I/O 地址分配表，应用基本指令设计的控制程序梯形图如图 4-9 所示，应用辅助继电器优化后的梯形图如图 4-10 所示，应用主控触点优化后的梯形图如图 4-11 所示。

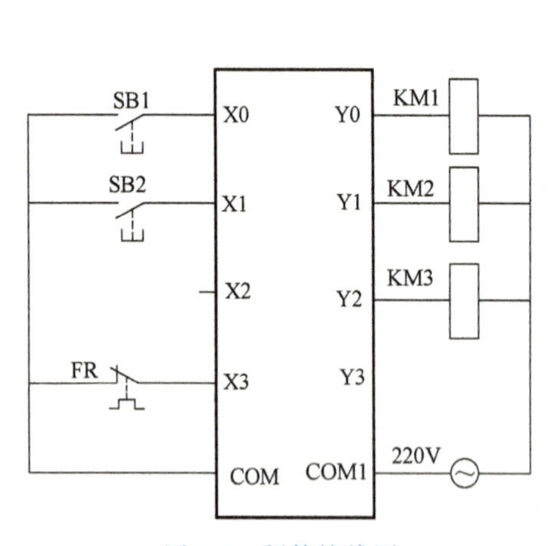

图 4-8　硬件接线图

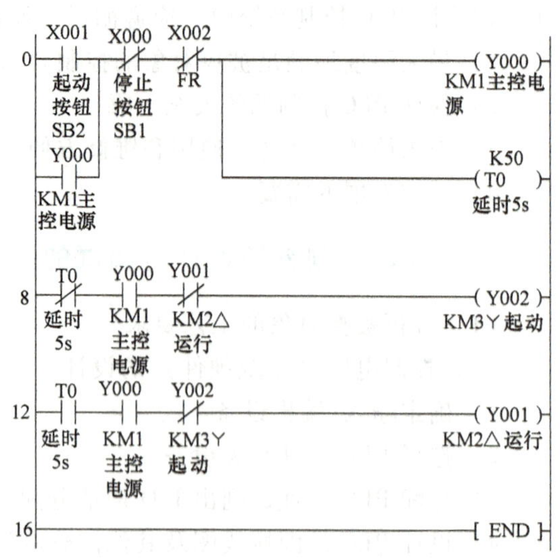

图 4-9　应用基本指令实现三相异步电动机Y-△减压起动梯形图

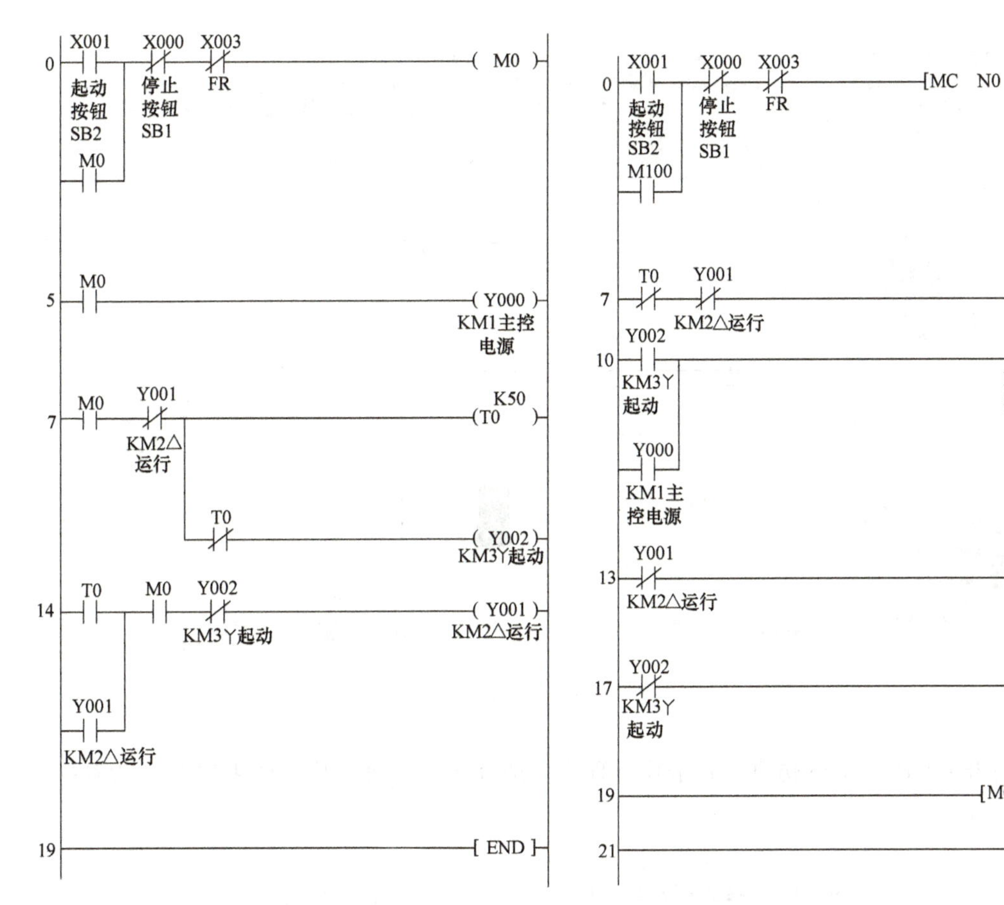

图 4-10　应用辅助继电器优化后的三相异步电动机Y-Δ减压起动梯形图

图 4-11　应用主控触点优化后的三相异步电动机Y-Δ减压起动梯形图

四、程序输入、仿真调试及运行

1）在 GX Works2 中完成三相异步电动机正反转控制程序。

2）利用 GX Works2 调试功能完成程序仿真运行，测试功能是否达到设计要求，如不能达到设计要求，应进行相应修改，直至仿真结果与系统设计要求一样。图 4-12 所示为程序仿真调试界面。

3）将 PLC 运行模式选择开关拨到“STOP”位置，此时 PLC 处于停止状态，可以进行程序的编写。

4）执行“在线”→“PLC 写入”，将程序文件下载到 PLC。

5）将 PLC 运行模式选择开关拨到“RUN”位置，使 PLC 处于运行状态。

6）单击菜单栏“在线”→“监视”→“监视模式”，监控运行中各输入、输出器件的通断状态。

7）分别按下起动按钮 SB2 和停止按钮 SB1，对程序进行调试运行，观察程序运行情况。若出现故障，应分别检查硬件电路接线和梯形图是否有误，修改后，应重新调试，直至系统按要求正常工作。

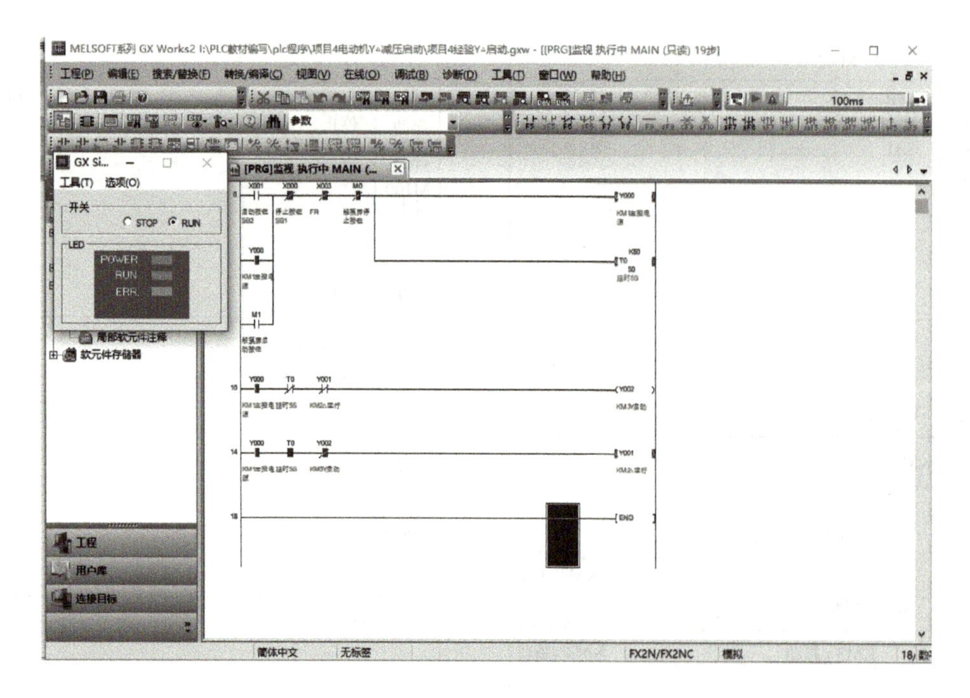

图 4-12　程序仿真调试界面

8）打开 GT Designer3 仿真运行触摸屏程序，结合 PLC 验证程序。图 4-13 所示为触摸屏运行仿真界面。

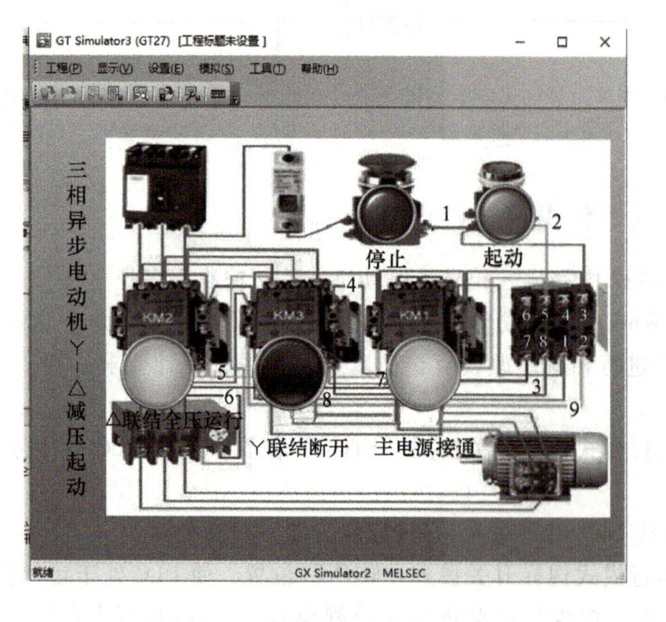

图 4-13　触摸屏运行仿真界面

三相异步电动机星-三角形减压运行微课

【项目评价】

填写项目评价表，见表 4-3。

表 4-3　项目评价表

评价方式	项目内容	评分标准	配分	得分
自我评价	PLC 程序设计	1. 编制程序,每出现一处错误扣 1~2 分 2. 分析工作过程原理,每出现一处错误扣 1~2 分	30	
	GX Works2 使用	1. 输入程序,每出现一处错误扣 1~2 分 2. 程序运行出错,每次扣 3 分	30	
	PLC 连接与使用	1. 安装与调试,每出现一处错误扣 3 分 2. 使用与操作,每出现一处错误扣 3 分	20	
	安全文明操作	1. 违反操作规程,产生不安全因素,视情况扣 5~10 分 2. 迟到、早退、工作场地不清洁,每次扣 3~5 分	20	
签名		总分 1(自我评价总分×40%)		
小组评价	实训记录与自我评价情况		20	
	对实训室规章制度的学习与掌握情况		20	
	团队协作能力		20	
	安全责任意识		20	
	能否主动参与整理工具、器材与清洁场地		20	
参评人员签名		总分 2(小组评价总分×30%)		
教师评价				
教师签名		教师评分(30)		
总分(总分 1+总分 2+教师评分)				

【复习与思考题】

1. 取脉冲上升沿指令是（　　）。

A. LDP　　B. LDF　　C. ANDP　　D. PLS

2. 图 4-14 中画圈软元件，应使用（　　）指令。

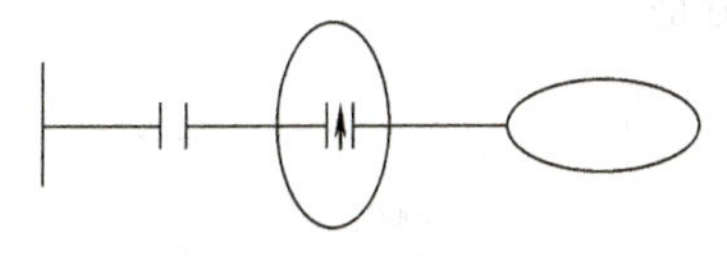

图 4-14　题 2 图

A. ANDF　　B. ANDP　　C. PLF　　D. ORP

3. 图 4-15 中画圈软元件，应使用（　　）指令。

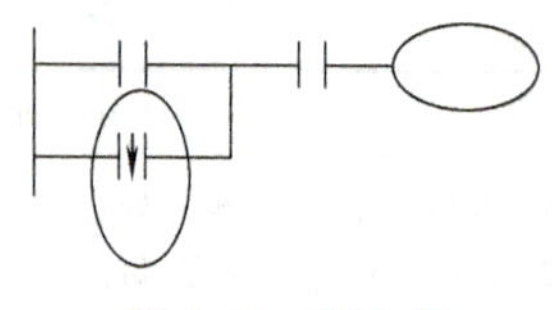

图 4-15　题 3 图

A. ANDF　　B. ANDP　　C. ORF　　D. ORP

4. 关于图 4-16 所示的梯形图说法正确的是（　　）。

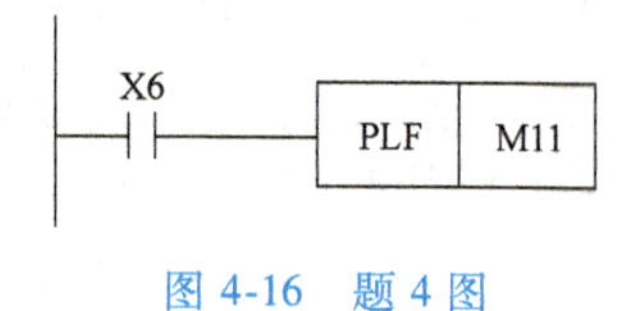

图 4-16　题 4 图

A. 当 X6 由 OFF→ON 时，M11 接通一周期扫描时间
B. 当 X6 由 OFF→ON 时，M11 断开一周期扫描时间
C. 当 X6 由 ON→OFF 时，M11 接通一周期扫描时间
D. 当 X6 由 ON→OFF 时，M11 断开一周期扫描时间

5. 图 4-17 所示梯形图对应的时序图正确的是（　　）。

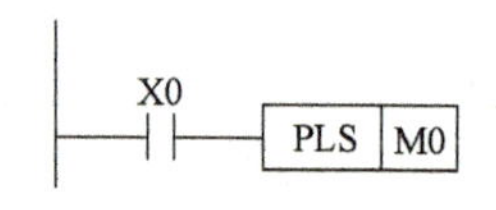

图 4-17　题 5 图

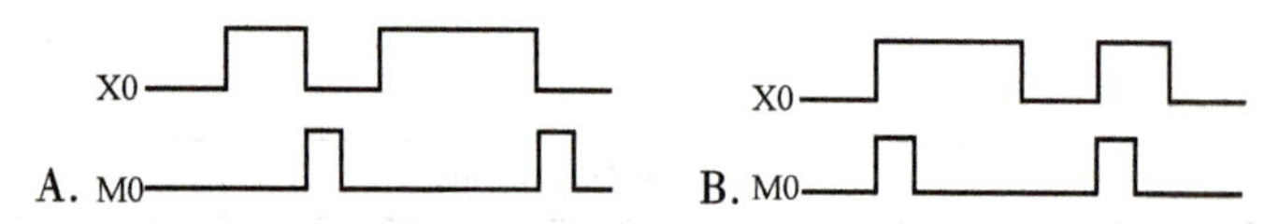

6. 下列对定时器的表述正确的是（　　）。

A. 定时器实际是内部脉冲计数器，可对内部 1ms、10ms 和 100ms 时钟脉冲进行加计数，当达到用户设定值时，触点动作

B. 定时器可以用用户程序存储器内的常数 K 或 H 作为设定值，不可以用数据寄存器 D 的内容作为设定值

C. 100ms 定时器 T0~T199 共 199 点，设定范围 0.1~3276.7s

D. 100ms 定时器 T250~T255 共 6 点，设定范围为 0.1~3276.7s

7. 图 4-18 中所示 T0 常闭触点的作用是（　　）。

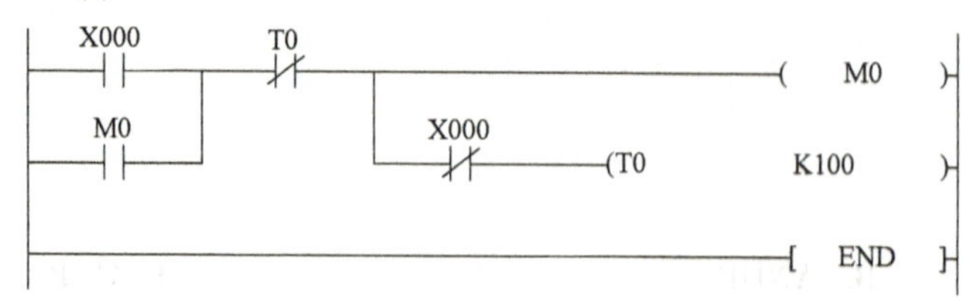

图 4-18　题 7 图

A. 通电延时　　　B. 断电延时　　　C. 常开触点　　　D. 无作用

8. 如图 4-19 所示，T1 的定时为（　　）s。

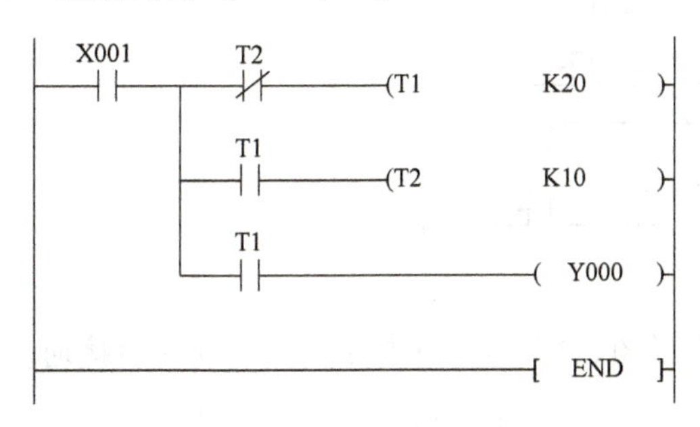

图 4-19　题 8 图

A. 20　　　B. 0.2　　　C. 2　　　D. 0.02

9. 图 4-20 中所示的 T2 的作用是（　　）。

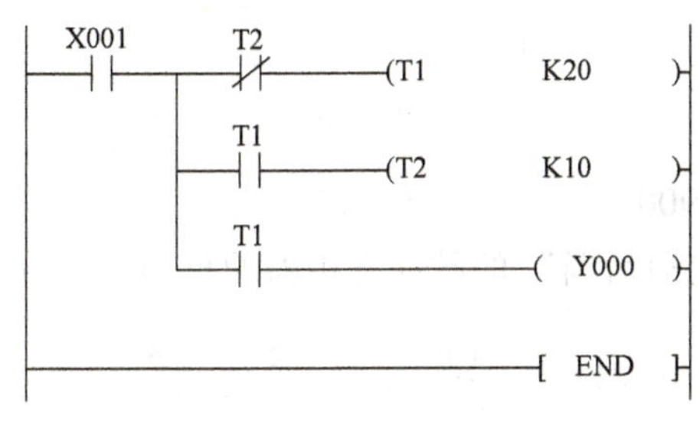

图 4-20　题 9 图

A. 通电延时　　　B. 断电延时　　　C. 常开触点　　　D. 循环（振荡）

10. 写出图 4-21 所示梯形图的指令语句表。

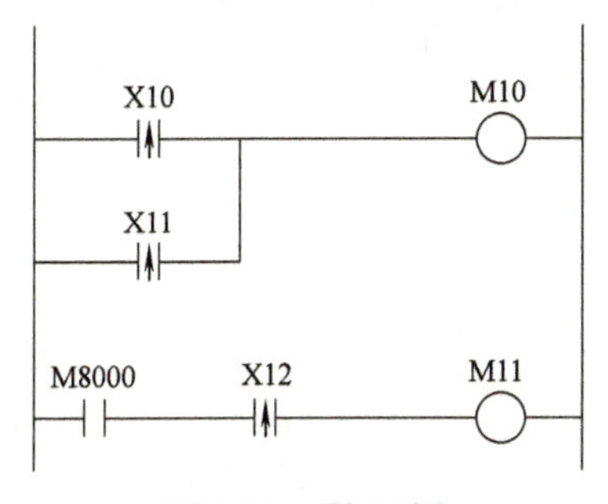

图 4-21　题 10 图

11. 写出图 4-22 所示梯形图的指令语句表。

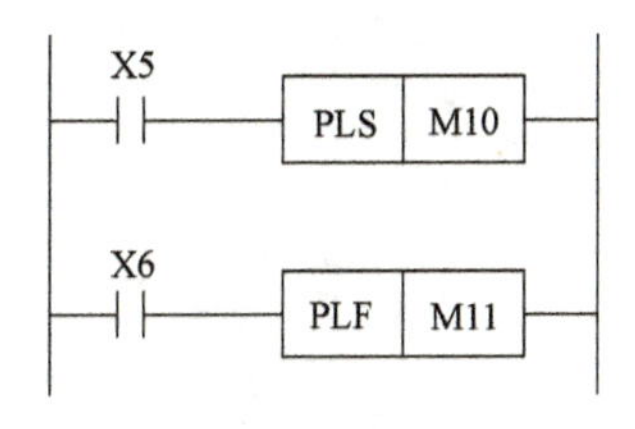

图 4-22　题 11 图

12. 根据图 4-23 所示时序图，写出对应的梯形图。

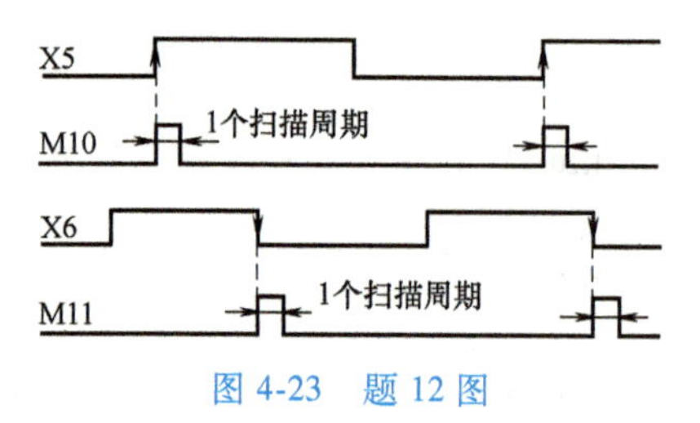

图 4-23 题 12 图

13. 如图 4-24 所示梯形图，Y20 在 X1 接通（　　）s 后接通。

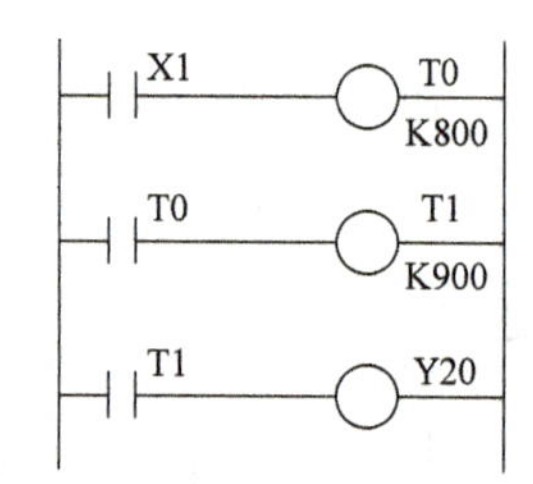

图 4-24 题 13 图

A. 800　　B. 900　　C. 17　　D. 1700

14. 图 4-25 中表示“先通后断”的脉冲发生器的梯形图是（　　）。

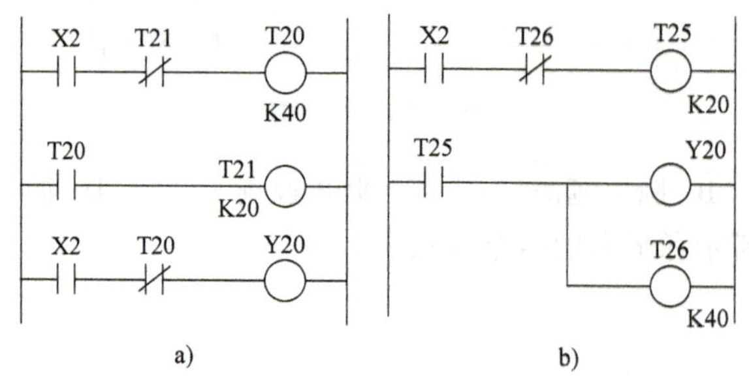

图 4-25 题 14 图

A. a）图　　B. b）图

项目五　自动运料小车系统设计

【学习目标】

1）掌握接近开关、限位开关、电磁阀的工作原理、作用及使用方法。

2）掌握 PLC 内部元件计数器的应用。

3）熟练掌握 GX Works2 程序输入、仿真、下载等操作技能。

4）了解 PLC 控制程序设计的一般步骤。

【重点与难点】

计数器编程方法。

【项目分析】

某生产线需要一个自动运料小车系统，其运行示意图如图 5-1 所示。其中 *A* 点为装料处，*B* 点为卸料处。小车的运行轨道为直线，通过三相异步电动机经传动装置进行驱动，电动机正转时通过传动装置带动小车左行向装料处运行，电动机反转时带动小车右行向卸料处运行。

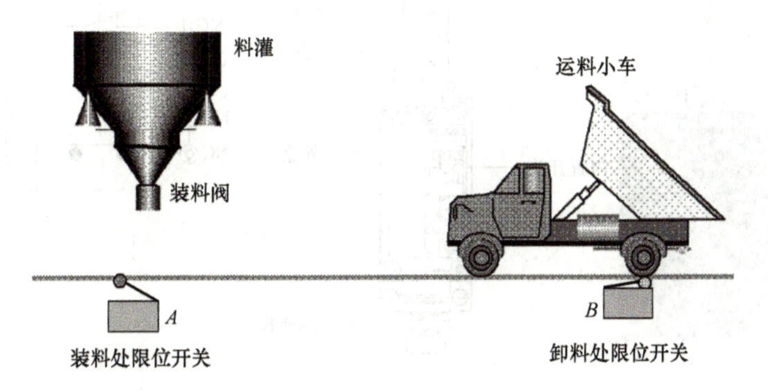

图 5-1　运料小车的 PLC 控制系统示意图

初始时小车空车停在卸料处 *B* 点，此时卸料限位开关被小车压住。请用 FX2N 系列 PLC 设计该生产线的自动运料小车系统，控制要求如下：

1）按下启动按钮 SB1，小车首先左行，在装料处（*A* 点）停下，同时装料斗阀门打开，开始装料，10s 后装料斗阀门关闭，装料结束，小车开始右行；小车右行至卸料处（*B* 点）停下来，同时小车卸料阀打开，使液压缸推动料斗翻起开始卸料，6s 后卸料阀关闭，卸料结束，完成一次运料任务。如此循环 3 次后，小车停在原始位置 *B* 点。

2）具有联锁、短路保护和过载保护等必要保护措施。

【相关知识】

一、限位开关

限位开关又称为行程开关，是一种常用的小电流主令电器，用以限定机械设备的运动极限位置。在电气控制系统中，限位开关的作用是实现顺序控制、定位控制和位置状态的检测，用于控制机械设备的行程及限位保护。

在实际生产中，限位开关可以安装在相对静止的物体（如固定架、门框等，简称静物）上或者运动的物体（如行车、门等，简称动物）上。当动物接近静物时，开关的连杆驱动开关的触点，引起闭合的触点分断或者断开的触点闭合。由开关触点开、合状态的改变去控制电路和机构的动作。限位开关广泛用于各类机床和起重机械，用以控制其行程，进行终端限位保护。在电梯的控制电路中，还利用行程开关来控制开关轿门的速度、自动开关门的限位以及轿厢的上、下限位保护。

限位开关有接触式的和非接触式的。接触式的比较直观，图 5-2 所示为滚珠限位开关外形和结构示意图。当限位开关的机械触点碰到挡块时，切断（或改变）控制电路，机械就停止（或改变）运行。由于机械的惯性运动，这种行程开关有一定的“超行程”以保护开关不受损坏。非接触式限位开关的形式很多，常见的有干簧管式、光电式、感应式等。

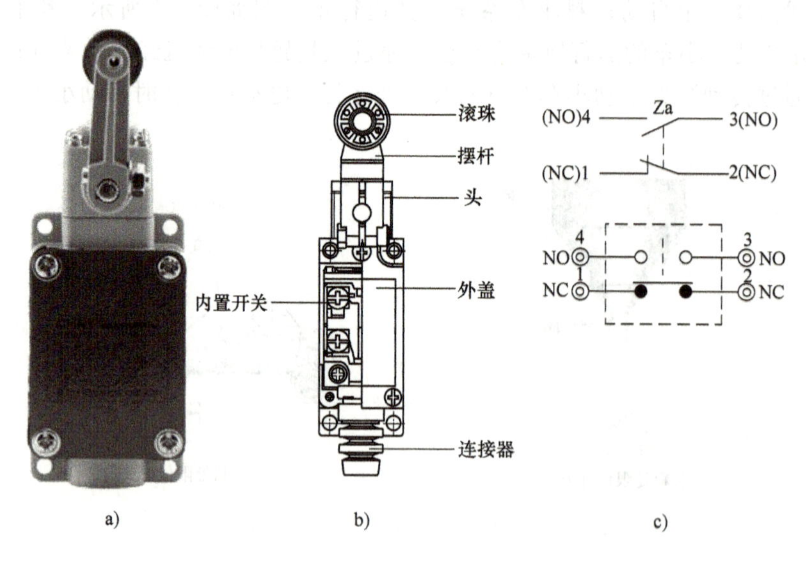

图 5-2 滚珠限位开关外形和结构示意图

a）实物图 b）结构 c）接触形式

二、接近开关

接近开关是一种不需要与运动部件进行直接接触就可以操作的位置开关，当物体接近开关的感应面到动作距离时，不需要机械接触及施加任何压力即可使开关动作，从而驱动直流电器或给计算机（PLC）装置提供控制指令。接近开关是一种开关型传感器（即无触点开关），它既有行程开关、微动开关的特性，同时具有传感性能，且动作可靠，性能稳定，频率响应快，应用寿命长，抗干扰能力强，并具有防水、防振、耐蚀等特点。产品有电感式、电容式、霍尔式等。

接近开关又称为无触点接近开关，是理想的电子开关量传感器。当金属检测体进入开关的感应区域，开关就能无接触、无压力、无火花、迅速地发出电气指令，准确反映运动机构的位置和行程，即使用于一般的行程控制，其定位精度、操作频率、使用寿命、安装调整的方便性和对恶劣环境的适应能力，也是一般机械式行程开关所不能相比的。它广泛地应用于机床、冶金、化工、轻纺和印刷等行业。在自动控制系统中可用于限位、计数、定位控制和自动保护环节等。

接近开关分为两线制和三线制，三线制接近开关又分为 NPN 型和 PNP 型，它们的接线是不同的。

1）两线制接近开关的接线比较简单，接近开关与负载串联后接到电源即可。图 5-3 所示为两线制接近开关示意图。

两线制接近开关受工作条件的限制，导通时开关本身产生一定压降，截止时又有一定的剩余电流流过，选用时应予以考虑。三线制接近开关不受剩余电流等因素干扰，工作更为可靠。

2）三线制接近开关。三线制接近开关又分为 NPN 型和 PNP 型，图 5-4 所示为三线制接近开关接线示意图：红（棕）线接电源正极端；蓝线接电源 0V 端；黄（黑）线为信号，应接负载。负载的另一端：对于 NPN 型接近开关，应接到电源正极端；对于 PNP 型接近开关，则应接到电源 0V 端。

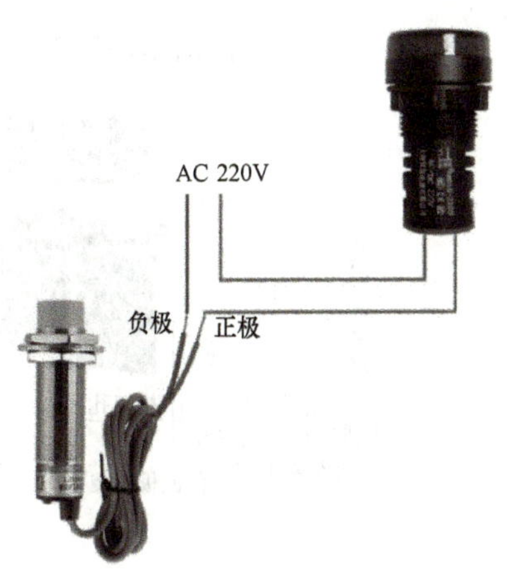

图 5-3　两线制接近开关示意图

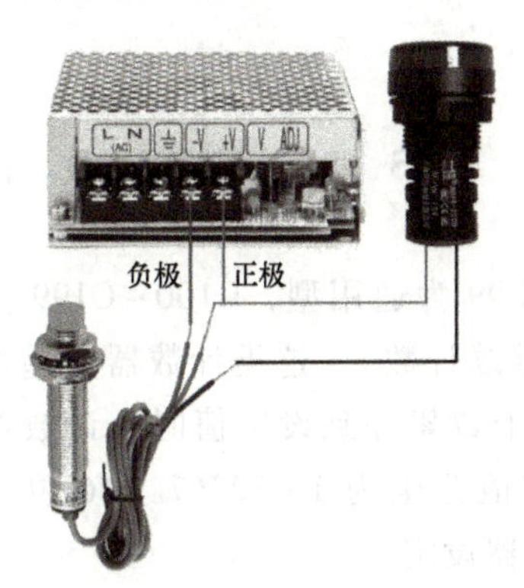

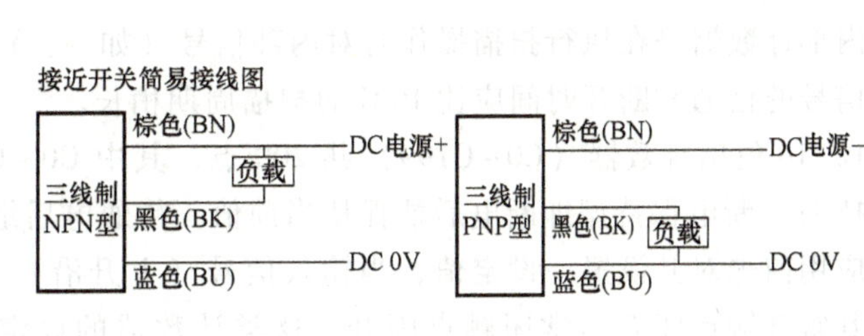

图 5-4　三线制接近开关接线示意图

接近开关的负载可以是信号灯、继电器线圈或可编程控制器 PLC 的数字量输入模块。

需要特别注意接到 PLC 数字输入模块的三线制接近开关的选择。PLC 数字量输入模块一般可分为两类：一类的公共输入端为电源负极，电流从输入模块流出，此时必须选用 PNP 型接近开关；另一类的公共输入端为电源正极，电流流入输入模块，此时必须选用 NPN 型接近开关。有的厂商将接近开关的“常开”和“常闭”信号同时引出，或增加了其他功能，此种情况，请按产品说明书接线。

三、电磁阀

（1）功能及应用　电磁阀是用电磁控制的工业设备，是用来控制流体方向、流量、速度等参数的自动化基础元件，属于执行器，并不限于液压、气动。电磁阀可以配合不同的电路来实现预期的控制，而控制的精度和灵活性都能够保证。

（2）工作原理　电磁阀的原理实际上非常简单。电磁阀未上电时，阀芯在弹簧的作用下，将阀体的通道堵住，电磁阀处于截止状态。当电磁阀接通电源时，线圈产生磁力，阀芯克服弹簧力向上提起，阀内通道打开，电磁阀处于导通状态。图 5-5 所示为电磁阀结构及接线方式。

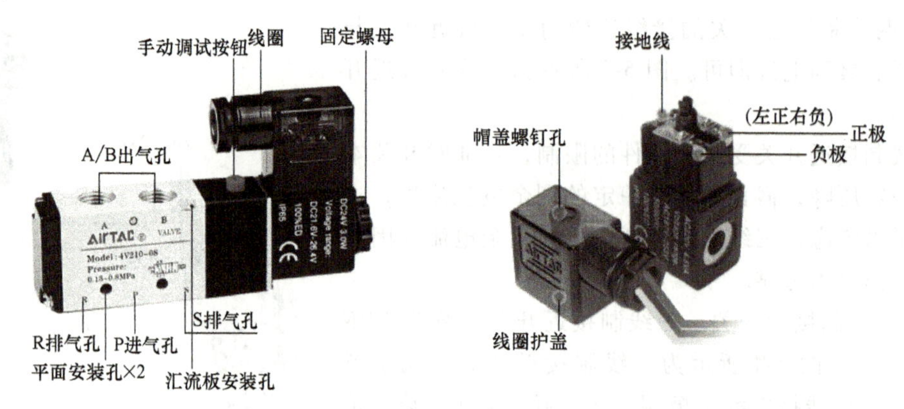

图 5-5　电磁阀结构及接线方式

四、FX2N 系列计数器（C）

FX2N 系列计数器分为内部计数器和高速计数器两类。

1. 内部计数器

内部计数器是在执行扫描操作时对内部信号（如 X、Y、M、S、T 等）进行计数。内部输入信号的接通和断开时间应比 PLC 的扫描周期稍长。

1）16 位增计数器（C0～C199）共 200 点，其中 C0～C99 为通用型，C100～C199 为断电保持型（断电保持型即断电后能保持当前值，待通电后继续计数）。这类计数器为递加计数，应用前先对其设置一设定值，当输入信号（上升沿）个数累加到设定值时，计数器动作，其常开触点闭合、常闭触点断开。这类计数器的设定值范围为 1～32767（16 位二进制），设定值除了用常数 K 设定外，还可通过指定数据寄存器设定。

【案例 1】　图 5-6 所示为通用型 16 位增计数器工作原理图，X10 为复位信号，当 X10

为 ON 时 C0 复位。X11 是计数输入，每当 X11 接通一次，计数器当前值增加 1（X10 断开，计数器不会复位）。当计数器计数当前值为设定值 10 时，计数器 C0 的输出触点动作，Y0 被接通。此后即使 X11 再接通，计数器的当前值也保持不变。当复位输入 X10 接通时，执行 RST 复位指令，计数器复位，输出触点也复位，Y0 被断开。

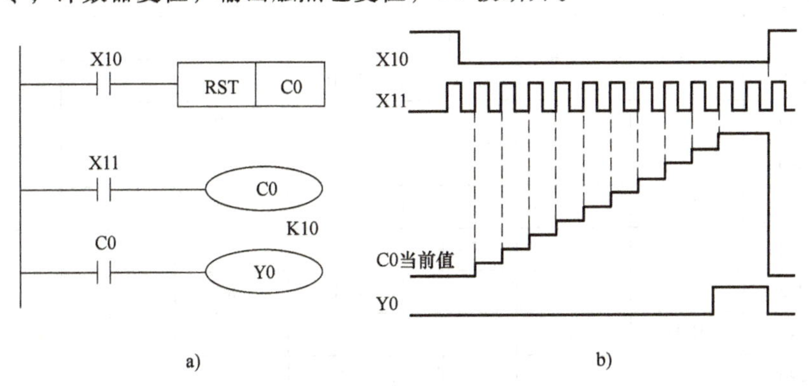

图 5-6　通用型 16 位增计数器工作原理图

a）梯形图　b）时序图

2）32 位增/减计数器（C200～C234）共有 35 点，其中 C200～C219（共 20 点）为通用型，C220～C234（共 15 点）为断电保持型。这类计数器与 16 位增计数器除位数不同外，还在于它能通过控制实现增/减双向计数。设定值范围均为 -214783648～+214783647（32 位）。

C200～C234 是增计数还是减计数，分别由特殊辅助继电器 M8200～M8234 设定。对应的特殊辅助继电器置为 ON 时为减计数，置为 OFF 时为增计数。

计数器的设定值与 16 位计数器一样，可直接用常数 K 或间接用数据寄存器 D 的内容作为设定值。在间接设定时，要用编号紧连在一起的两个数据计数器。

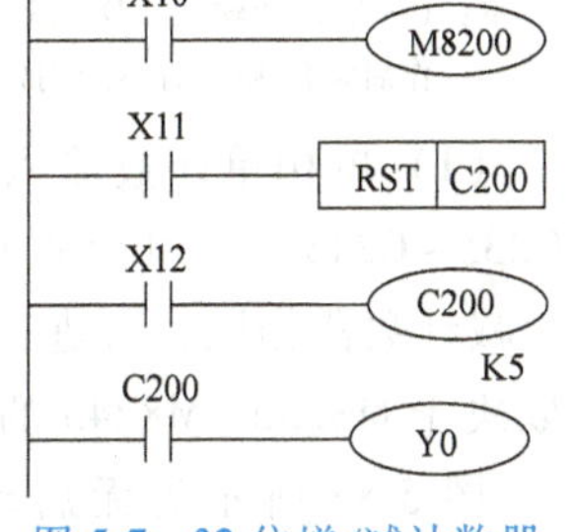

图 5-7　32 位增/减计数器

【案例 2】　32 位增/减计数器工作原理。图 5-7 所示为 32 位增/减计数器工作原理图，X10 用来控制 M8200，X10 闭合时为减计数方式。X12 为计数输入，C200 的设定值为 5（可正、可负）。设 C200 置为增计数方式（M8200 为 OFF），当 X12 计数输入累加由 4→5 时，计数器的输出触点动作。当前值大于 5 时，计数器仍为 ON 状态。只有当前值由 5→4 时，计数器才变为 OFF。只要当前值小于 4，则输出保持为 OFF 状态。复位输入 X11 接通时，计数器的当前值为 0，输出触点也随之复位。

2. 高速计数器（C235～C255）

与内部计数器相比，高速计数器除允许输入频率高之外，应用也更为灵活，高速计数器均有断电保持功能，通过参数设定也可变成非断电保持。FX2N 有 C235～C255 共 21 点高速计数器，适合用来作为高速计数器输入的 PLC 输入端口有 X0～X7，X0～X7 不能重复使用，即某一个输入端如果被某个高速计数器占用，它就不能再用于其他高速计数器，也不能用于其他功能。高速计数器简表见表 5-1。

表 5-1 高速计数器简表

计数器		X0	X1	X2	X3	X4	X5	X6	X7
单相单计数输入	C235	U/D							
	C236		U/D						
	C237			U/D					
	C238				U/D				
	C239					U/D			
	C240						U/D		
	C241	U/D	R						
	C242			U/D	R				
	C243				U/D	R			
	C244	U/D	R					S	
	C245			U/D	R				S
单相双计数输入	C246	U	D						
	C247	U	D	R					
	C248				U	D	R		
	C249	U	D	R				S	
	C250				U	D	R		S
双相	C251	A	B						
	C252	A	B	R					
	C253				A	B	R		
	C254	A	B	R				S	
	C255				A	B	R		S

主：U—增计数输入；D—减计数输入；B—B 相输入；A—A 相输入；R—复位输入；S—启动输入。X6、X7 只能用作启动信号，而不能用作计数信号。

（1）单相单计数输入高速计数器（C235～C245） 其触点动作与 32 位增/减计数器相同，可进行增或减计数（取决于 M8235～M8245 的状态）。

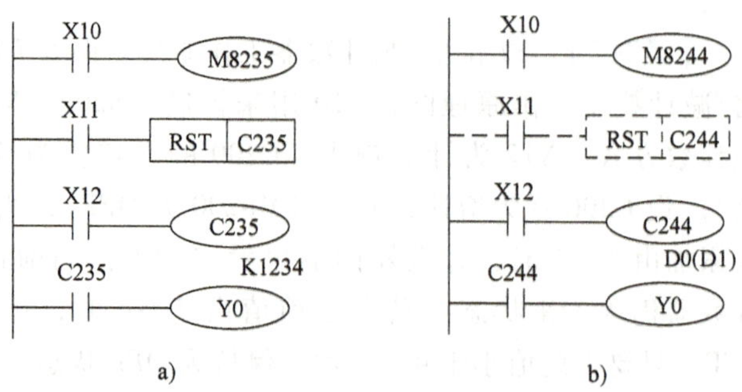

图 5-8 单相单计数输入高速计数器

a）无启动/复位端 b）带启动/复位端

图 5-8a 所示为无启动/复位端单相单计数输入高速计数器的应用。当 X10 断开、M8235 为 OFF 时，C235 为增计数方式（反之为减计数）。由 X12 选中 C235，从表 5-1 可知其输入信号来自于 X0，C235 对 X0 信号增计数，当前值达到 1234 时，C235 常开接通，Y0 得电。X11 为复位信号，当 X11 接通时，C235 复位。

图 5-8b 所示为带启动/复位端单相单计数输入高速计数器的应用。由表 5-1 可知，X1 和 X6 分别为复位输入端和启动输入端。利用 X10 通过 M8244 可设定其增/减计数方式。当

X12 为接通，且 X6 也接通时，则开始计数，计数的输入信号来自 X0，C244 的设定值由 D0 和 D1 指定。除了可用 X1 立即复位外，也可用梯形图中的 X11 复位。

（2）单相双计数输入高速计数器（C246~C250） 这类高速计数器具有两个输入端，一个为增计数输入端，另一个为减计数输入端。利用 M8246~M8250 的 ON/OFF 动作可控制 C246~C250 的增计数/减计数动作。

如图 5-9 所示，X10 为复位信号，其有效（ON）则 C248 复位。由表 5-1 可知，也可利用 X5 对其复位。当 X11 接通时，选中 C248，输入来自 X3 和 X4。

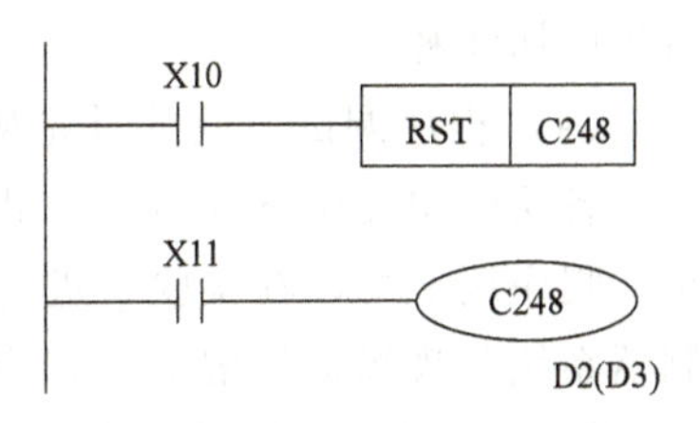

图 5-9 单相双计数输入高速计数器

（3）双相高速计数器（C251~C255） A 相和 B 相信号决定计数器是增计数还是减计数。当 A 相为 ON 时，若 B 相由 OFF 到 ON，则为增计数；当 A 相为 ON 时，若 B 相由 ON 到 OFF，则为减计数，如图 5-10a 所示。

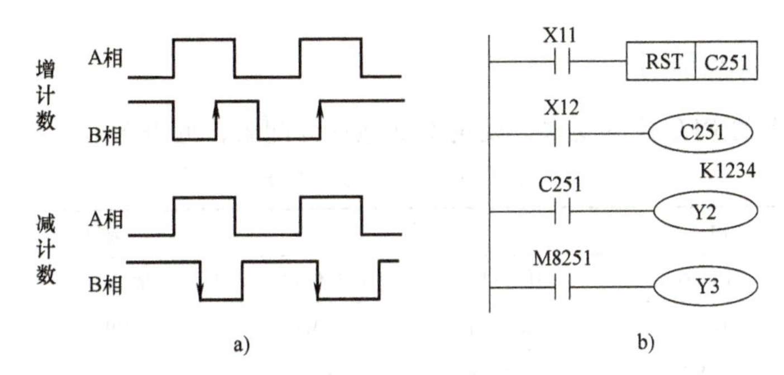

图 5-10 双相高速计数器

如图 5-10b 所示，当 X12 接通时，C251 计数开始。由表 5-1 可知，其输入来自 X0（A 相）和 X1（B 相）。当计数使当前值超过设定值时，Y2 为 ON。如果 X11 接通，则计数器复位。根据不同的计数方向，Y3 为 ON（增计数）或 OFF（减计数），即用 M8251~M8255，可控制 C251~C255 的增/减计数状态。

注意：高速计数器的计数频率较高，它们的输入信号的频率受两方面的限制。一是全部高速计数器的处理时间，因它们采用中断方式，所以计数器用得越少，则可计数频率就越高；二是输入端的响应速度，其中 X0、X2、X3 最高频率为 10kHz，X1、X4、X5 最高频率为 7kHz。

五、PLC 程序设计的步骤

PLC 程序设计一般分为以下几个步骤：

（1）程序设计前的准备工作 程序设计前先要了解控制系统的全部功能、规模、控制方式、输入/输出信号的种类和数量、是否有特殊功能的接口、与其他设备的关系、通信的内容与方式等，从而对控制系统建立整体概念。接着进一步熟悉被控对象，可把控制对象和控制功能按照响应要求、信号用途或控制区域分类，确定检测设备和控制设备的物理位置，了解每一个检测信号和控制信号的形式、功能、规模及相互关系。

（2）设计程序框图 根据软件设计规格书的总体要求和控制系统的具体情况，确定应用程序的基本结构，按程序设计标准绘制出程序结构框图，再根据工艺要求，绘出各功能单元的功能流程图。

(3) 编写程序　根据设计出的程序结构框图逐条地编写控制程序，编写过程中要及时给程序加注释。

(4) 程序调试　调试时先从各功能单元入手，设定输入信号，观察输出信号的变化情况。各功能单元调试完成后，再调试全部程序，调试各部分的接口情况，直到符合要求为止。程序调试可以在实验室进行，也可以在现场进行。如果在现场进行测试，需将可编程控制器系统与现场信号隔离，可以切断输入/输出模板的外部电源，以免引起机械设备动作。程序调试过程中先发现错误，后进行纠错。基本原则是“集中发现错误，集中纠正错误”。

(5) 编写程序说明书　在说明书中通常对程序的控制要求、程序结构、流程图等进行必要的说明，并且给出程序的安装操作使用步骤等。

一、I/O 地址分配

根据运料小车的 PLC 控制要求，设定 I/O 地址分配表，见表 5-2。

表 5-2　I/O 地址分配表

输入			输出		
元器件代号	地址号	功能说明	元器件代号	地址号	功能说明
SB1	X0(M0)	启动按钮	KM1	Y0	左行接触器
SQ1	X1(M1)	装料限位开关	KM2	Y1	右行接触器
SQ2	X2(M2)	卸料限位开关	KV1	Y2	装料电磁阀
FR	X3	过载保护	KV2	Y3	卸料电磁阀

二、硬件接线图设计

根据表 5-2 所示的 I/O 地址分配表，可对控制系统硬件接线图进行设计，如图 5-11 所示。

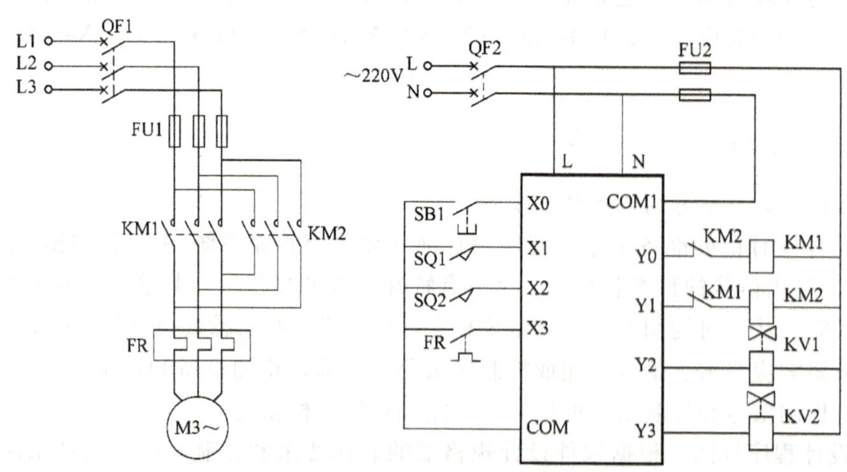

图 5-11　自动运料小车电气控制图及硬件接线图

三、控制程序设计

扫描下方二维码可查看本项目微课讲解及控制程序梯形图文档。

自动运料小车运行程序微课

自动运料小车运行控制程序梯形图

自动运料小车运行控制程序梯形图（带触摸屏运行）

四、程序输入、仿真调试及运行

1）在 GX Works2 中完成自动运料小车控制程序。

2）利用 GX Works2 调试功能完成程序仿真运行，测试功能是否达到设计要求，如不能达到设计要求，应进行相应修改，直至仿真结果与系统设计要求一样。图 5-12 所示为程序仿真调试界面。

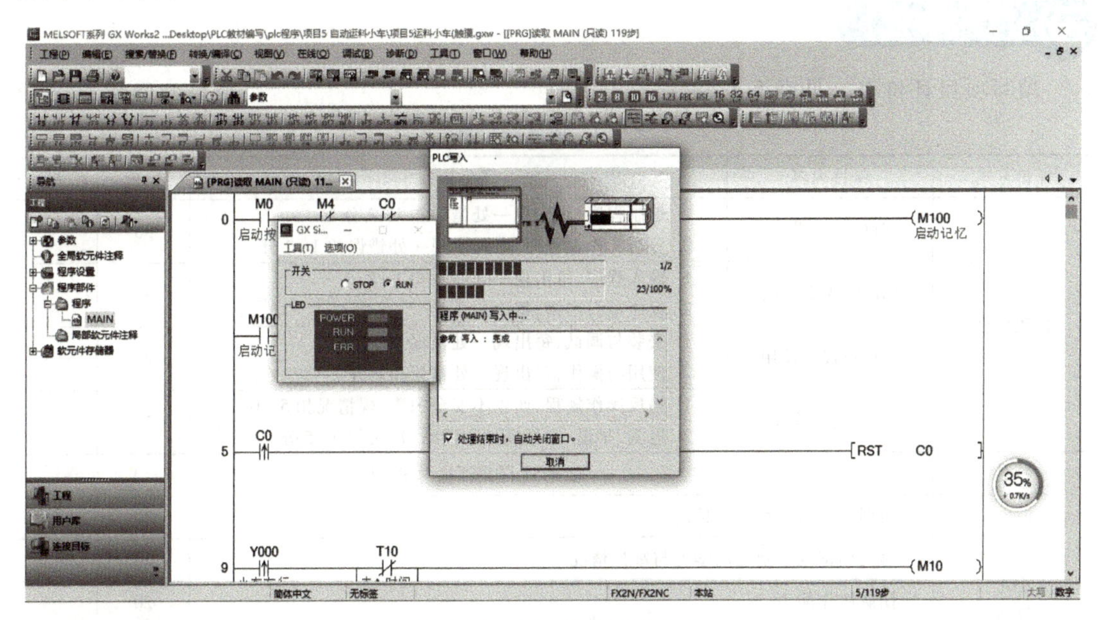

图 5-12　程序仿真调试界面

3）将 PLC 运行模式选择开关拨到“STOP”位置，此时 PLC 处于停止状态，可以进行程序的编写。

4）执行“在线”→“PLC 写入”，将程序文件下载到 PLC。

5）将 PLC 运行模式选择开关拨到“RUN”位置，使 PLC 处于运行状态。

6）单击菜单栏“在线”→“监视”→“监视模式”，监控运行中各输入、输出器件的通断状态。

7）按下启动按钮 SB1 对程序进行调试运行，观察程序运行情况。若出现故障，应分别检查硬件电路接线和梯形图是否有误，修改后，再重新调试，直至系统按要求正常工作。

8）打开 GT Designer3 仿真运行触摸屏程序，结合 PLC 验证程序。图 5-13 所示为触摸屏仿真运行界面。

图 5-13　触摸屏仿真运行界面

【项目评价】

填写项目评价表，见表 5-3。

表 5-3　项目评价表

评价方式	项目内容	评分标准	配分	得分
自我评价	PLC 程序设计	1. 编制程序，每出现一处错误扣 1~2 分 2. 分析工作过程原理，每出现一处错误扣 1~2 分	30	
	GX Works2 使用	1. 输入程序，每出现一处错误扣 1~2 分 2. 程序运行出错，每次扣 3 分	30	
	PLC 连接与使用	1. 安装与调试，每出现一处错误扣 3 分 2. 使用与操作，每出现一处错误扣 3 分	20	
	安全文明操作	1. 违反操作规程，产生不安全因素，视情况扣 5~10 分 2. 迟到、早退、工作场地不清洁，每次扣 3~5 分	20	
签名		总分 1(自我评价总分×40%)		
小组评价	实训记录与自我评价情况		20	
	对实训室规章制度的学习与掌握情况		20	
	团队协作能力		20	
	安全责任意识		20	
	能否主动参与整理工具、器材与清洁场地		20	
参评人员签名		总分 2(小组评价总分×30%)		
教师评价				
教师签名		教师评分(30)		
总分(总分 1+总分 2+教师评分)				

【复习与思考题】

1. 关于限位开关的表述错误的是（　　）。

A. 限位开关又称为行程开关，是一种常用的小电流主令电器，用以限定机械设备的运动极限位置

B. 限位开关的作用是实现顺序控制、定位控制和位置状态的检测，用于控制机械设备的行程及限位保护

C. 限位开关有接触式的和非接触式的

D. 限位开关只能安装在相对静止的物体上，不能安装在运动的物体上

2. 下列关于接近开关的表述错误的是（　　）。

A. 接近开关是一种不需要与运动部件进行直接接触就可以操作的位置开关

B. 不需要机械接触及施加任何压力即可驱动直流电器或给计算机（PLC）装置提供控制指令

C. 接近开关是一种开关型传感器（即有触点开关）

D. 接近开关动作可靠，性能稳定，频率响应快，应用寿命长，抗干扰能力强

3. 关于接近开关接线表述正确的是（　　）。

A. 两线制接近开关与负载串联后接到电源即可

B. 三线制 NPN 型接近开关红（棕）线接电源正端；蓝线接电源 0V 端；黄（黑）线为信号，应接负载应接到电源正端

C. 三线制 NPN 型接近开关红（棕）线接电源正端；蓝线接电源 0V 端；黄（黑）线为信号，应接负载应接应接到电源 0V 端

D. 三线制 PNP 型接近开关红（棕）线接电源 0V；蓝线接电源正端；黄（黑）线为信号，应接负载应接应接到电源 0V 端

4. FX2N 系列计数器分为（　　）计数器和（　　）计数器两类。

5.（多选）下列关于计数器表述正确的是（　　）。

A. 16 位增计数器（C0~C199）共 200 点

B. 计数器的设定值为 1~32767（16 位二进制），设定值除了用常数 K 设定外，还可通过指定数据寄存器设定

C. 32 位增/减计数器（C200~C234）共有 35 点

D. C200~C234 是增计数还是减计数，分别由特殊辅助继电器 M8200~M8234 设定

6. 分析图 5-14 所示梯形图，X11 需要接通（　　）次，Y0 线圈才能接通。

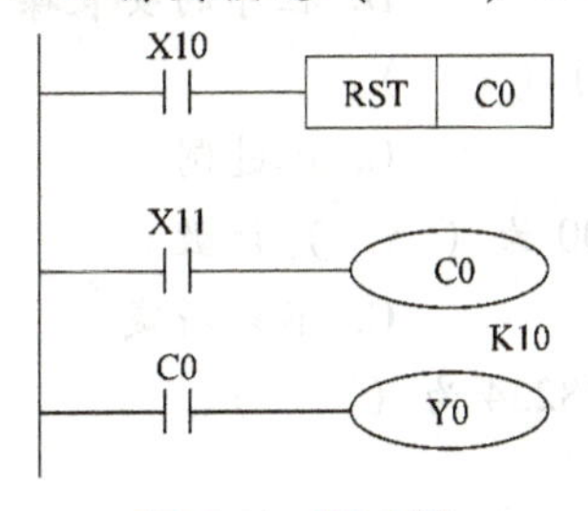

图 5-14　题 6 图

A. 1　　B. 2　　C. 10　　D. 5

7. 分析图5-15所示梯形图，当X11接通10次后，C0的计数值（　　）。

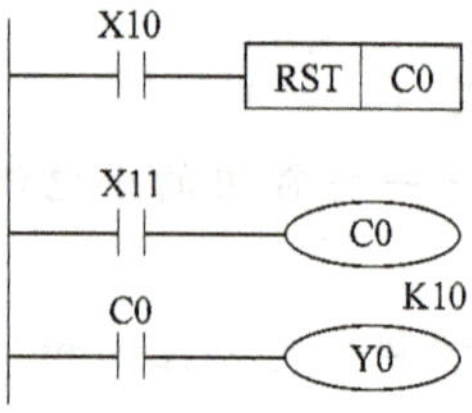

X10 ─┤├─ [RST C0]
X11 ─┤├─ (C0) K10
C0 ─┤├─ (Y0)

图5-15　题7图

A. 不变　　B. 增大　　C. 减小　　D. 变为0

8. 分析图5-16所示梯形图，当X10由OFF→ON后，C0的计数值等于（　　）。

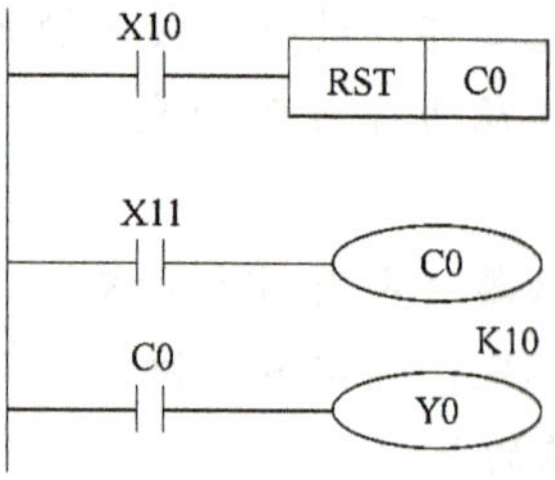

X10 ─┤├─ [RST C0]
X11 ─┤├─ (C0) K10
C0 ─┤├─ (Y0)

图5-16　题8图

A. 10　　B. 9　　C. 1　　D. 0

9. （多选）程序设计准备工作的作用为（　　）。

A. 了解控制系统的全部功能、规模、控制方式、输入/输出信号的种类

B. 了解控制系统是否有特殊功能的接口、与其他设备的关系、通信的内容与方式

C. 可把控制对象和控制功能按照响应要求、信号用途或控制区域分类

D. 了解每一个检测信号和控制信号的形式、功能、规模及它们之间的关系

10. 下列关于程序调试表述错误的是（　　）。

A. 调试时先从各功能单元入手，设定输入信号，观察输出信号的变化情况

B. 程序调试可以在实验室进行，也可以在现场进行

C. 程序调试过程中边发现错误，边进行纠错

D. 程序调试的基本原则是“集中发现错误，集中纠正错误”

11. （多选）编写程序说明书的内容包括（　　）。

A. 控制要求的说明　　B. 程序的结构说明

C. 流程图的说明　　D. 程序的安装操作使用步骤

12. 定时器的地址号编制采用（　　）。

A. 十六进制　　B. 十进制　　C. 八进制　　D. 二进制

13. 当M8200为ON时，C200为（　　）计数。

A. 增　　B. 减　　C. 不分增减

14. 若C234为增计数，则M8234为（　　）。

A. OFF　　B. ON

项目六　花式喷泉系统设计

【学习目标】

1）了解触摸屏的工作原理、特点及使用方法。

2）掌握利用定时器自动控制工程运行的编程方法。

3）了解时序图在 PLC 编程中的应用。

4）熟练掌握 GT Designer3 文本写入、指示灯设计、开关设计以及人机交互界面仿真调试等。

5）熟练掌握 GX Works2 程序输入、仿真、下载等。

【重点与难点】

定时器编程中开、关定时器编号的确定。

【项目分析】

某公园需要设计一个花式喷泉系统，其运行示意图如图 6-1 所示，运行时序图如图 6-2 所示。

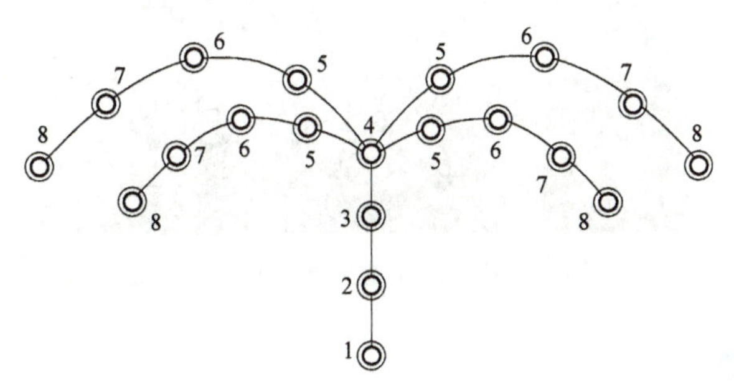

图 6-1　花式喷泉运行示意图

请用 FX2N 系列 PLC 设计花式喷泉系统，系统控制要求如下：

1）按下启动按钮 SB2，喷头按 1→2→3→4 →5→6→7 →8→(1，2)→(3，4)→(5，6)→(7，8)→(1，2，3)→(4，5，6)→(7，8)→1→ 2→…的规律，2s 间隔，依次喷出水流，

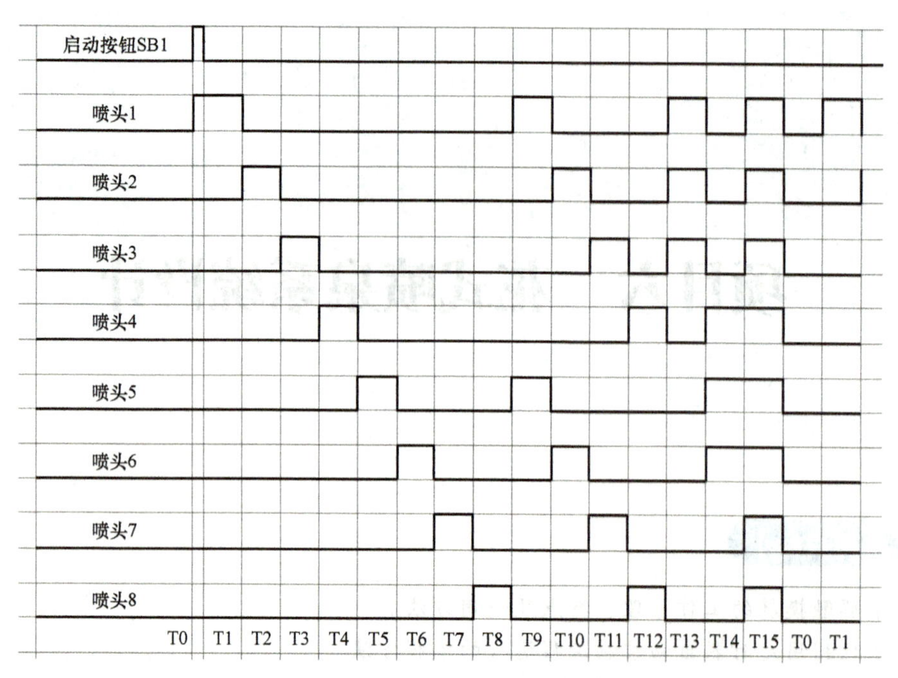

图 6-2　花式喷泉运行时序图

如此循环。

2）按下停止按钮 SB1，喷泉停止运行。

3）具有联锁、短路保护和过载保护等必要保护措施。

4）应用 GT Designer3 设计如图 6-3 所示的触摸屏仿真运行界面。

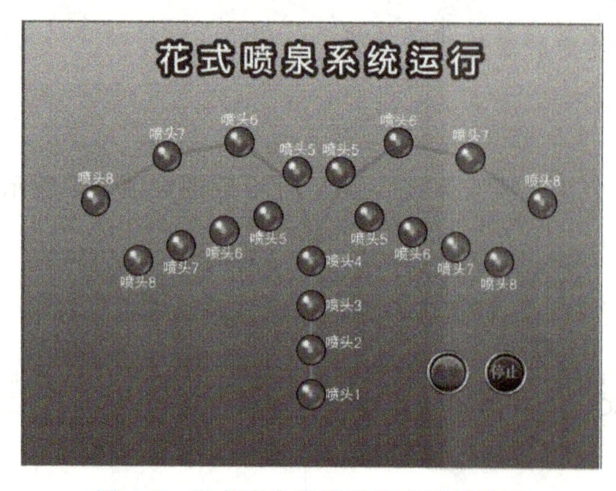

图 6-3　花式喷泉触摸屏仿真运行界面

【相关知识】

一、触摸屏

触摸屏（Touch Panel）又称为触控屏或触控面板，是一种可接收输入信号的感应式液晶显示装置，当触碰屏幕上的图形按钮时，屏幕上的触觉反馈系统可根据程序驱动各种连接的装置。触摸屏可取代机械式的按钮面板，并以液晶屏幕显示画面，制造出生动的效果。

触摸屏作为一种输入设备，具有简单、方便、自然的人机交互特点。它赋予了多媒体以崭新的面貌，是极富吸引力的全新多媒体交互设备，可应用于公共信息查询、工业控制、军事指挥、电子游戏、多媒体教学等。

1. 主要特点

1）操作简便。只需要轻触液晶屏幕上的有关按钮，便可以进入信息界面，有关信息包括文字、动画、音乐、录像、游戏等。

2）界面友好。界面直观易懂，适合各层次、各年龄的用户。

3）信息丰富。信息存储量大，各类数据信息都可以纳入多媒体系统，而且信息种类丰富，可以达到视听皆备的展示效果。

4）响应迅速。采用数据库技术，对大容量数据查询响应速度很快。

5）安全可靠。长时间连续运行对系统无任何影响，稳定可靠，操作时不易出错或死机，维护容易。

6）扩充性好。具有良好的扩充性，可根据需要增加系统内容和数据。

7）动态联网。系统可以根据用户需要，建立各种网络连接。

2. 三菱触摸屏 GOT2000 系列

三菱触摸屏 GOT2000 系列具有丰富的标准配置，包括以太网、RS-232、RS-432/485 通信接口，无需添加扩展模块，即可与各种 FA 机器进行连接。配备支持大容量、高速度的 SDHC 卡的 SD 卡接口，可以通过 USB 主机，支持各种周边机器。可将可编程控制器的程序、参数等数据保存（备份）到 GOT 的 SD 存储卡或 USB 存储器。当可编程控制器故障时，可批量写回（恢复）程序。

图 6-4 所示为三菱触摸屏 GOT2000 系列 GT27（标准款）的外观图。

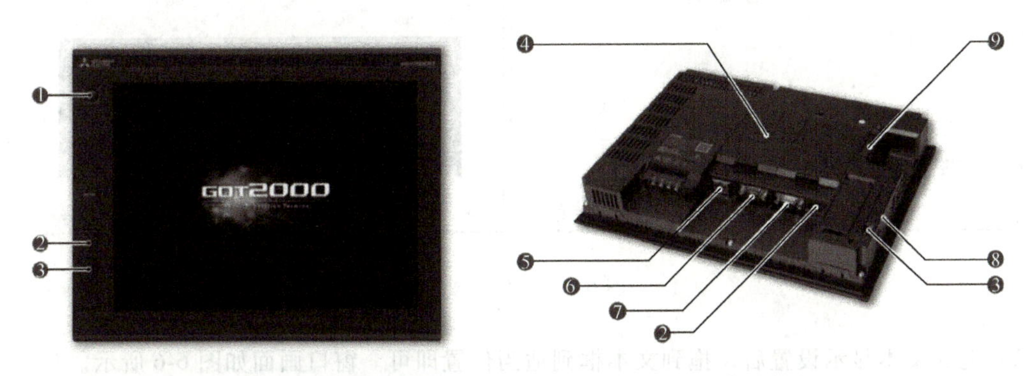

图 6-4　三菱触摸屏 GOT2000 系列 GT27（标准款）外观图

① 人体传感器。人靠近时能自动检测并显示画面（GT2715、GT2712 有此模块）。

② USB 接口（USB Mini-B）。可连接计算机传送数据。

③ USB 接口（USB-A）＊1。可通过 USB 存储器传送工程数据或读取日志数据等 GOT 数据，也可连接鼠标、键盘、条形码阅读器、RFID 阅读器等。

④ 扩展接口。可安装通信模块和选项模块。

⑤ 以太网接口。最多可同时连接 4 种不同制造商的 FA 机器，也可连接支持 CC-Link IE 现场网络 Basic 的机器。

⑥ RS-232接口。可连接各种FA机器、条形码阅读器、串行打印机。

⑦ RS-422/485接口。可连接各种FA机器、条形码阅读器。

⑧ 侧面接口。可安装无线局域网通信模块。

⑨ SD存储卡接口。可保存报警和日志数据等大量数据。

二、GT Designer3组态软件使用

GT Designer3组态软件新建工程向导在项目一中已详细介绍，在此不再赘述。

设计如图6-3所示的交互界面。界面包括一个文本显示内容、20个位指示灯、2个位开关按钮和相关线条。

（1）文本绘制

1）单击快捷工具文本按钮，在画面窗口合适位置单击进入文本设置窗口。输入“花式喷泉系统运行”，单击“转换为艺术字”，选择效果栏中“8 紫”，单击“确定”，如图6-5所示。

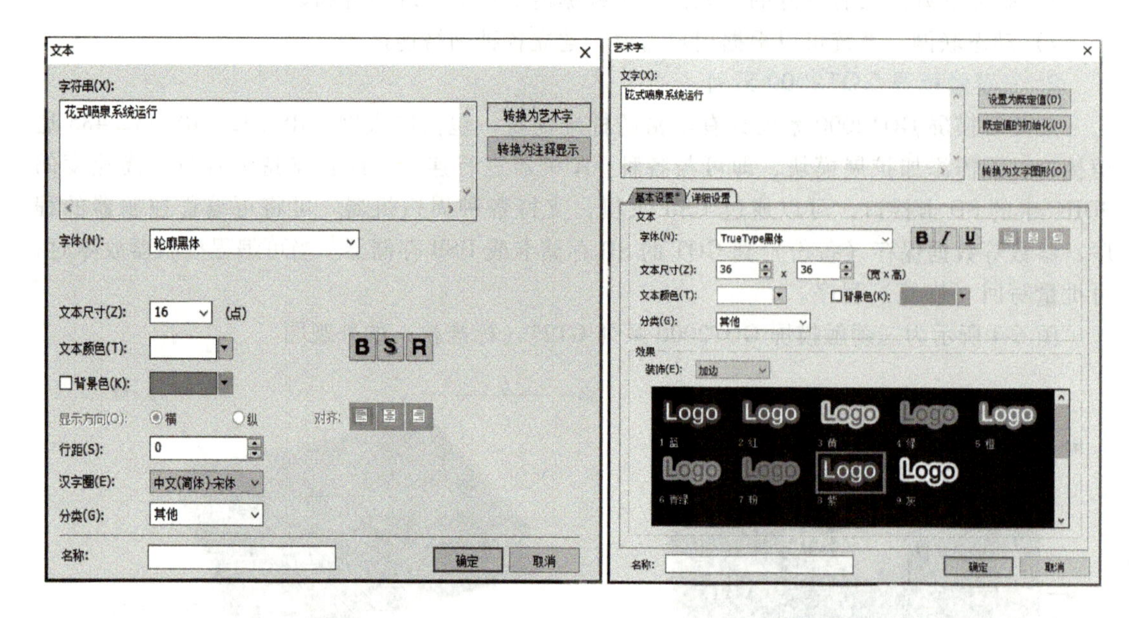

图6-5　文本输入

2）完成文本显示设置后，拖到文本框到适当位置即可。窗口画面如图6-6所示。

（2）位开关绘制

1）单击快捷工具开关按钮，在下拉菜单中选择“位开关”，在画面窗口合适位置单击即可，如图6-7所示。

2）双击开关按钮图标，进入开关设置窗口。单击“基本设置”中的“软元件”，选择软元件为“M1”，然后单击“确定”，如图6-8所示。

3）单击“基本设置”中的“样式”，样式设置如图6-9所示，按钮样式选择“1 SW_01_0_B”，然后单击“确定”。

图 6-6　文本设置完成界面

图 6-7　位开关绘制

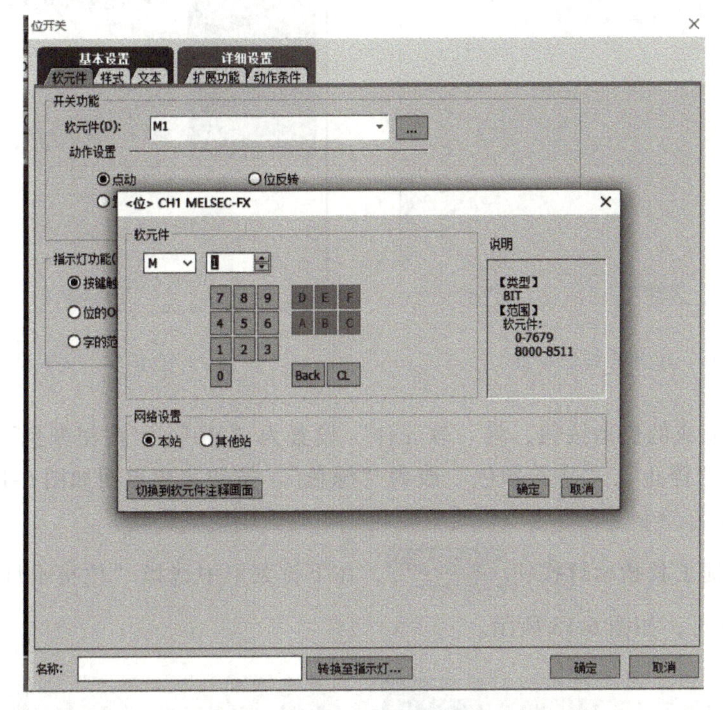

图 6-8　软元件设置

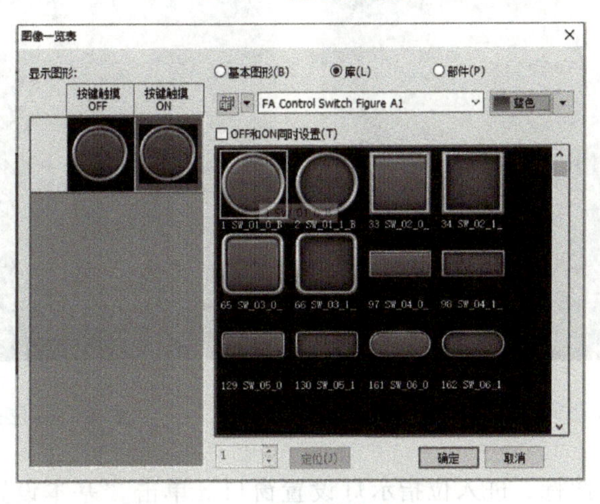

图 6-9　按钮样式选择

4）单击“基本设置”中的“样式”，在样式窗口中，“图形颜色”选择“绿色”，如图 6-10 所示。

5）单击“基本设置”中的“文本”，如图 6-11 所示。“文本显示位置”选择“中”，“字符串”中输入“启动”，“文本颜色”选择“红色”，然后单击“确定”。

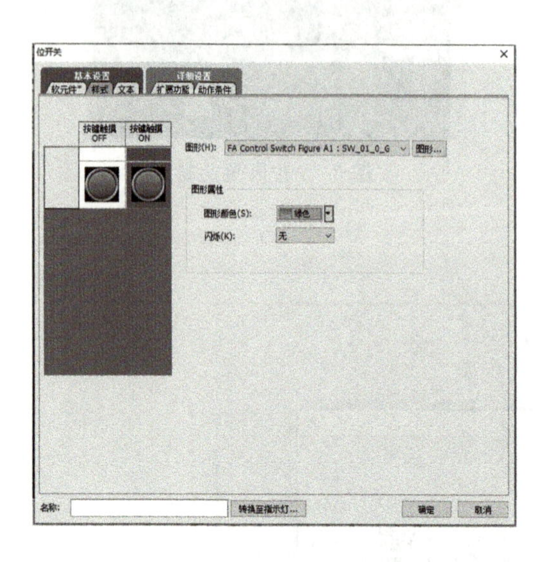

图 6-10 位开关颜色设置

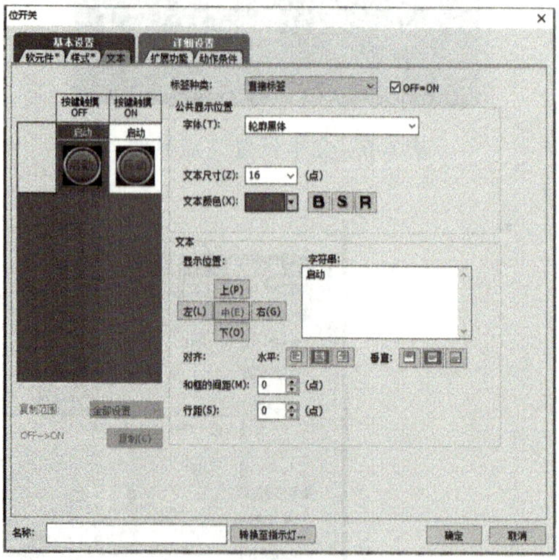

图 6-11 文本设置

6）复制已完成的启动按钮，将“软元件”设置为“M0”，“按钮颜色”改为“红色”，“字符串”改为“停止”，“字符颜色”改为“绿色”。按钮完成界面如图 6-12 所示。

（3）位指示灯绘制

1）单击快捷工具指示灯按钮，在下拉菜单中选择“位指示灯”，在画面窗口合适位置单击即可，如图 6-13 所示。

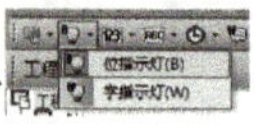

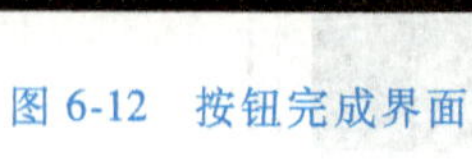

图 6-12 按钮完成界面

图 6-13 位指示灯绘制

2）双击位指示灯图标，进入位指示灯设置窗口。单击“基本设置”中的“软元件/样式”，软元件选择“Y0”，然后单击“确定”，如图 6-14 所示。

3）单击“基本设置”中的“软元件/样式”，指示灯图形选择“100L_04_1”，颜色选“红色”，然后单击“确定”，如图 6-15 所示。

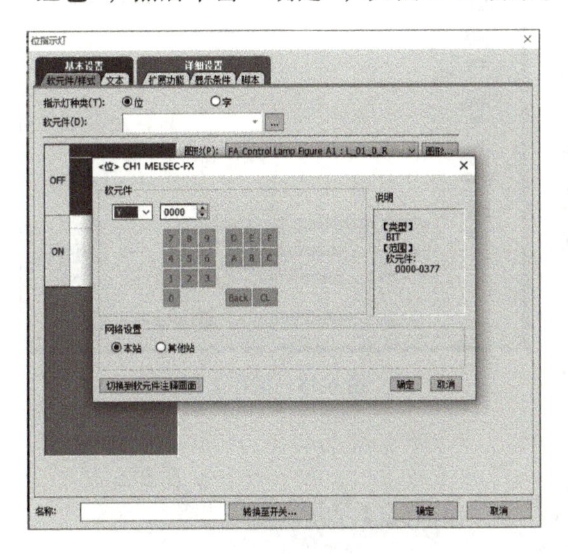

图 6-14　位开关软元件设置

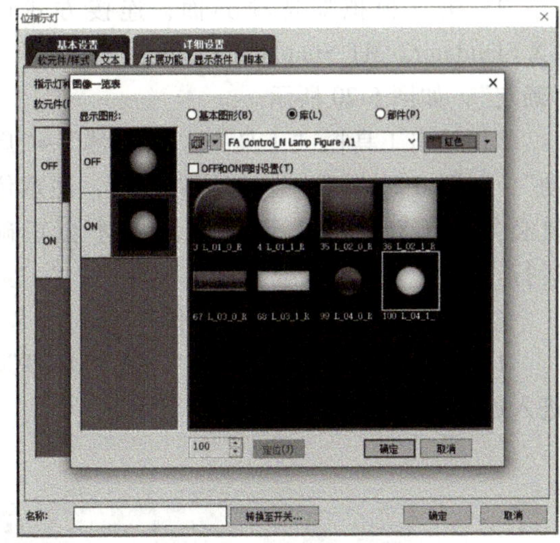

图 6-15　按钮图形选择

4）单击“基本设置”中的“文本”，文本显示位置选择“下”，字符串中输入“喷头1”，颜色选择“白色”，然后单击“确定”，如图 6-16 所示。

5）复制 19 个位按钮，软元件设置为“Y1”~“Y7”，字符串设置为“喷头 1”~“喷头8”，并摆放到合适位置，如图 6-17 所示。

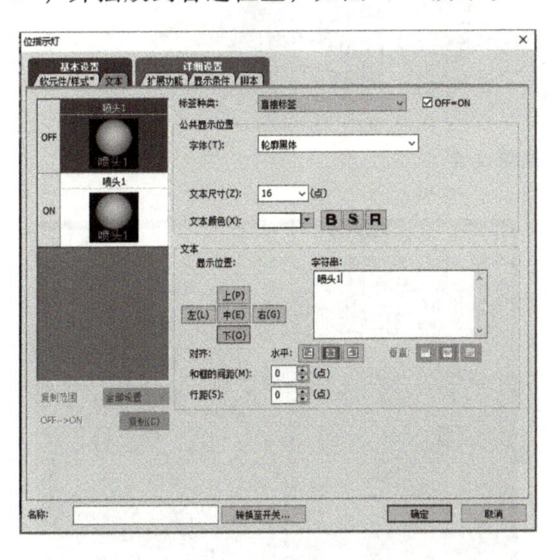

图 6-16　文本设置

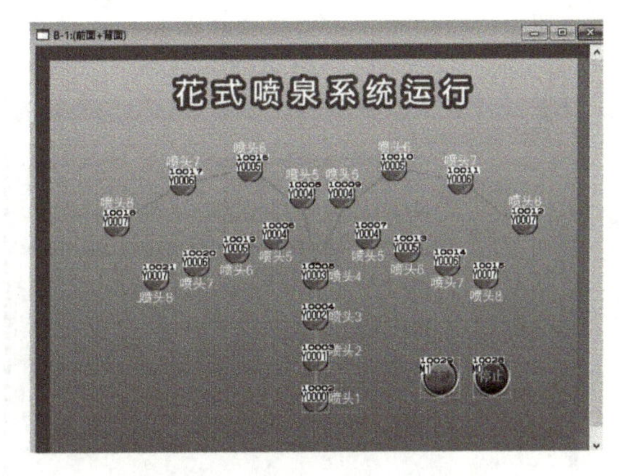

图 6-17　位开关绘制完成图形

（4）保存　单击“工程保存”，出现“工程另存为”窗口。输入文件名“项目 6 花式喷泉”，然后单击“保存”，如图 6-18 所示。

（5）画面模拟

1）单击工具栏“工具”→“模拟器”→“设置”，如图6-19所示。

2）进入模拟器选项界面，连接方式选GX Simulator2/MT Simulator2，单击“应用”→“确定”，如图6-20所示。

3）单击工具栏“工具”→“模拟器”→“启动”，如图6-21所示。启动仿真界面，注意仿真必须在GX Works2运行情况下才会正确运行。

（6）画面下载与触摸屏通信

1）单击工具栏“通信”→“写入到GOT”，进入通信设置窗口，如图6-22所示。

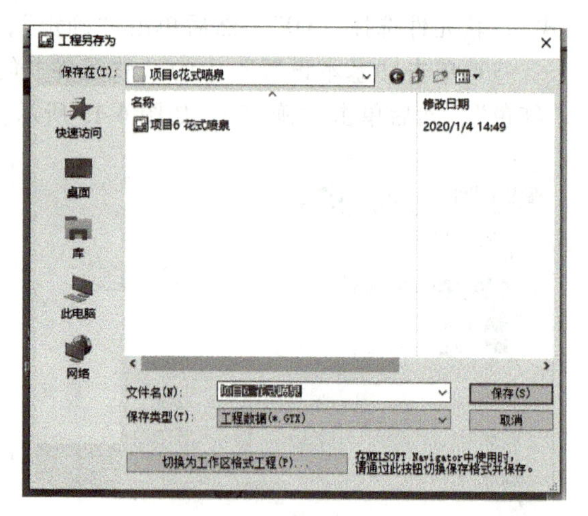

图6-18　保存工程

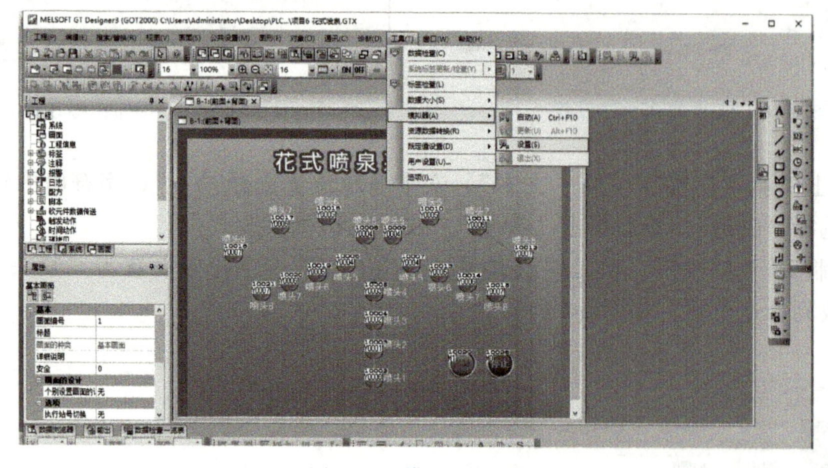

图6-19　模拟器设置

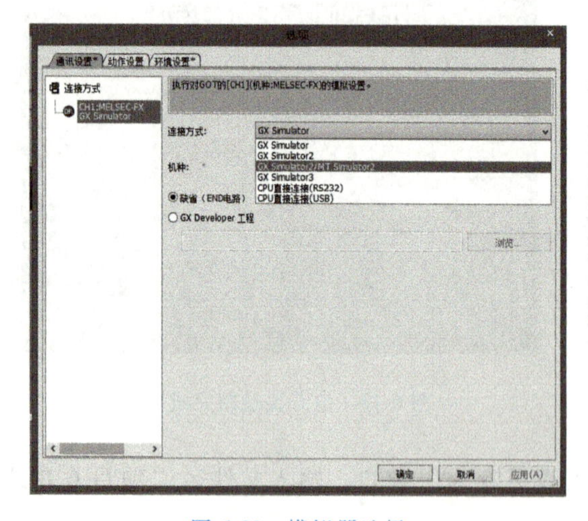

图6-20　模拟器选择

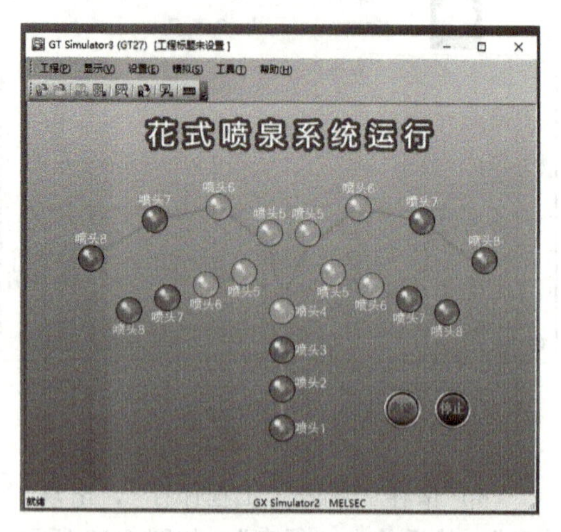

图6-21　仿真运行界面

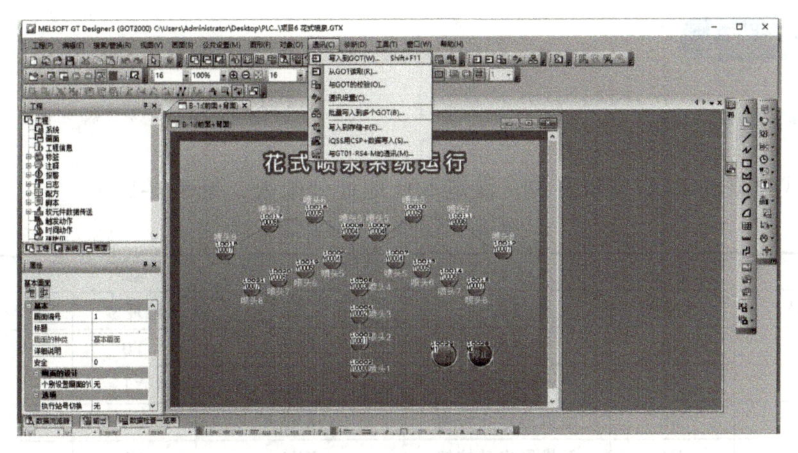

图 6-22　写入到 GOT

2）在通信设置窗口设置完成后单击“确定”，进入 GOT 通信设置界面，如图 6-23 所示。

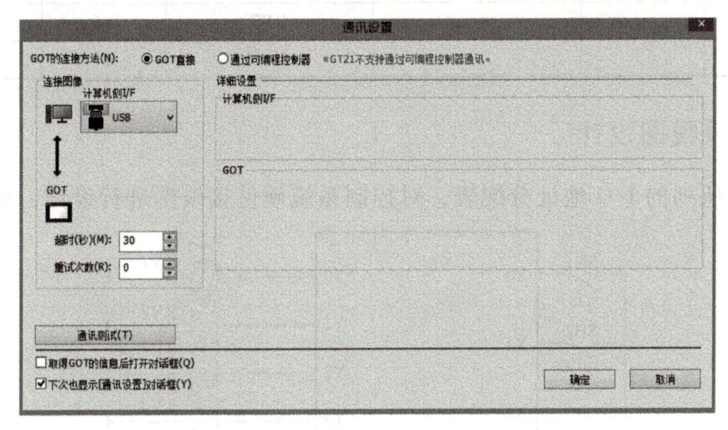

图 6-23　GOT 通信设置界面

3）在 GOT 通信设置界面设置好相关内容后单击“GOT 写入”即可，如图 6-24 所示。

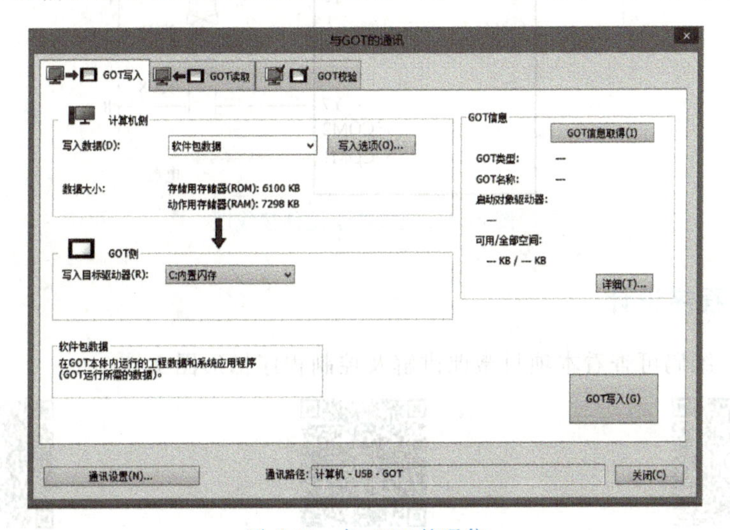

图 6-24　与 GOT 的通信

【项目实施】

一、I/O 地址分配

根据花式喷泉的 PLC 控制要求，设定 I/O 地址分配表，见表 6-1。

表 6-1　I/O 地址分配表

输入			输出		
元器件代号	地址号	功能说明	元器件代号	地址号	功能说明
SB1	X0	停止按钮	KV1	Y0	喷头 1
SB2	X1	启动按钮	KV2	Y1	喷头 2
位开关 1	M0	触摸屏停止按钮	KV3	Y2	喷头 3
位开关 2	M1	触摸屏启动按钮	KV4	Y3	喷头 4
FR	X3	过载保护	KV5	Y4	喷头 5
			KV6	Y5	喷头 6
			KV7	Y6	喷头 7
			KV8	Y7	喷头 8

二、硬件接线图设计

根据表 6-1 所列的 I/O 地址分配表，对控制系统硬件接线图进行设计，如图 6-25 所示。

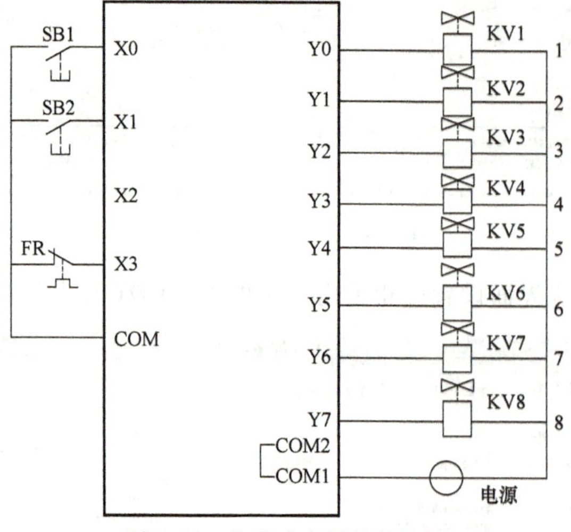

图 6-25　花式喷泉硬件接线图

三、控制程序设计

扫描下方二维码可查看本项目微课讲解及控制程序梯形图文档。

花式喷泉程序微课

花式喷泉程序梯形图（MOV 指令）

花式喷泉程序梯形图（经验法）

四、程序输入、仿真调试及运行

1）在 GX Works2 中完成花式喷泉控制程序。

2）利用 GX Works2 调试功能完成程序仿真运行，测试功能是否达到设计要求，如不能达到设计要求，应进行相应修改，直至仿真结果与系统设计要求一样。图 6-26 所示为程序仿真调试界面。

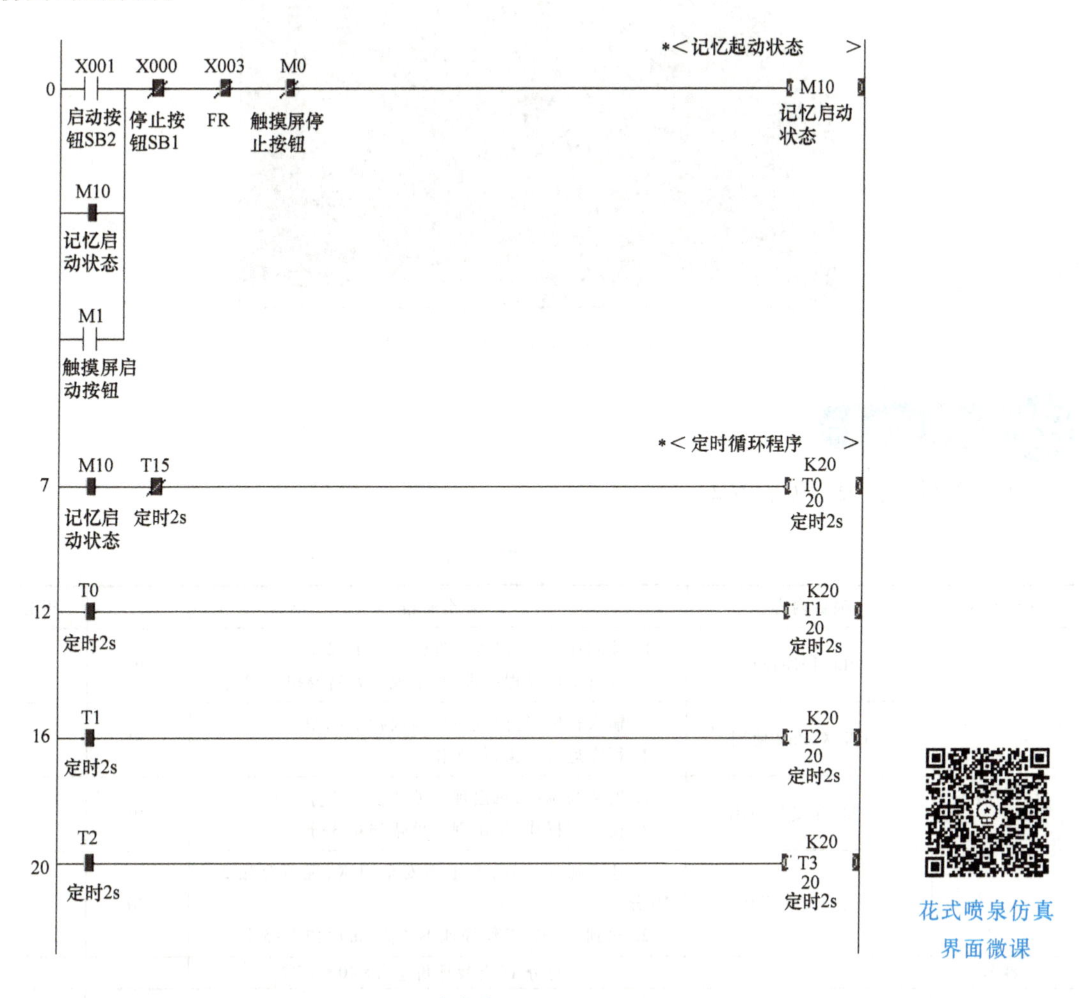

图 6-26　程序仿真调试界面

3）将 PLC 运行模式选择开关拨到“STOP”位置，此时 PLC 处于停止状态，可以进行程序的编写。

4）执行“在线”→“PLC 写入”，将程序文件下载到 PLC。

5）将 PLC 运行模式选择开关拨到“RUN”位置，使 PLC 处于运行状态。

6）单击菜单栏“在线”→“监视”→“监视模式”，监控运行中各输入、输出器件的通断状态。

7）按下启动按钮 SB1 对程序进行调试运行，观察程序运行情况。若出现故障，应分别检查硬件电路接线和梯形图是否有误，修改后，再重新调试，直至系统按要求正常工作。

8）打开仿真运行触摸屏程序，结合 PLC 验证程序。图 6-27 所示为触摸屏仿真运行界面。

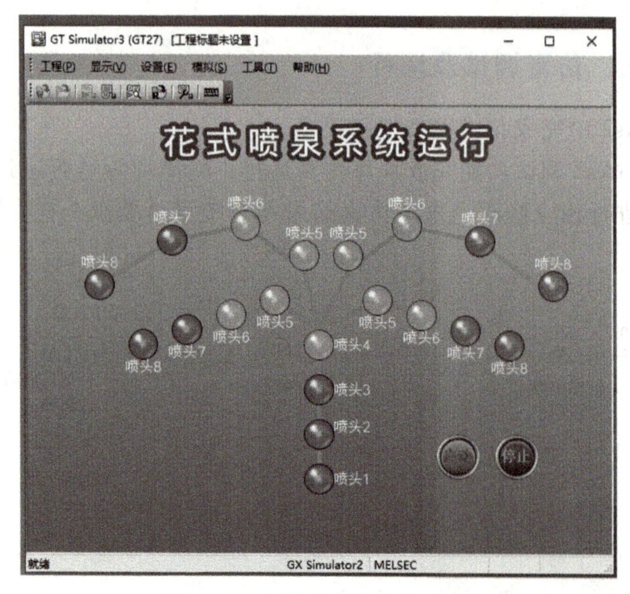

图 6-27 触摸屏仿真运行界面

【项目评价】

填写项目评价表，见表 6-2。

表 6-2 项目评价表

<table>
<tr><th>评价方式</th><th>项目内容</th><th>评分标准</th><th>配分</th><th>得分</th></tr>
<tr><td rowspan="4">自我评价</td><td>PLC 程序设计</td><td>1. 编制程序，每出现一处错误扣 1~2 分
2. 分析工作过程原理，每出现一处错误扣 1~2 分</td><td>30</td><td></td></tr>
<tr><td>GX Works2 使用</td><td>1. 输入程序，每出现一处错误扣 1~2 分
2. 程序运行出错，每次扣 3 分</td><td>30</td><td></td></tr>
<tr><td>PLC 连接与使用</td><td>1. 安装与调试，每出现一处错误扣 3 分
2. 使用与操作，每出现一处错误扣 3 分</td><td>20</td><td></td></tr>
<tr><td>安全文明操作</td><td>1. 违反操作规程，产生不安全因素，视情况扣 5~10 分
2. 迟到、早退、工作场地不清洁，每次扣 3~5 分</td><td>20</td><td></td></tr>
<tr><td>签名</td><td></td><td>总分 1(自我评价总分×40%)</td><td colspan="2"></td></tr>
<tr><td rowspan="5">小组评价</td><td colspan="2">实训记录与自我评价情况</td><td>20</td><td></td></tr>
<tr><td colspan="2">对实训室规章制度的学习与掌握情况</td><td>20</td><td></td></tr>
<tr><td colspan="2">团队协作能力</td><td>20</td><td></td></tr>
<tr><td colspan="2">安全责任意识</td><td>20</td><td></td></tr>
<tr><td colspan="2">能否主动参与整理工具、器材与清洁场地</td><td>20</td><td></td></tr>
<tr><td>参评人员签名</td><td></td><td>总分 2(小组评价总分×30%)</td><td colspan="2"></td></tr>
<tr><td>教师评价</td><td colspan="4"></td></tr>
<tr><td>教师签名</td><td></td><td>教师评分(30)</td><td colspan="2"></td></tr>
<tr><td colspan="2">总分(总分 1+总分 2+教师评分)</td><td colspan="3"></td></tr>
</table>

【复习与思考题】

1. （多选）触摸屏的特点有（　　）。

A. 操作简单　　B. 界面友好　　C. 响应快　　D. 安全可靠

2. 触摸屏按钮实现数值输入时，要对应 PLC 内部的（　　）。

A. 输入点 X　　B. 输出点 Y　　C. 数据寄存器 D　　D. 定时器 T

3. 触摸屏按钮实现开关按钮作用时，要对应 PLC 内部的（　　）。

A. 输入点 X　　B. 输出点 Y　　C. 数据寄存器 D　　D. 辅助继电器 M

4. 触摸屏密码画面设计，主要运用了触摸屏的（　　）功能。

A. 数值输入　　B. 数值显示　　C. 按钮开关　　D. 使用者等级

5. 触摸屏编程软件中，快捷工具栏中 A 作用是（　　）。

A. 文本显示　　B. 文本写入　　C. 数值显示　　D. 位开关按钮

6. 在 GT Designer3 中绘制一个开关，需单击快捷工具栏中（　　）图标。

A. 　　B. 　　C.  A　　D.

7. （多选）在 GT Designer3 中，开关按钮的种类有（　　）。

A. 位开关　　B. 字开关　　C. 站点切换开关　　D. 画面切换开关

8. 在 GT Designer3 中绘制一个指示灯，需单击快捷工具栏中（　　）图标。

A. 　　B. 　　C.  A　　D.

9 分析图 6-28 所示的时序图，Y2 的输出编程正确的是（　　）。

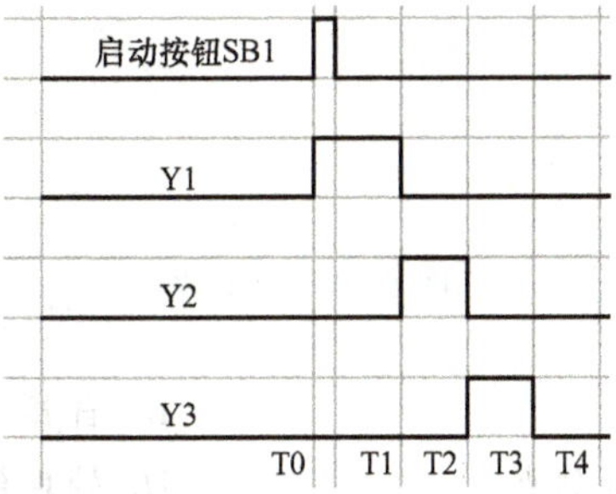

启动按钮SB1
Y1
Y2
Y3
T0　T1　T2　T3　T4

图 6-28　题 9 图

A. 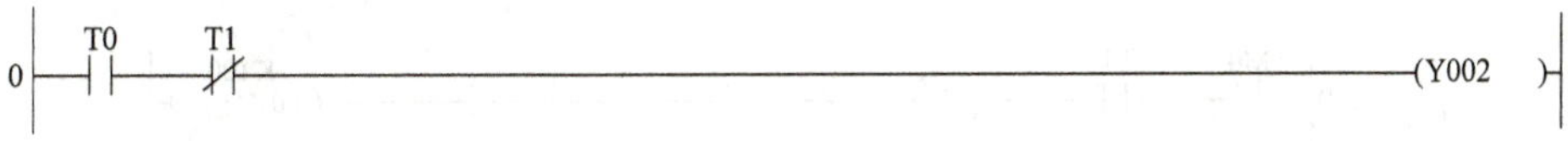 0 —| |T0—|/|T1—(Y002)

B. 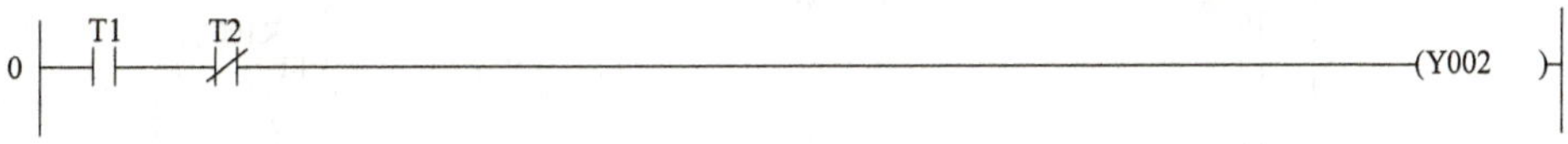 0 —| |T1—|/|T2—(Y002)

C. 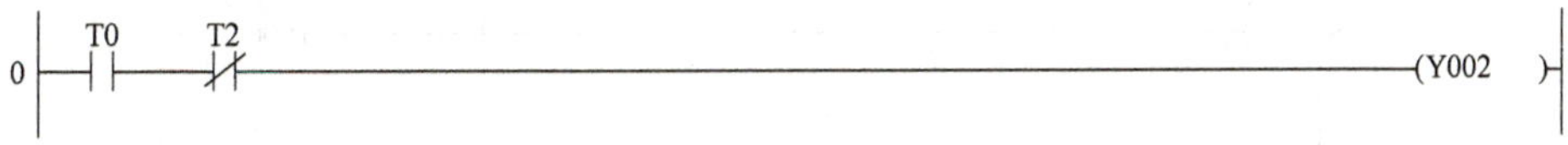 0 —| |T0—|/|T2—(Y002)

D.  0 —| |T3—|/|T2—(Y002)

10. 试分析图 6-29 所示的梯形图，M1 与 X1 的功能的关系是（　　）。

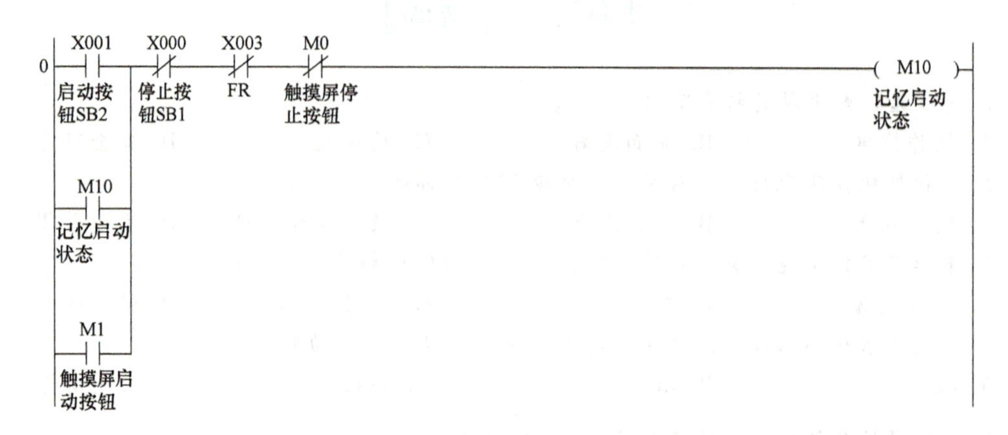

图 6-29　题 10 图

A. 无关系　　B. 都是启动按钮信号　　C. 都是停止按钮信号

11. 试分析图 6-30 所示的梯形图，（M10 记忆启动状态）的作用是（　　）。

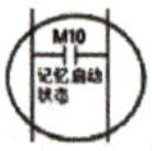

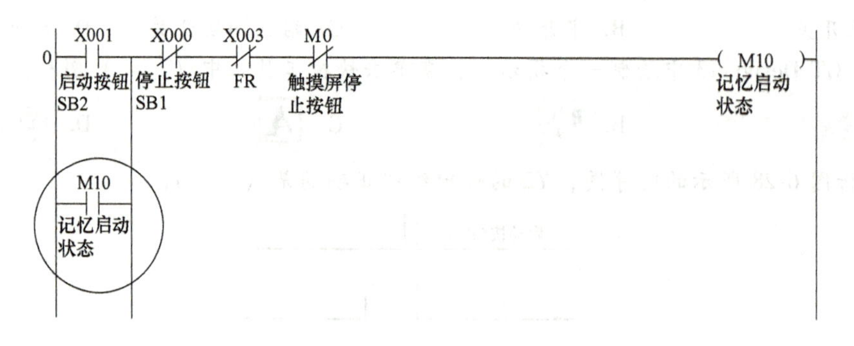

图 6-30　题 11 图

A. 并联开关信号　　B. 自锁

C. 辅助继电器 M10 的动断触点　　D. 辅助继电器 M10 的动合触点

12. 分析图 6-31 所示的梯形图，Y0 在 M0 得电（　　）s 后开始输出。

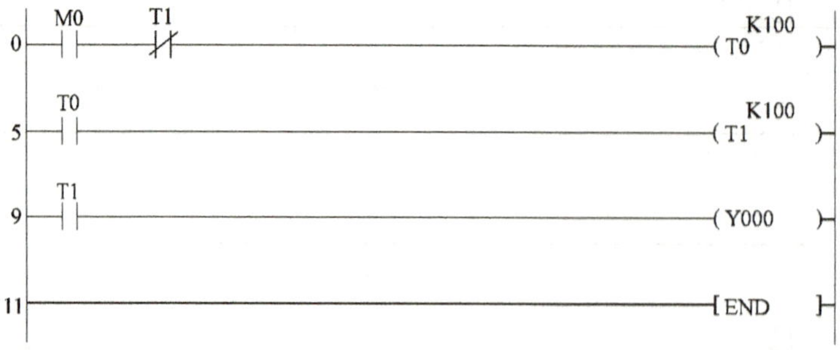

0 M0 T1 (T0 K100)
5 T0 (T1 K100)
9 T1 (Y000)
11 [END]

图 6-31　题 12 图

A. 10　　B. 2　　C. 200　　D. 20

13. 分析图 6-32 所示的梯形图，Y0 在得电（　　）s 后停止输出。

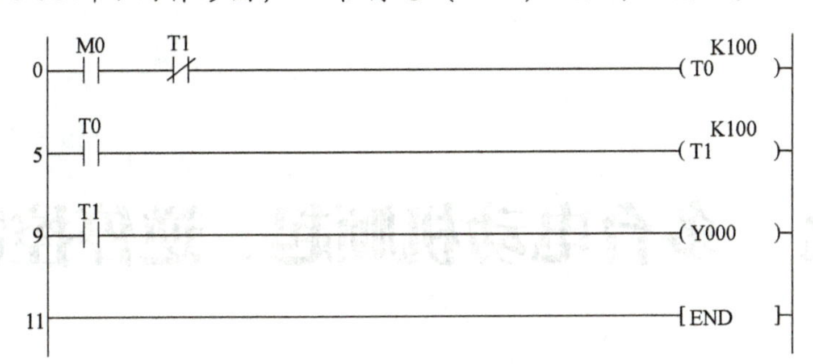

图 6-32　题 13 图

A. 一个扫描周期　　B. 2　　C. 200　　D. 20

14. 分析图 6-33 所示的梯形图，T1 常闭触点的作用是（　　）。

图 6-33　题 14 图

A. 停止　　B. 循环　　C. 开始　　D. 无作用

15. 分析图 6-34 所示的梯形图，Y7 一共有（　　）次输出。

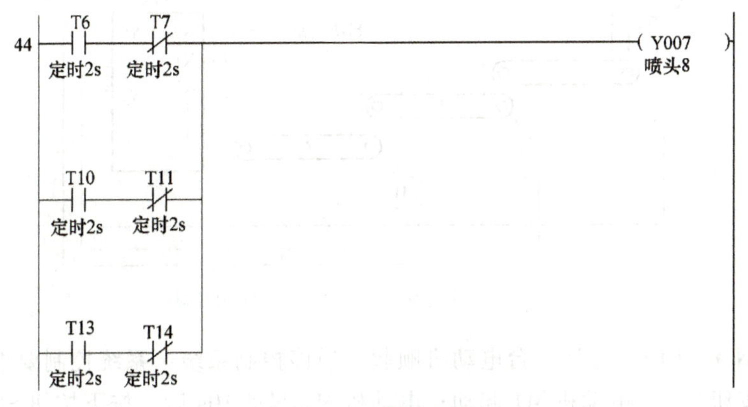

图 6-34　题 15 图

A. 1　　B. 2　　C. 3　　D. 0

项目七　多台电动机顺起、逆停控制设计

【学习目标】

1）掌握 SFC 的编程方法及注意事项。
2）掌握 STL、RET 指令的使用要领。
3）了解多台设备顺起、逆停工作原理及自动控制方案设定。
4）熟练掌握 GX Works2 中 SFC 单序列流程图程序输入、仿真、下载等操作技能。
5）熟练掌握 GT Designer3 人机交互界面设计及仿真调试等操作技能。

【重点与难点】

SFC 单序列流程图绘制及编程。

【项目分析】

三台电动机顺起、逆停控制系统如图 7-1 所示。

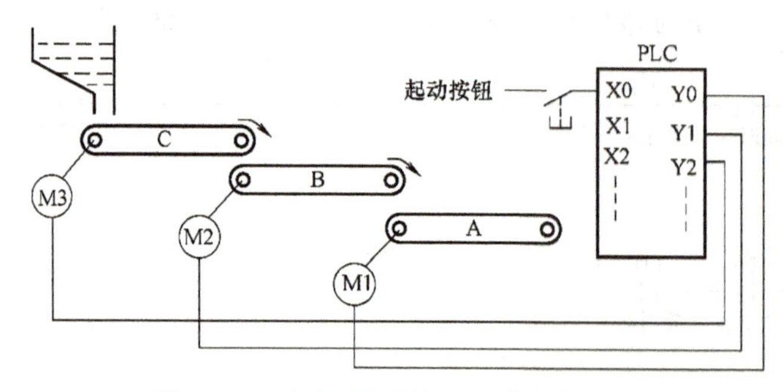

图 7-1　三台电动机顺起、逆停控制系统

请用 FX2N 系列 PLC 设计三台电动机顺起、逆停控制系统，系统控制要求如下：

1）按下按钮 SB1，电动机 M1 起动；电动机 M1 起动 10s 后，按下按钮 SB2，电动机 M2 起动；电动机 M2 起动 10s 后，按下按钮 SB3，电动机 M3 起动；当三台电动机起动后，按下按钮 SB4，电动机 M3 停止；当电动机 M3 停止 10s 后，按下按钮 SB5，电动机 M2 停止；当电动机 M2 停止 10s 后，按下按钮 SB6，电动机 M1 停止。

2）三台电动机的起动和停止分别由接触器 KM1、KM2、KM3 控制。

3）具有短路保护和过载保护等必要保护措施。

4）应用 GT Designer3 设计如图 7-2 所示的触摸屏仿真运行界面。

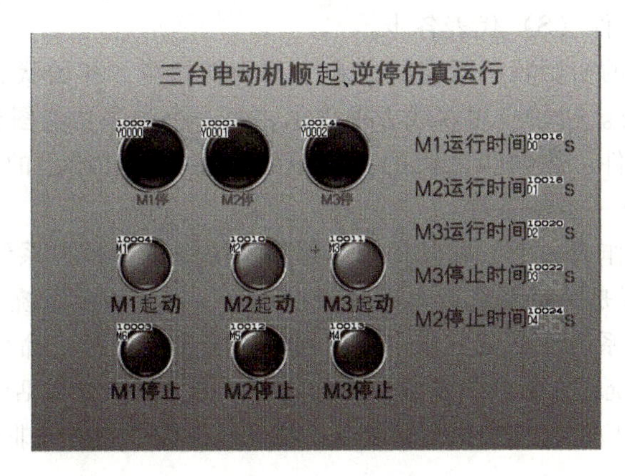

图 7-2　仿真运行界面设计

【相关知识】

一、顺序功能图（SFC）

顺序功能图（Sequential Function Chart，SFC）采用 IEC 标准的语言，用于编制复杂的顺控程序。SFC 又称为状态转移图或功能表图，它是描述控制系统的控制过程、功能和特性的一种图形，也是设计顺序控制程序的工具。利用这种编程方法，初学者能方便地编出复杂的顺控程序，大大提高了工作效率，也为调试、试运行带来许多方便。

顺序功能图将一个完整的控制过程分为若干阶段，也称为步或状态，每个状态都有不同的动作。当相邻两状态之间的转换条件得到满足时，就实现转换，即由上一个状态转换到下一个状态执行。常用状态转移图（功能表图）描述这种顺序控制过程。如图 7-3 所示，用状态器 S 记录每个状态，T1 为转换条件。如当 T1 为 ON 时，则系统由 S21 状态转为 S22 状态。

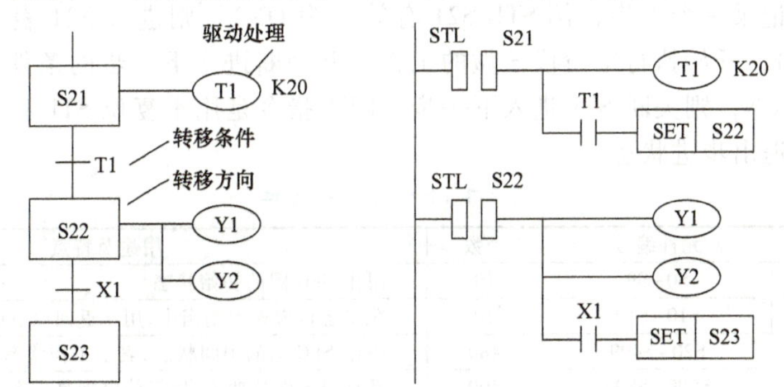

图 7-3　状态转移图和状态梯形图的对应关系

状态转移图中的每一步包含本步驱动的内容、转移条件及指令的转换目标。如图 7-3 中 S21 步驱动 T1，当 T1 为 ON 时有效，则系统由 S21 状态转为 S22 状态，T1 即为转换条件，转换的目标为 S22 步。

由图 7-3 所示，顺序控制功能图主要由步、有向连线、转换、转换条件和动作（或命令）组成。

1）步。顺序控制设计法将系统的一个工作周期划分成若干顺序相连的阶段，这些阶段称为步，并且用编程元件（S）代表各步。

2）初始步。系统的初始状态对应的“步”称为初始步，初始状态一般是系统等待起动命令的相对静止的状态。初始步用双线方框表示，每一个顺序功能图至少应有一个初始步。

3）转换、转换条件。在两步之间的垂直短线为转换，其线上的横线为编程元件触点，它表示从上一步转到下一步的条件。

4）与步对应的动作或命令。可以将一个控制系统划分为被控系统和施控系统。在数控车床系统中，数控装置是施控系统，车床是被控系统。对于被控系统，在某一步中要完成某些“动作”；对于施控系统，在某一步中要向被控系统发出某些“命令”。

5）活动步。当系统正处于某一步所在的阶段时，称为该步处于活动状态，即“活动步”。步处于活动状态时，相应的动作被执行；处于不活动状态时，相应的非存储型动作停止执行。

二、步进指令

步进指令是专为顺序控制而设计的指令。在工业控制领域，许多控制过程都可用顺序控制的方式来实现，使用步进指令实现顺序控制既方便实现又便于阅读修改。

FX2N 中有两条步进指令：STL（步进触点指令）和 RET（步进返回指令）。

（1）STL 指令　STL 步进触点指令用于“激活”某个状态，其梯形图符号为─||─。STL 指令的操作元件是状态继电器 S。在梯形图上体现为从主母线上引出的状态接点。STL 指令有建立子母线的功能，以使该状态的所有操作均在子母线上进行。

（2）RET 指令　RET 指令用于返回主母线，其梯形图符号为─[RET]。RET 指令没有操作元件。RET 指令的功能是：当步进顺控程序执行完毕时，使子母线返回到原来主母线的位置，以便非状态程序的操作在主母线上完成，防止出现逻辑错误。

STL 和 RET 指令只有与状态器 S 配合才能具有步进功能，FX2N 状态元件见表 7-1。如 STL S21 表示状态常开触点，称为 STL 触点，它在梯形图中的符号为─||─，它没有常闭触点。用每个状态器 S 记录一个工步，例 STL S21 有效（为 ON），则进入 S21 表示的一步（类似于本步的总开关），开始执行本阶段该做的工作，并判断进入下一步的条件是否满足。一旦结束本步信号为 ON，则关断 S21 进入下一步。RET 指令是用来复位 STL 指令的，执行 RET 后将重回母线，退出步进状态。

表 7-1　FX2N 状态元件

类别	元件编号	个数	用途及特点
初始状态	S0～S9	10	用作 SFC 图的初始状态
返回状态	S10～S19	10	在多运行模式控制当中，用作返回原点的状态
通用状态	S20～S499	480	用作 SFC 图的中间状态，表示工作状态
掉电保持状态	S500～S899	400	具有停电保持功能，用于停电恢复后需继续执行的场合
信号报警状态	S900～S999	100	用作报警元件使用

注：1. 状态的编号必须在指定范围内选择。

2. 各状态元件的触点，在 PLC 内部可自由使用，次数不限。

3. 在不用步进顺控指令时，状态元件可作为辅助继电器在程序中使用。

4. 通过参数设置，可改变一般状态元件和掉电保持状态元件的地址分配。

（3）步进指令的使用说明

1）STL 触点是与左母线相连的常开触点，某 STL 触点接通，则对应的状态为活动步。

2）与 STL 触点相连的触点应用 LD 或 LDI 指令，只有执行完 RET 后才返回左母线。

3）STL 触点可直接驱动或通过别的触点驱动 Y、M、S、T 等元件的线圈。

4）由于 PLC 只执行活动步对应的电路块，所以使用 STL 指令时允许双线圈输出（顺控程序在不同的步可多次驱动同一线圈）。

5）STL 触点驱动的电路块中不能使用 MC 和 MCR 指令，但可以用 CJ 指令。

6）在中断程序和子程序内，不能使用 STL 指令。

【案例】 图 7-4a 所示为 SFC 图，每个状态器有 3 个功能：驱动有关负载、指定转换目标和指定转移条件。状态器 S40 驱动输出 Y0，其转换条件为 X1，当 X1 的常开触点闭合时，状态 S40 向 S41 转换。图 7-4b 所示为对应的梯形图，图 7-4c 所示为对应的指令表。

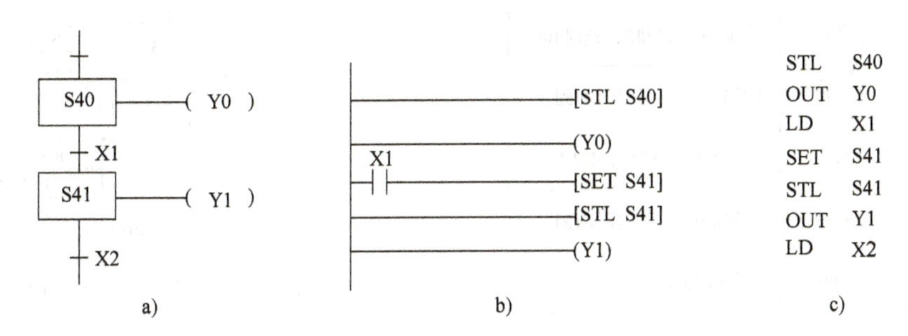

图 7-4 SFC 与梯形图

a）SFC 图 b）梯形图 c）指令表

三、单流程步进顺控编程方法

所谓单流程，是指状态转移只可能有一种顺序。其特点是：

1）每一工步的后面只能有一个转移的条件，且转向仅有一个工步。

2）状态不必按顺序编号，其他流程的状态也可以作为状态转移的条件。

本项目的三台电动机顺起、逆停控制过程只有一种顺序：起动电动机 1、起动电动机 2、起动电动机 3、停止电动机 3、停止电动机 2、停止电动机 1，没有其他顺序，所以称为单流程。本项目的电动机起停流程图如图 7-5 所示，根据工作流程图转换为图 7-6 所示的 SFC 图。

单流程状态转移图的编程要点：

1）状态编程的基本原则是：激活状态，先进行负载驱动，再进行状态转移，顺序不能颠倒。

2）只有使用 STL 指令将某个状态激活，该状态下的负载驱动和转移才有可能。若对应状态是关闭的，则负载驱动和状态转移不可能发生。

3）除初始状态下，其他所有状态只有在其前一个状态被激活且转移条件满足时才能被激活，同时一旦下一个状态被激活，上一个状态自动关闭。因此，对于单流程状态转移图来说，同一时间，只有一个状态是处于激活状态的。

4）若为顺序连续转移（即按状态继电器元件编号顺序向下），使用 SET 指令进行状态

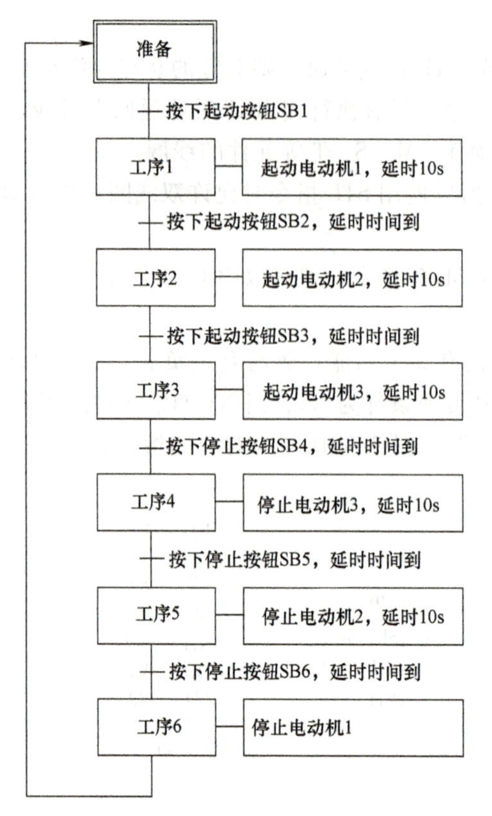

图 7-5 多台电动机顺起、逆停工作流程图

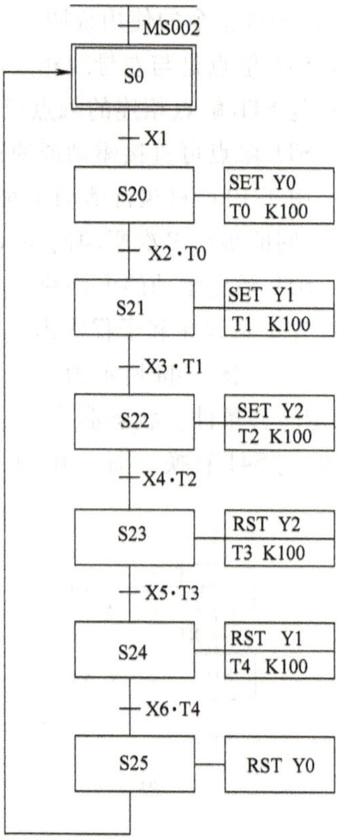

图 7-6 多台电动机顺起、逆停 SFC 图

转移；若为顺序不连续转移，不能使用 SET 指令，应改用 OUT 指令进行状态转移。图 7-7 所示为非顺序连续状态转移图。

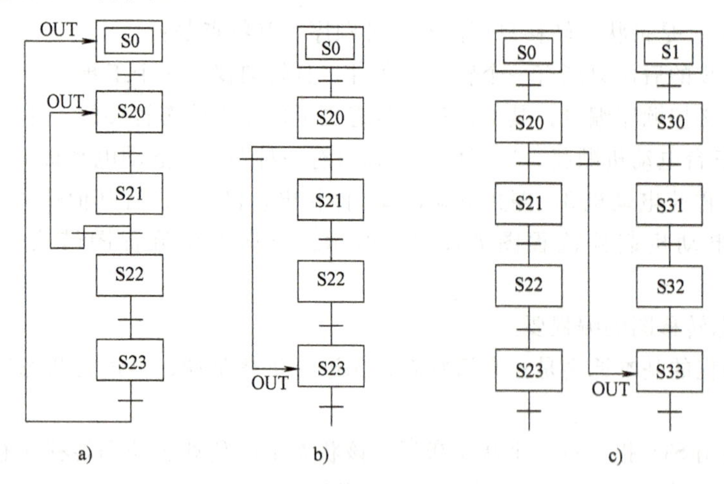

图 7-7 非顺序连续状态转移图

5）状态的顺序可自用选择，不一定非要按 S 编号的顺序选用，但在一系列的 STL 指令的最后，必须写入 RET 指令。

6）在 STL 电路不能使用 MC 指令，MPS 指令也不能紧接着 STL 触点后使用。

7）初始状态可有其他状态驱动，但运行开始必须用其他方法预先做好驱动，否则状态流程不可能向下进行。一般用系统的初始条件，若无初始条件，可用 M8002 进行驱动。

8）在步进程序中，允许同一状态元件不同时“激活”的“双线圈”是允许的。同一定时器和计数器不要在相邻的状态中使用，可以隔开一个状态使用。在同一程序段中，同一状态继电器也只能使用一次。

9）状态元件 S500～S899 是有锂电池作为后备电源的，在运行中途发生停电、再通电时要继续运行的场合，请使用这些状态元件。

四、SFC 单序列流程图

用 SFC 编程实现自动闪烁信号生成，PLC 上电后 Y0、Y1 以 1s 为周期交替闪烁。以下为编程过程讲解。

启动 GX Works2 编程软件，单击“工程”菜单，单击创建新工程菜单项或单击新建工程按钮 □（图 7-8）。

图 7-8　编程软件窗口

弹出“新建工程”对话框，如图 7-9 所示。工程类型下拉列表中选择简单工程 PLC 系列下拉列表框中选择 FXCPU，PLC 类型下拉列表框中选择 FX2N，在程序类型项中选择 SFC，单击“确定”。

弹出如图 7-10 所示的块信息设置窗口，0 号块一般作为初始程序块，所以选择梯形图块，单击“执行”。

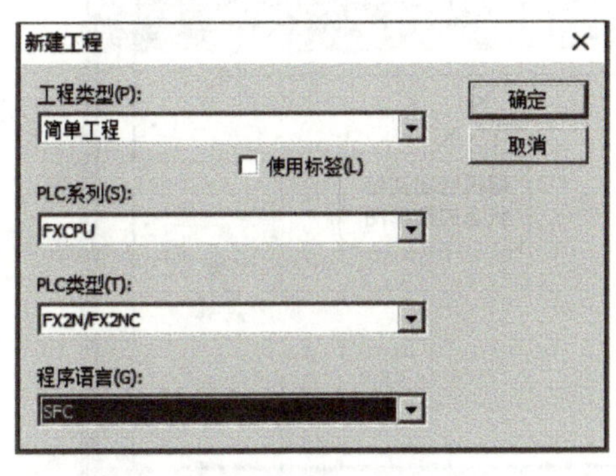

图 7-9　“新建工程”对话框

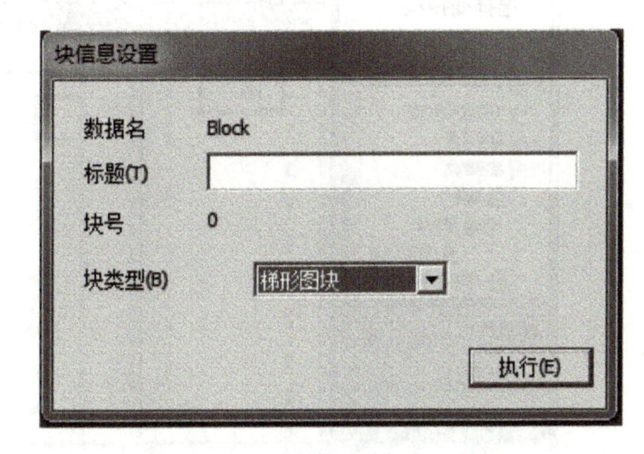

图 7-10　“块信息设置”窗口

在块标题文本框中填入相应的块标题（也可以不填），由于在 SFC 程序中初始状态必须是激活的，激活的方法是利用一段梯形图程序，而且这一段梯形图程序必须放在 SFC 程序的开头部分，所以在块类型中选择梯形图块，单击执行按钮，弹出梯形图编辑窗口，如图 7-11 所示，在右边梯形图编辑窗口中输入起动初始状态的梯形图，本例中利用 PLC 的一个辅助继电器 M8002 的上电脉冲使初始状态生效。初始状态梯形图如图 7-12 所示，输入完成后单击“变换”菜单选择“变换”项或按<F4>键，完成梯形图的变换。

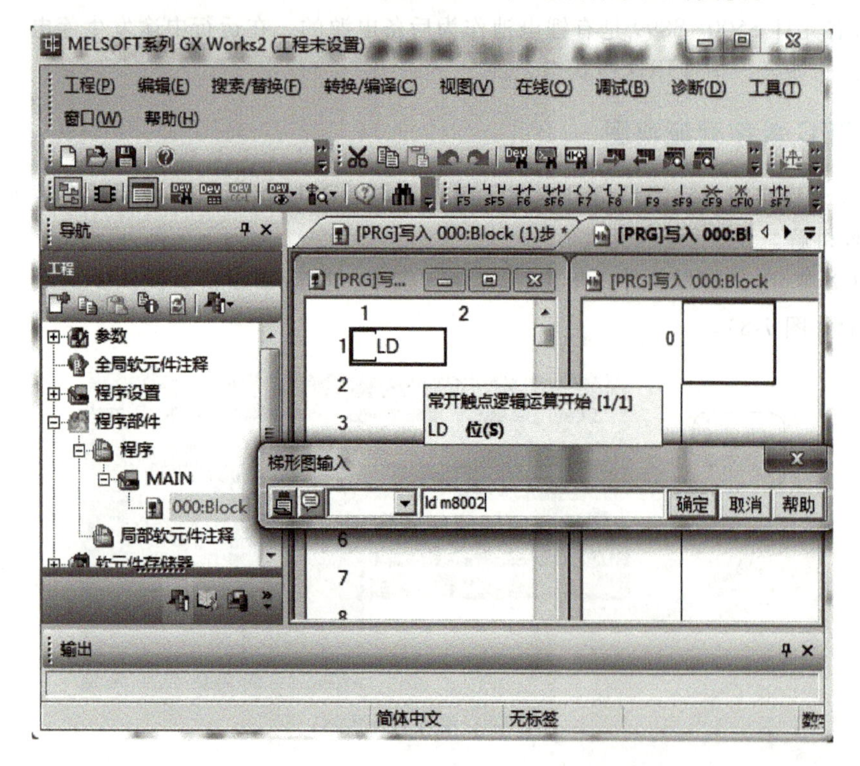

图 7-11 梯形图编辑窗口

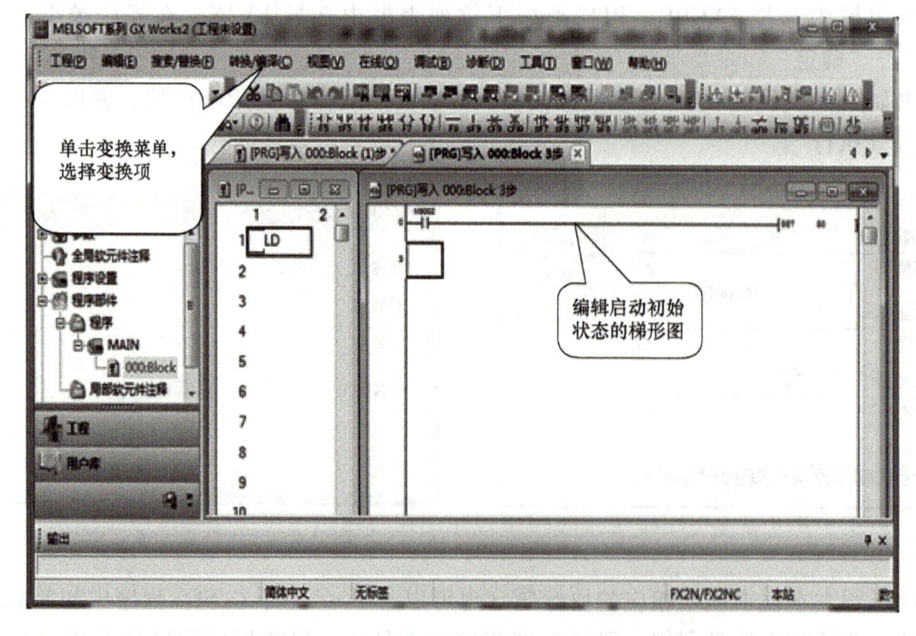

图 7-12 起动初始状态梯形图编程界面

如果想使用其他方式起动初始状态，只需要改动图 7-11 中的起动脉冲 M8002 即可；如果有多种方式起动初始化，将触点并联即可。需要说明的是，在每一个 SFC 程序中至少有一个初始状态，且初始状态必须在 SFC 程序的最前面。在 SFC 程序的编制过程中，每一个状态中的梯形图编制完成后必须进行变换，才能进行下一步工作，否则会弹出出错信息，如图 7-13 所示。

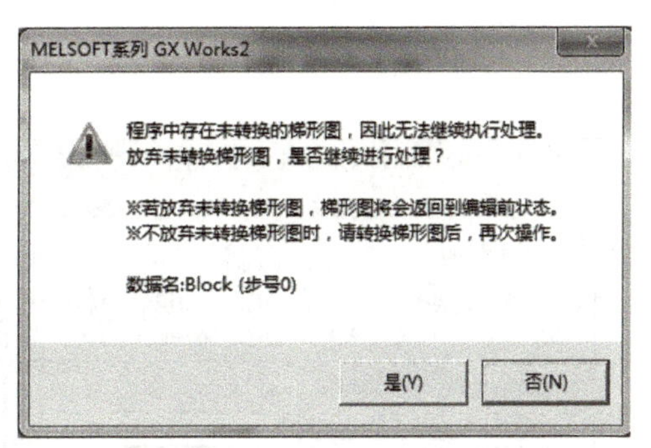

图 7-13　出错信息窗口

编辑好 0 号块的初始梯形图程序后，编辑 1 号块 SFC 程序，右键单击工程数据列表窗口中的“程序”→“MAIN”，选择“新建数据”，弹出“新建数据”对话框，如图 7-14 所示。

单击“确定”，弹出“块信息设置”对话框，如图 7-15 所示，块类型选择“SFC 块”。

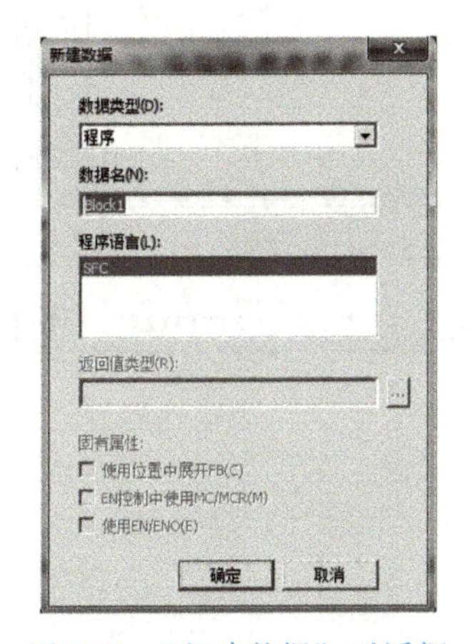

图 7-14　“新建数据”对话框

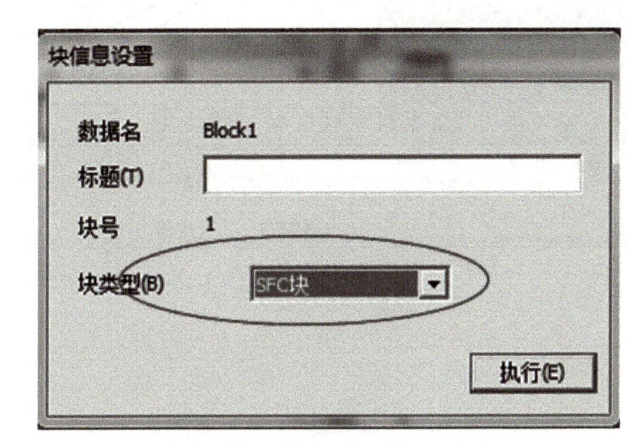

图 7-15　“块信息设置”对话框

单击“执行”，进入 1 号块 SFC 编程界面，如图 7-16 所示。

光标在对应状态或转移条件处停留，即可在右边编写状态梯形图，如图 7-16 与图 7-17 所示。在 SFC 程序中，每一个状态或转移条件都以 SFC 符号的形式出现，每一种 SFC 符号都对应有图标和图标号。下面输入使状态发生转移的条件，在 SFC 程序编辑窗口，将光标移到第一个转移条件符号处（图 7-17）。在右侧梯形图编辑窗口输入使状态转移的梯形图。T0 触点驱动的不是线圈，而是 TRAN 符号，意思是表示转移（Transfer），在 SFC 程序中，所有的转移用 TRAN 表示，不可以用 SET+S 语句表示，这一点必须注意。编辑完一个条件后按<F4>键转换，转换后梯形图由原来的灰色变成亮白色，此时 SFC 程序编辑窗口中 1 前面的问号“?”消失。接下来输入下一个工步，在左侧的 SFC 程序编辑窗口中把光标下移到方向线底端，按工具栏中的工具按钮 F5 或单击<F5>键弹出步输入设置对话框，如图 7-18a 所示。再按工具栏中的工具按钮 F5 或单击<F5>键弹出转移条件输入设置对话框，如图 7-18b 所示。

输入图标号后单击“确定”，这时光标将自动向下移动，此时可以看到步图标号前面有一个问号“?”，这表示对此步还没有进行梯形图编辑，同样，右边的梯形图编辑窗口是灰色的不可编辑状态，如图 7-19 所示。

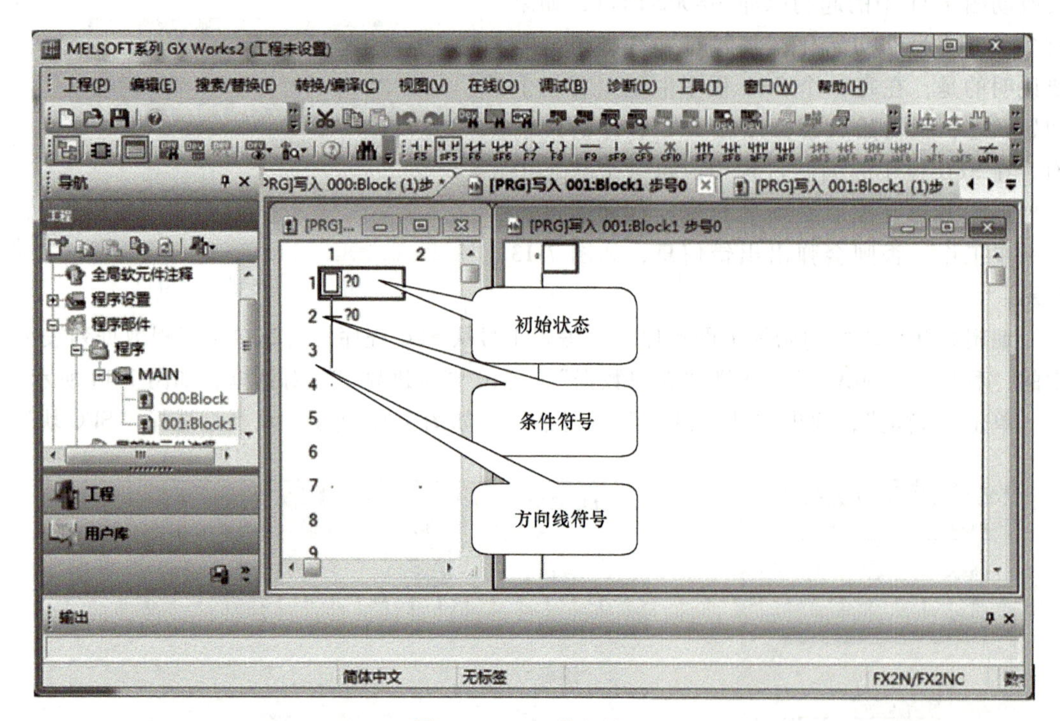

图 7-16　SFC 编程界面

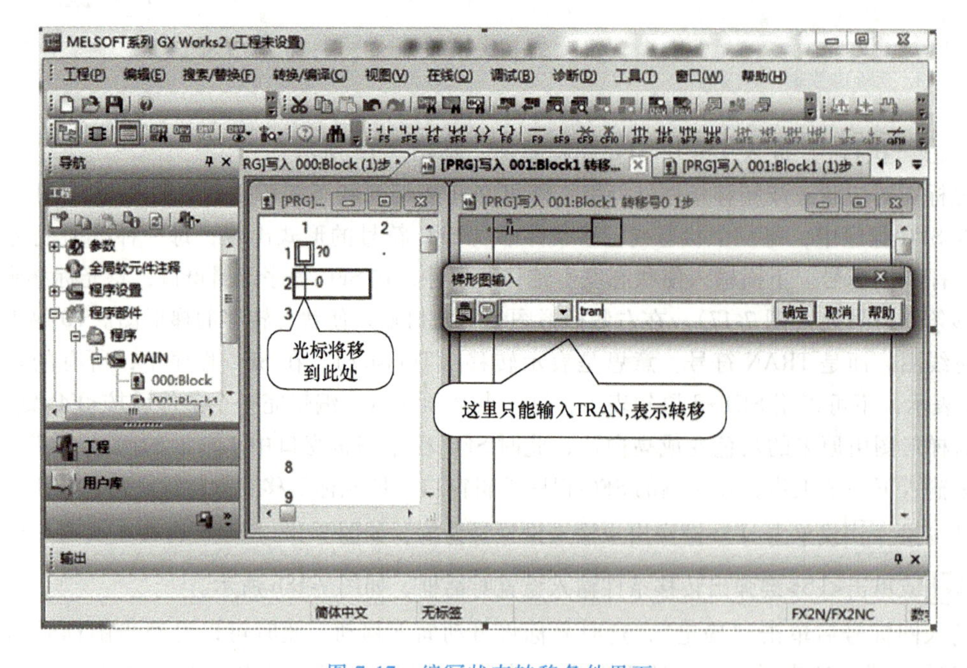

图 7-17　编写状态转移条件界面

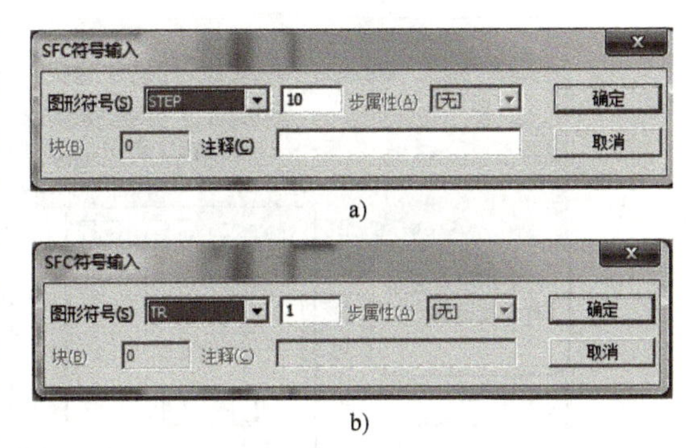

图 7-18　SFC 符号输入设置对话框

下面对工步进行梯形图编程，将光标移到步符号处（在步符号处单击），此时右边的窗口变成可编辑状态，在右侧的梯形图编辑窗口中输入梯形图，此处的梯形图是指程序运行到此工步时要驱动哪些输出线圈，本例中要求工步 20 驱动输出线圈 Y0 以及线圈 T0，用相同的方法把控制系统的一个周期编辑完后，为使系统能周期性地工作，在 SFC 程序中还要有返回原点的符号。在 SFC 程序中用 F8 （JUMP）加目标步号进行返回操作，如图 7-20 所示。输入方法是把光标移到方向线的最下端，按<F8>键或者单击 F8 按钮，在弹出的对话框中填入跳转的目标步号，单击“确定”。

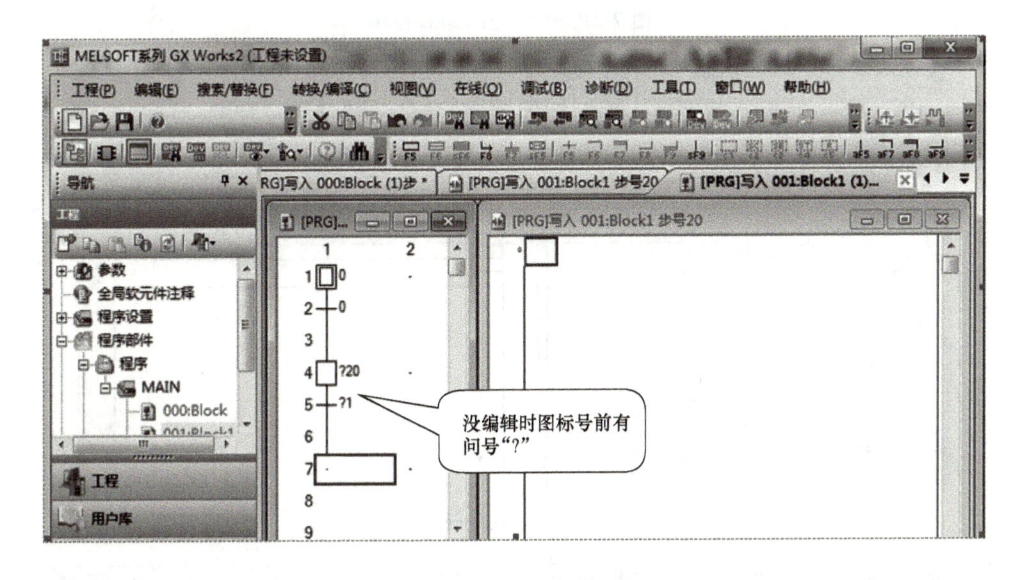

图 7-19　有“?”表示没编辑

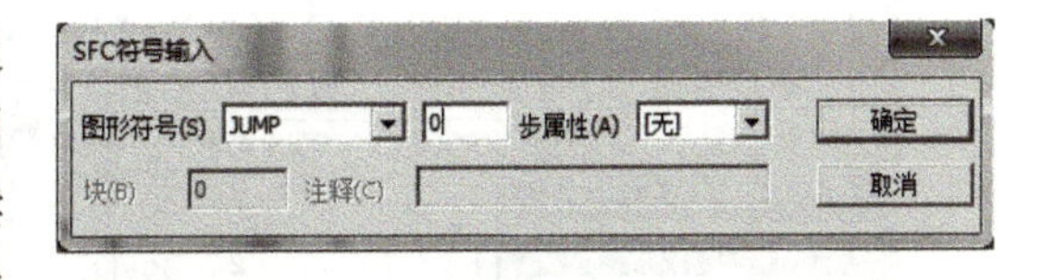

图 7-20　跳转符号输入

输入完跳转符号后，可以看到有跳转返回的步符号方框中多了一个小黑点，这说明此工步是跳转返回的目标步，这也为阅读 SFC 程序提供了方便。图 7-21 所示为编辑完的 SFC 程序。编好完整的 SFC 程序后，就要进行全部程序的转换，可以用菜单选择“转换（所有程序）”或热键<Shift+Alt+F4>，只有全部转换程序后才可下载调试程序，如图 7-22 所示。

编写好的程序可以在线调试也可以离线仿真调试，单击菜单“调试”可以选择，如图 7-23 所示。

选择“模拟开始/停止”菜单后，会弹出“PLC 写入”对话框，并显示程序写入进程，如图 7-24 所示。

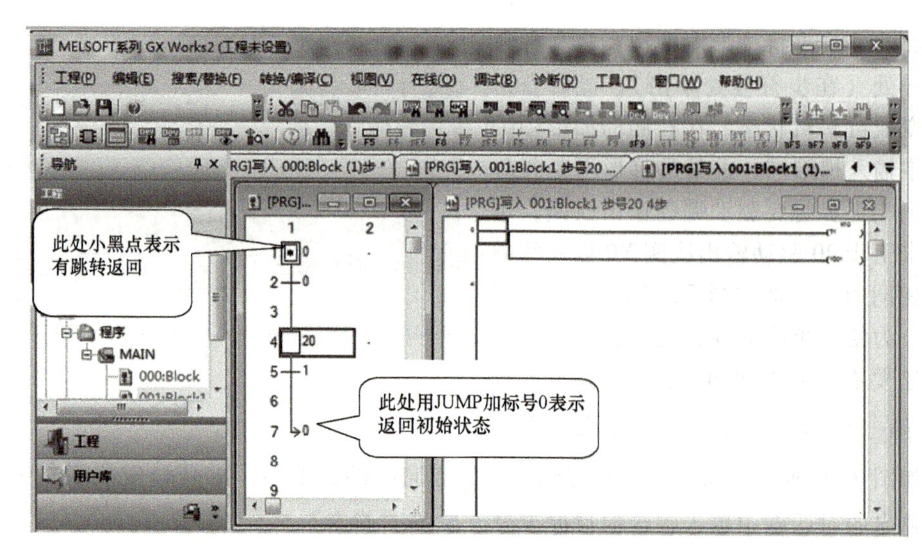

图 7-21　编辑完的 SFC 程序

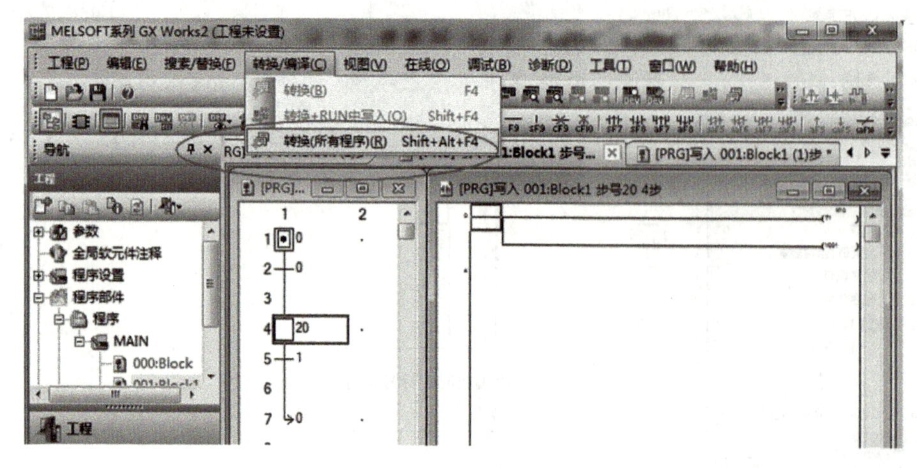

图 7-22　程序转换

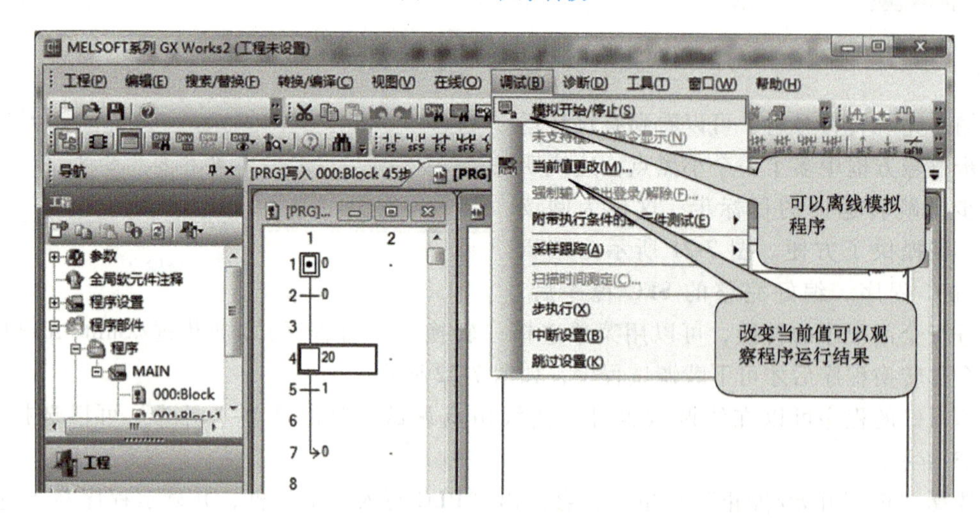

图 7-23　程序调试选择菜单

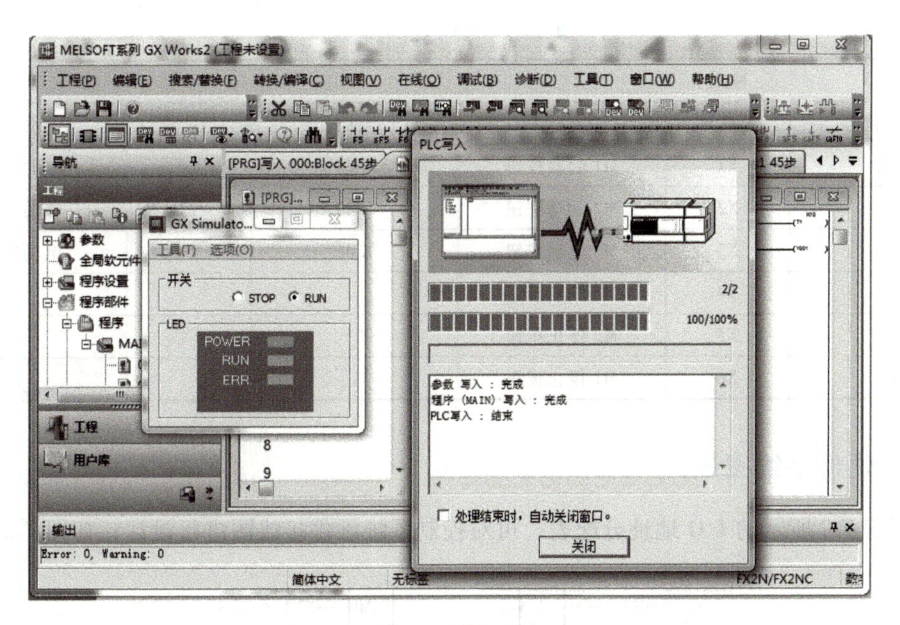

图 7-24　模拟写入

以上介绍了单序列的 SFC 程序的编制方法。在 SFC 程序中仍然需要进行梯形图的设计，SFC 程序中所有的状态转移用 TRAN 表示。调试监控界面如图 7-25 所示。

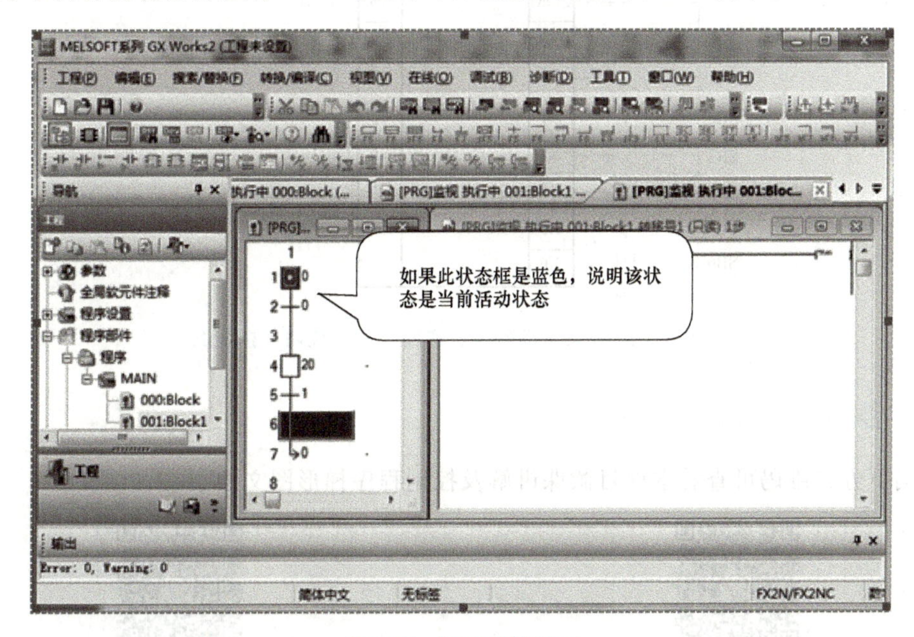

图 7-25　调试监控界面

【项目实施】

一、I/O 地址分配

根据多台电动机顺起、逆停控制要求，设定 I/O 地址分配表，见表 7-2。

表 7-2　I/O 地址分配表

输入			输出		
元器件代号	地址号	功能说明	元器件代号	地址号	功能说明
SB1	X1	M1 起动按钮	KM1	Y0	电动机 M1
SB2	X2	M2 起动按钮	KM2	Y1	电动机 M2
SB3	X3	M3 起动按钮	KM3	Y2	电动机 M3
SB4	X4	M3 停止按钮			
SB5	X5	M2 停止按钮			
SB6	X6	M1 停止按钮			

二、硬件接线图设计

根据表 7-2 所示的 I/O 地址分配表，可对控制系统硬件接线图进行设计，如图 7-26 所示。

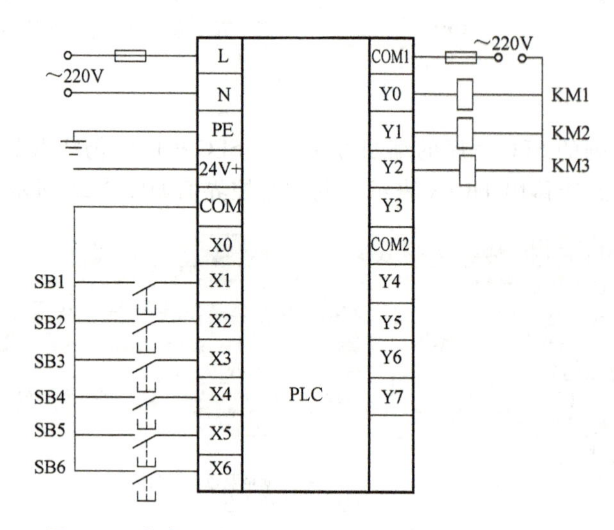

图 7-26　多台电动机顺起、逆停控制系统硬件接线图

三、控制程序设计

扫描下方二维码可查看本项目微课讲解及控制程序梯形图文档。

多电动机顺起、逆停
程序微课

多电动机顺起、逆停步进
程序梯形图

四、程序输入、仿真调试及运行

1）在 GX Works2 中完成自动运料小车控制程序。

2）利用 GX Works2 调试功能完成程序仿真运行，测试功能是否达到设计要求，如不能达到设计要求，应进行相应修改，直至仿真结果与系统设计要求一样。图 7-27 所示为程序仿真调试界面。

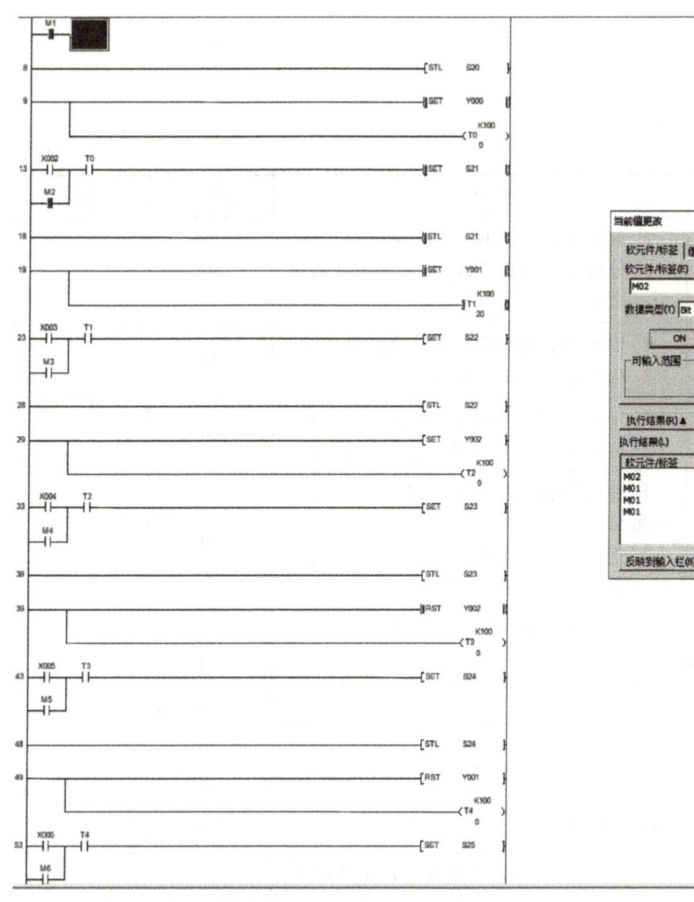

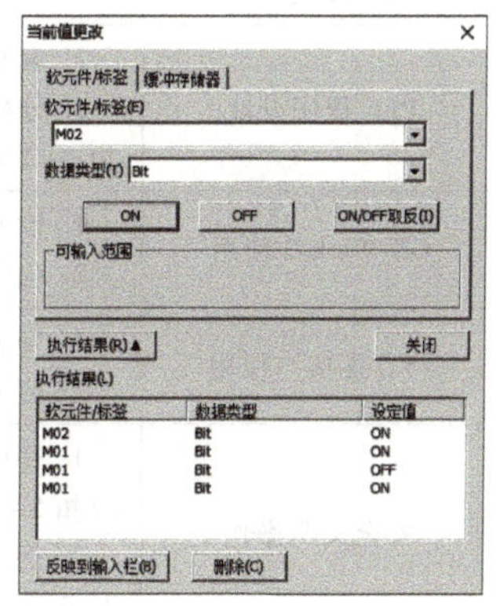

多电动机顺起、逆停仿真微课

图 7-27　程序仿真调试界面

3）将 PLC 运行模式选择开关拨到“STOP”位置，此时 PLC 处于停止状态，可以进行程序的编写。

4）执行“在线”→“PLC 写入”，将程序文件下载到 PLC。

5）将 PLC 运行模式选择开关拨到“RUN”位置，使 PLC 处于运行状态。

6）单击菜单栏“在线”→“监视”→“监视模式”，监控运行中各输入、输出器件的通断状态。

7）按下起动按钮 SB1 对程序进行调试运行，观察程序运行情况。若出现故障，应分别检查硬件电路接线和梯形图是否有

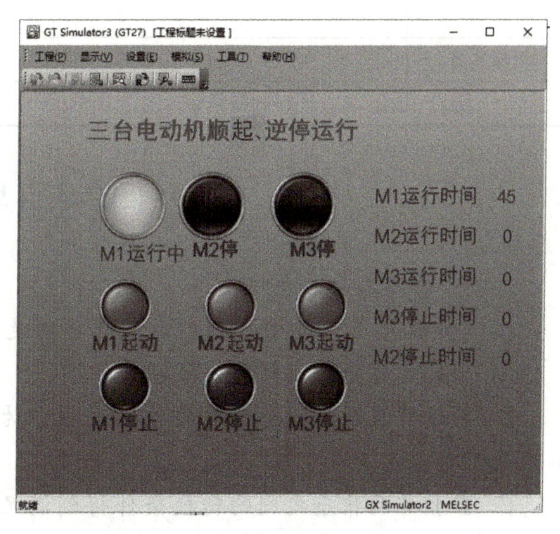

图 7-28　触摸屏仿真运行界面

误，修改后，应重新调试，直至系统按要求正常工作。

8）打开 GT Designer3 仿真运行触摸屏程序，结合 PLC 验证程序。图 7-28 所示为触摸屏仿真运行界面。

【项目评价】

填写项目评价表，见表 7-3。

表 7-3 项目评价表

评价方式	项目内容	评分标准	配分	得分
自我评价	PLC 程序设计	1. 编制程序，每出现一处错误扣 1~2 分 2. 分析工作过程原理，每出现一处错误扣 1~2 分	30	
	GX Works2 使用	1. 输入程序，每出现一处错误扣 1~2 分 2. 程序运行出错，每次扣 3 分	30	
	PLC 连接与使用	1. 安装与调试，每出现一处错误扣 3 分 2. 使用与操作，每出现一处错误扣 3 分	20	
	安全文明操作	1. 违反操作规程，产生不安全因素，视情况扣 5~10 分 2. 迟到、早退、工作场地不清洁，每次扣 3~5 分	20	
签名		总分 1（自我评价总分×40%）		
小组评价	实训记录与自我评价情况		20	
	对实训室规章制度的学习与掌握情况		20	
	团队协作能力		20	
	安全责任意识		20	
	能否主动参与整理工具、器材与清洁场地		20	
参评人员签名		总分 2（小组评价总分×30%）		
教师评价				
教师签名		教师评分（30）		
总分（总分 1+总分 2+教师评分）				

【复习与思考题】

1. SFC 的中文全称是（　　　　　　　　　　　　　　　）。

2. （多选）下列关于 SFC 的表述正确的是（　　）。

A. SFC 又称为状态转移图或功能表图

B. 顺序功能图将一个完整的控制过程分为若干阶段，也称为步或状态，每个状态都有不同的动作

C. 当相邻两状态之间的转换条件得到满足时，就将实现转换，即由上一个状态转换到下一个状态执行

D. 常用状态转移图（功能表图）描述顺序控制过程

3. 顺序控制功能图主要由（　　）、（　　）、（　　）、（　　）和（　　）组成。

4. 状态转移图中的每一步包含（　　）、（　　）、（　　）三个内容。

5. （　　）用双线方框表示，每一个顺序功能图至少应有一个初始步。

6. FX2N 中有（　　）和（　　）两条步进指令。

7. STL 指令的操作元件是（　　）。

A. 状态继电器 S　　B. 辅助继电器 M　　C. 定时器 T　　D. 输出继电器 Y

8. 状态继电器 S0～S9 一般用于（　　）状态。

A. 报警　　B. 回原点　　C. 通用　　D. 初始化

9. （多选）下列关于步进指令表述正确的是（　　）。

A. STL 触点是与左母线相连的常开触点，某 STL 触点接通，则对应的状态为活动步

B. 与 STL 触点相连的触点应用 LD 或 LDI 指令，只有执行完 RET 后才返回左母线

C. STL 触点可直接驱动或通过别的触点驱动 Y、M、S、T 等元件的线圈

D. STL 触点驱动的电路块中不能使用 MC 和 MCR 指令，但可以用 CJ 指令

10. 一般用系统的初始条件，若无初始条件，可用（　　）进行驱动。

A. M8013　　B. M8002　　C. M8000　　D. M8044

11. GX Works 2 编程软件快捷工具栏中，的作用是（　　）。

A. 新建工程　　B. 保存工程　　C. 打印　　D. 转换

12. 在 GX Works 2 编程软件中应用 SFC 编程时，梯形图程序必须放在 SFC 程序的（　　）部分。

A. 中间　　B. 任意　　C. 开头　　D. 最后面

13. （多选）在应用 SFC 编程时，初始化梯形图输入完成后，单击（　　）完成梯形图的变换。

A. “变换”菜单选择“变换”项　　B. <F4>键

C. <F2>键　　D. <F3>键

14. 在 SFC 程序中所有的转移用（　　）表示。

A. JUMP　　B. IN　　C. OUT　　D. TRAN

15. 状态编程的基本原则是：激活状态，先进行（　　），再进行（　　），顺序不能颠倒。

16. 下列关于单流程 SFC 的表述正确的是（　　）。

A. 除初始状态下，其他所有状态只有在其前一个状态被激活且转移条件满足时才能被激活

B. 所谓单流程，是指状态转移只可能有一种顺序

C. 一旦下一个状态被激活，上一个状态自动关闭

D. 对于单流程状态转移图来说，同一时间，只有一个状态是处于激活状态的

17. 在 SFC 编程中，若为顺序连续转移（即按状态继电器元件编号顺序向下），应使用（　　）指令进行状态转移；若为顺序不连续转移，应用（　　）指令进行状态转移。

18. 在 GX Works 2 编程软件中应用 SFC 编程时，创建新工程对话框中，应在程序类型项中选择（　　），单击确定按钮。

A. SFC　　　　　　　　B. 梯形图

19. 在GX Works 2编程软件中应用SFC编程时，当输入完跳转符号后，在SFC编辑窗口中有跳转返回的步符号的方框中多了一个小黑点，这说明此工步是跳转返回的（　　）步。

A. 初始　　　　　　　B. 目标　　　　　　C. 当前　　　　　　D. 结束

20. 在GX Works 2编程软件中应用SFC编程时，输入图标号后单击确定，这时光标将自动向下移动，此时看到步图标号前面有一个问号“?”，这表示（　　　　）。

21. 在图7-29中，当（　　）有效为ON时，系统由S22状态转为S23状态。

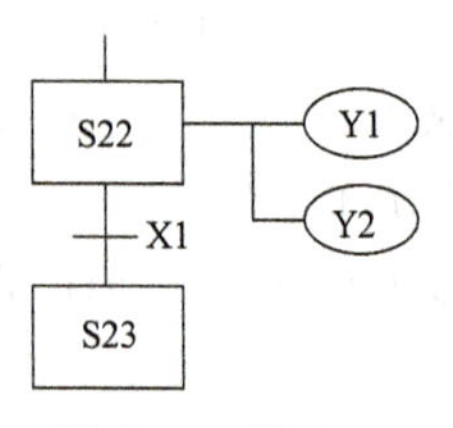

图7-29　题21图

项目八　大小球分拣系统设计

【学习目标】

1）掌握 SFC 的选择性分支编程原则及注意事项。
2）了解大小球自动分拣工作原理及编程。
3）能熟练掌握 GX Works2 中 SFC 选择性流程图程序输入、仿真、下载等操作技能。
4）能熟练掌握 GT Designer3 人机交互界面设计及仿真调试等操作技能。

【重点与难点】

SFC 选择性流程图编程方法。

【项目分析】

图 8-1 所示为大小球分拣运行示意图，其工作原理为：电路接通后，M8002 产生触发脉冲，同时按下左限开关 X1、上限开关 X3 对系统置位，显示原点 Y7 灯亮。接着按下起动开关 X6，系统起动，开始下行，到达小球下限 X2 时，进入选择顺序的两个分支电路。如果此时吸盘吸起的是大球，则大球下限开关 X0 的常开触点闭合，电磁阀 Y1 通电吸球，延时 1s

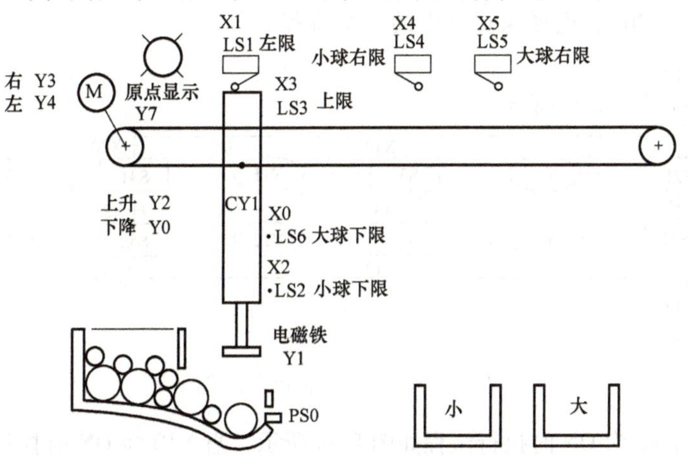

图 8-1　大小球分拣运行示意图

后开始上升，到达上限开关 X3 后即右行；若是小球，则下限开关 X2 常开触点闭合吸球，其余过程同大球。吸住小球向右运行，到达小球右限开关 X4 后开始下行（大球是在到达大球右限开关 X5 后开始下行）。到达下限开关 X2 之后电磁阀线圈 Y1 断电放球，然后延时 1s，机械臂开始上行，到达上限开关 X3 之后，开始向左移动，回到原点后，原点 Y7 显示。

请用 FX2N 系列 PLC 设计大小球分拣系统，系统控制要求如下：

1）机械臂起始位置在机械原点且球箱有球（接近开关 PS0 得电），为左限、上限并有显示；有起动按钮和停止按钮控制运行，停止时机械臂必须已回到原点。

2）起动后机械臂动作顺序为：下降→吸球（1s）→上升（至上限）→右行（至右限）→下降→释放（1s）→上升（至上限）→左行返回（至原点）；机械臂右行时有小球右限（X4）和大球右限（X5）之分，下降时，当电磁铁压着大球时下限开关 X0 接通，压着小球时下限开关 X2 接通。

3）应用 GT Designer3 设计如图 8-2 所示的触摸屏仿真运行界面。

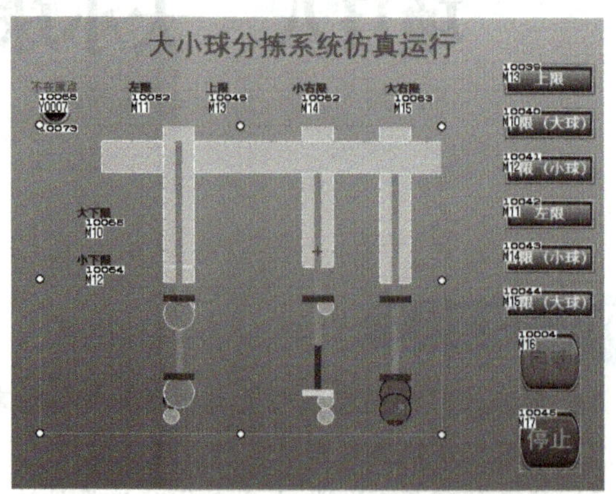

图 8-2　大小球分拣触摸屏仿真运行界面

【相关知识】

一、选择性分支、汇合

具有两个以上的步进过程的控制，其状态转移图具有两条以上的分支，当满足对应转换条件时激活对应的分支，这些分支称为选择性分支。

如果某一步后面有 *N* 条选择序列的分支，则该步的 STL 触点开始的电路块中应有 *N* 条分别指明各转换条件和转换目标的并联支路。

图 8-3 所示的状态转移图有三个流程图，如图 8-4 所示，S20 为分支状态，根据不同的条件（X0，X10，X20），选择执行其中的一个流程。

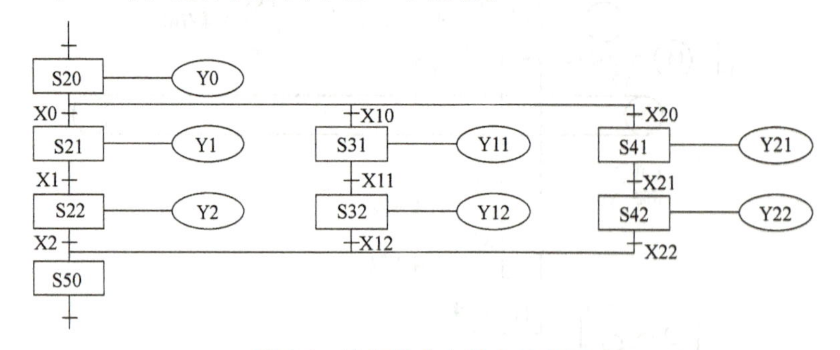

图 8-3　选择性分支状态转移图

图 8-3 中，当 X0 为 ON 时执行流程如图 8-4a 所示，当 X10 为 ON 时执行流程如图 8-4b 所示，当 X20 为 ON 时执行流程如图 8-4c 所示。需要注意的是，X0、X10、X20 不能同时为 ON。

由于对后续步的置位是由 SET 指令实现的，对相应前级步的复位是由系统自动完成的。因此，只要正确地确定每一步的转换条件和转换目标，就能实现选择序列的合并。图 8-3 中的 S50 为汇合状态，可由 S22、S32、S42 任一状态驱动。

由此，选择性分支编程原则是先集中处理分支状态，然后再集中处理汇合状态。从多个分支中选择执行某一条分支流程。

选择性分支的特点：在同一时刻只允许选择一条分支，即不能同时转移到几条分支。

二、SFC 选择流程图编程

（1）选择性分支线输入　在 GX Works2 软件中，图 8-5 所示的选择性分支线有两种输入方法。

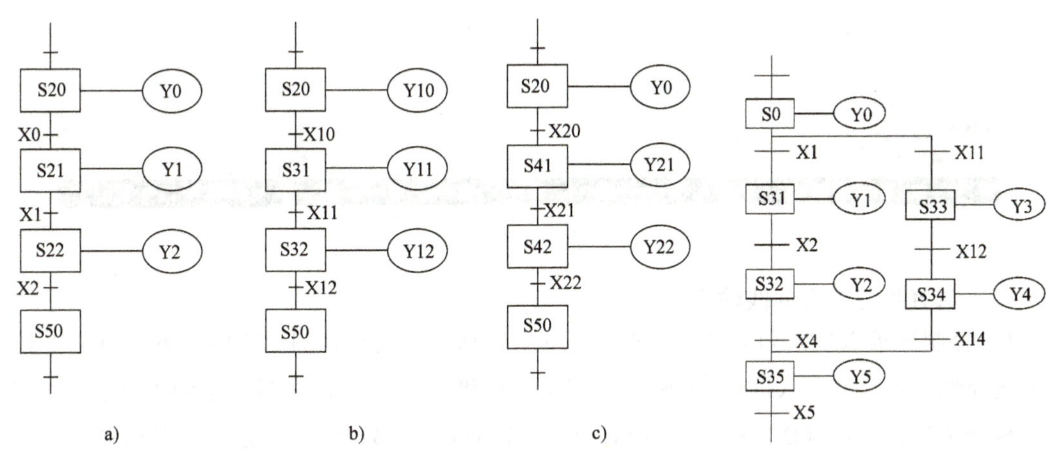

图 8-4　状态转移图的流程图

图 8-5　选择性分支示例

1）控制要求 X1 触点接通状态发生转移，将光标移到条件 0 方向线的上方，单击工具栏中的选择性分支写入按钮 aF7 或者按<Alt+F7>键，使选择性分支写入按钮处于按下状态，在光标处按住鼠标左键横向拖动，直到出现一条细蓝线，放开左键，这样一条选择性分支线就被输入，如图 8-6 所示。注意：在用鼠标操作进行划线写入时，只有出现蓝色细线才可以放开左键，否则将输入失败。

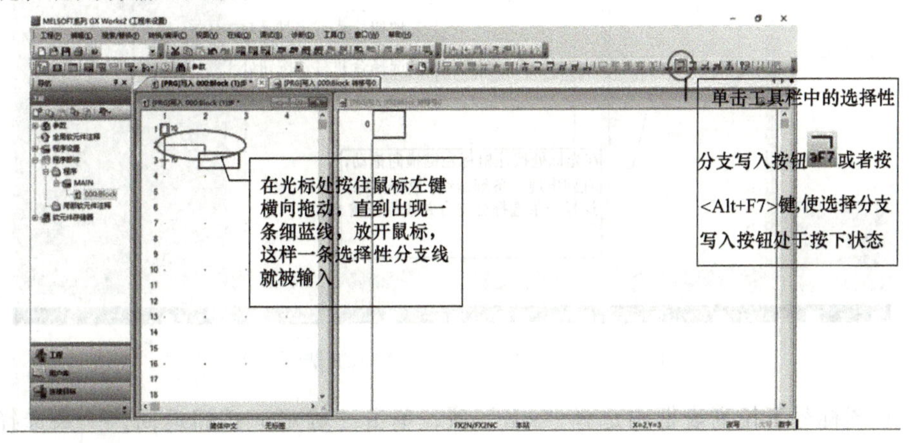

图 8-6　选择性分支线输入方法（一）

2）双击转移条件 0 弹出 SFC 符号输入对话框，在图标号下拉列表框中选择第三行“--D”项，单击“确定”按钮返回，一条选择性分支线被输入，如图 8-7 所示。

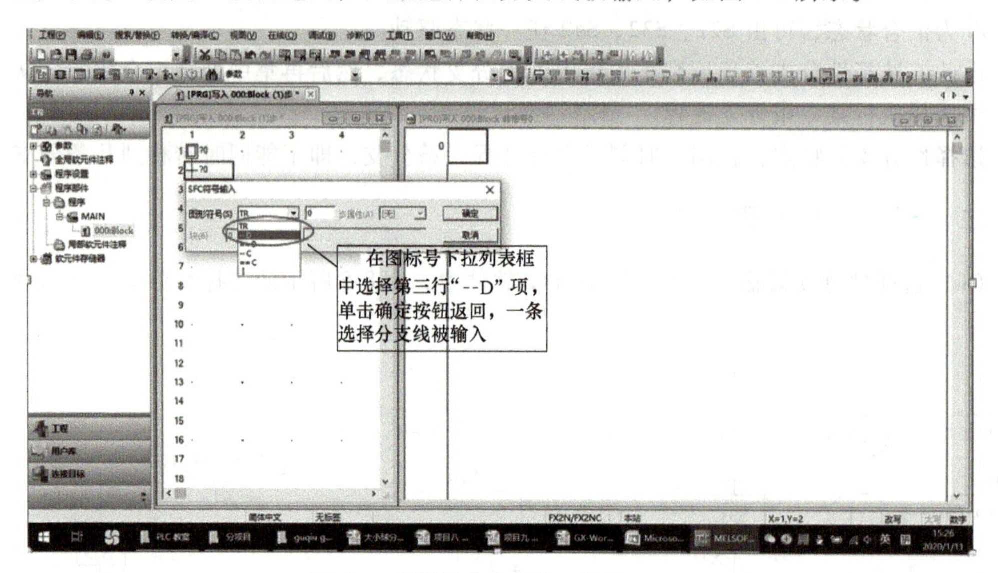

图 8-7 选择性分支线输入方法（二）

（2）选择性分支合并线输入

1）控制要求 X4 或 X14 触点接通状态发生转移，将光标移到 S35 的上方，单击工具栏中的选择性分支合并写入按钮 或者按<Alt+F9>键，使选择合并写入按钮处于按下状态，在光标处按住鼠标左键横向拖动，直到出现一条细蓝线，放开左键，这样一条选择性分支合并线就被输入，如图 8-8 所示。注意：在用鼠标操作进行划线写入时，只有出现蓝色细线才可以放开左键，否则将输入失败。

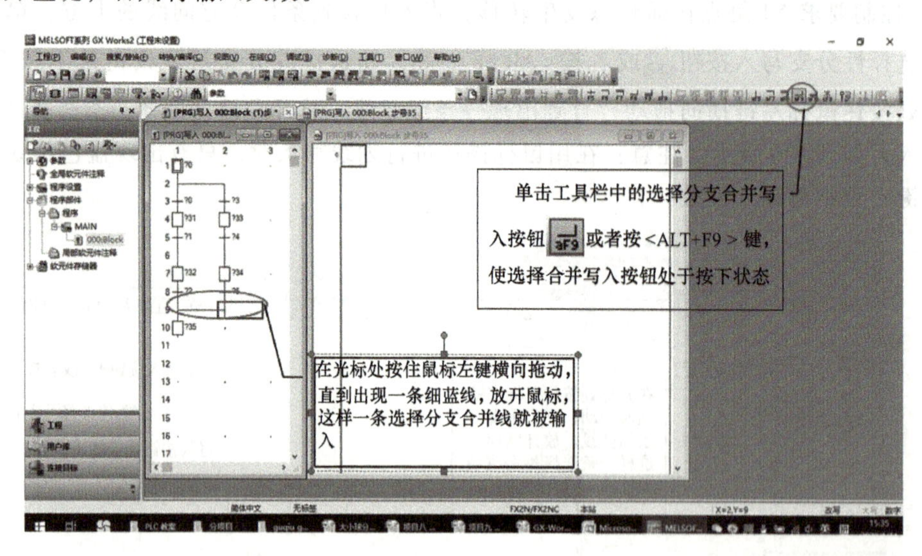

图 8-8 选择性分支合并线输入方法（一）

2）在图标号下拉列表框中选择“--C”项，单击“确定”按钮返回，一条选择性分支闭合线被输入，如图 8-9 所示。

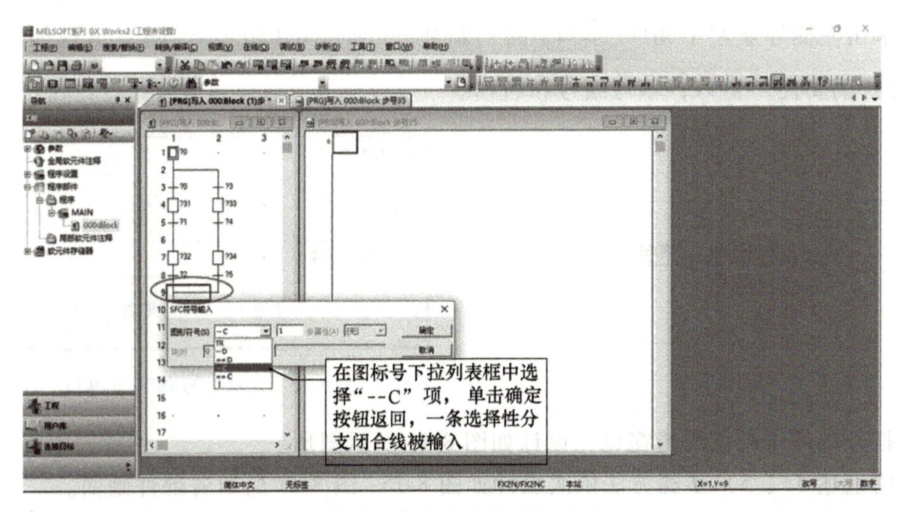

图 8-9　选择性分支合并线输入方法（二）

三、三菱触摸屏部件应用编程

1）打开 GT Designer3 软件。

2）单击工程选择窗口，选择“新建”，如图 8-10 所示。

3）根据新建向导，依次单击“下一步”或者“确定”。注意在连接机器设置时机种选“MELSEC-FX”，驱动程序选择“MELSEC-FX”，如图 8-11 所示。

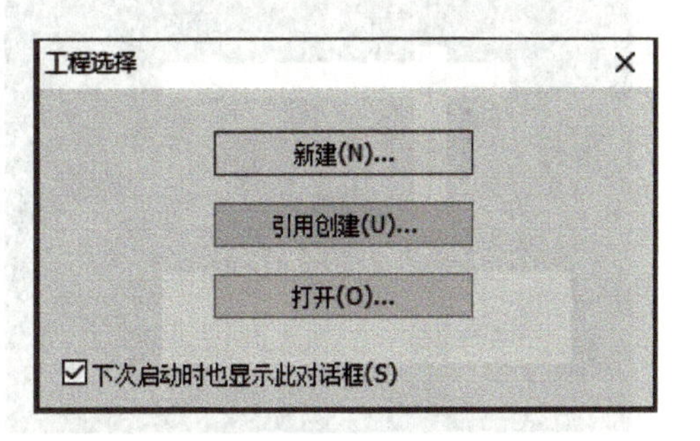

图 8-10　新建工程

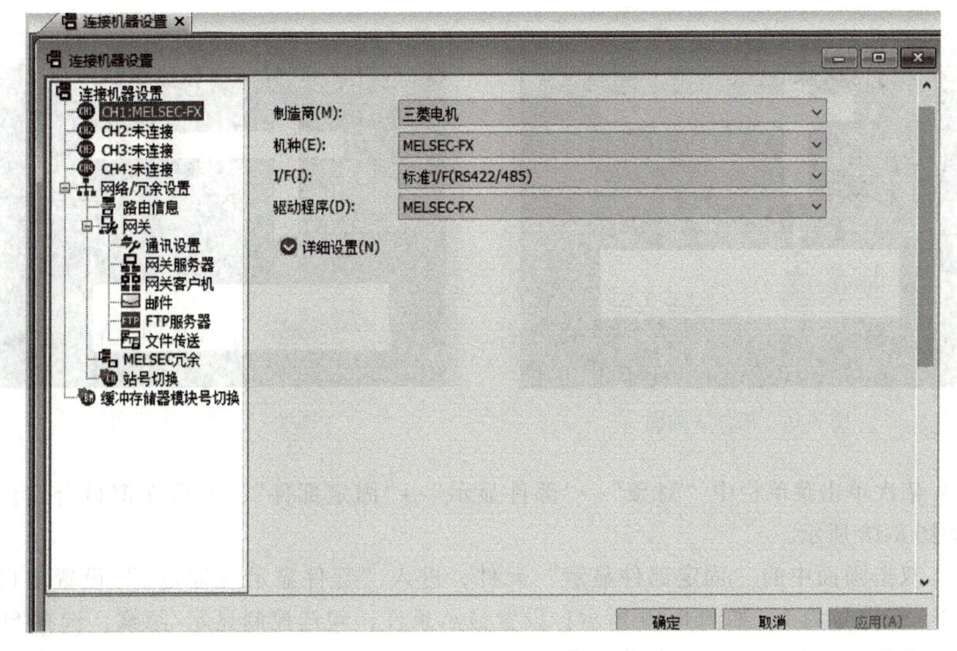

图 8-11　连接机种设置

4）单击左侧导航左下角 工程 的“新建”，如图 8-12 所示。随后出现如图 8-13 所示的“部件的属性”窗口，填写编号和名称。

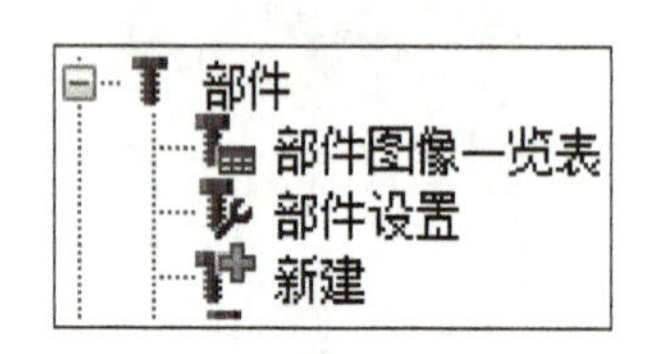

图 8-12　新建部件

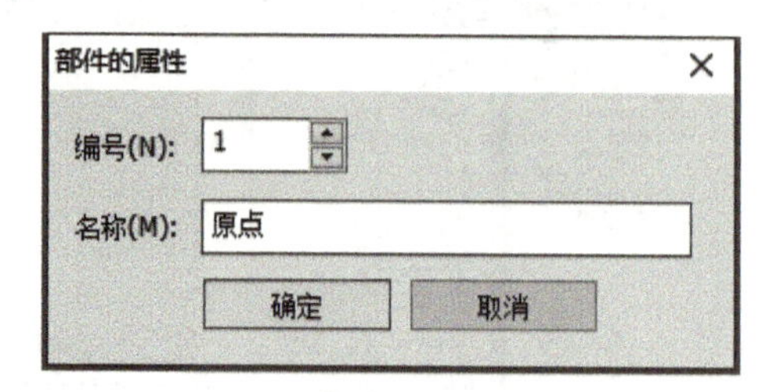

图 8-13　“部件的属性”窗口

5）打开部件 1 画面编辑窗口，设计如图 8-14 所示图形。

6）用上述 4）、5）步骤方法依次设计如图 8-15～图 8-17 所示各部件画面。

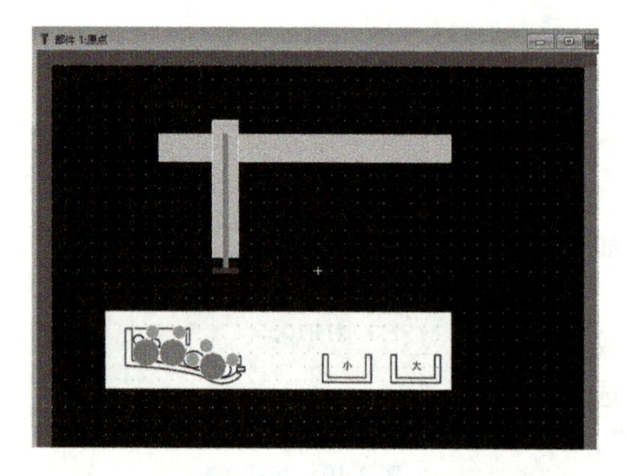

图 8-14　部件 1 画面

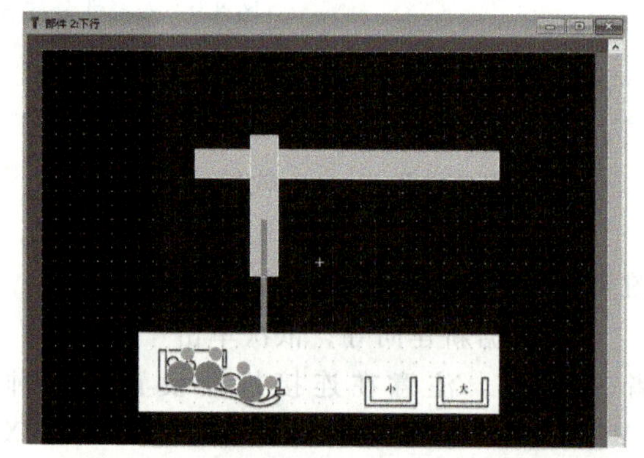

图 8-15　部件 2 画面

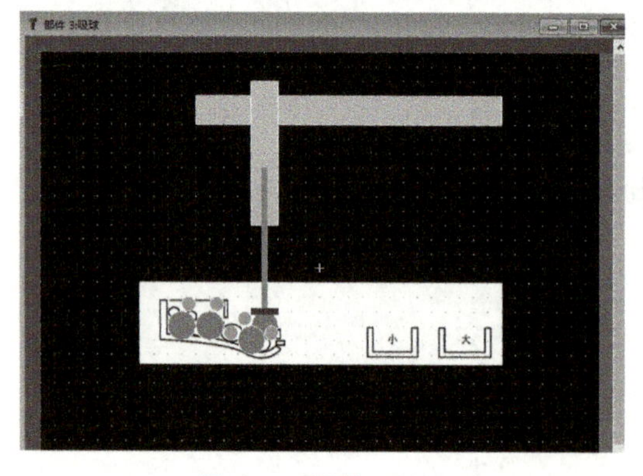

图 8-16　部件 3 画面

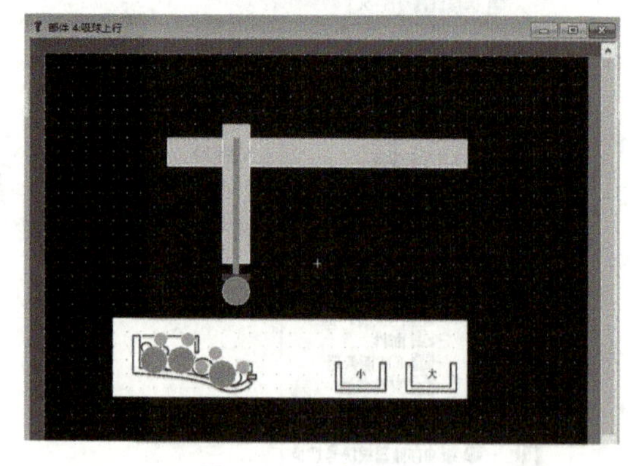

图 8-17　部件 4 画面

7）依次单击菜单栏中“对象”→“部件显示”→“固定部件”，然后在窗口合适位置单击，如图 8-18 所示。

8）双击画面中的“固定部件显示”元件，进入“部件显示（固定）”设置窗口，设置样式，部件号为 1，如图 8-19 所示；设置显示条件，勾选控制显示/隐藏，选择 S0，如图 8-20 所示，单击“确定”完成设置。

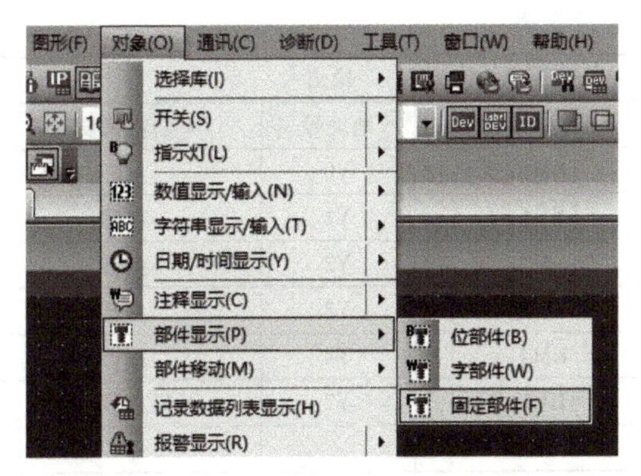

图 8-18　打开“固定部件显示”的方法

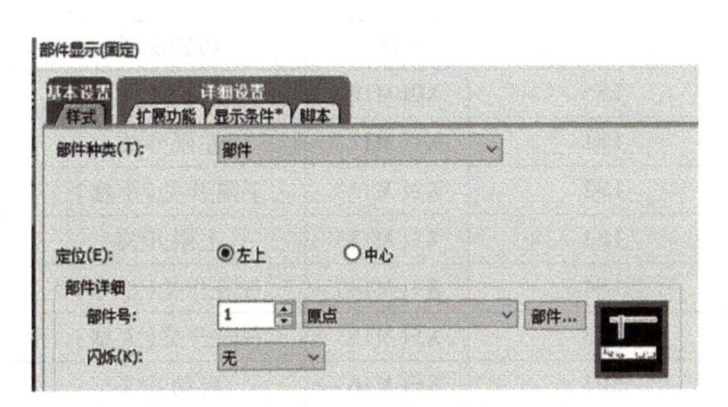

图 8-19　部件显示“样式”设置

9）参照上述 7)、8）步骤，依次设置固定部件显示，部件 2 对应显示条件 S1、部件 3 对应显示条件 S2、部件 4 对应显示条件 S3，如图 8-21 所示。

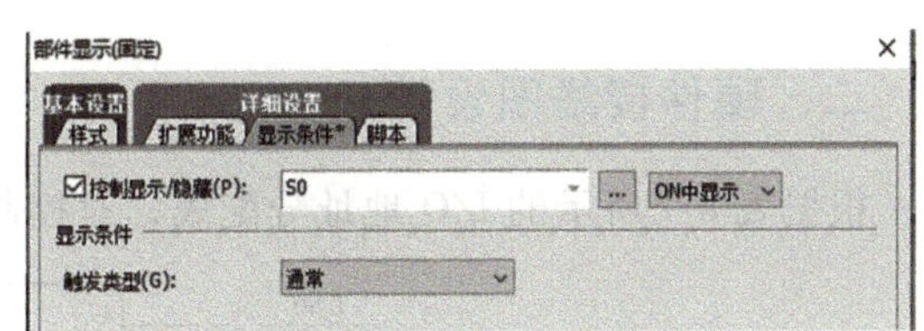

图 8-20　部件显示“显示条件”设置

10）全选上述 4 个固定显示部件，然后单击排列上对齐和左对齐快捷按钮，使 4 个固定部件显示处于同一位置重叠，如图 8-22 所示。

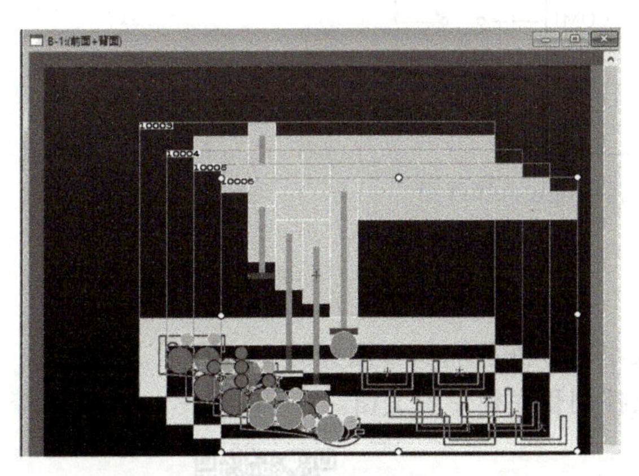

图 8-21　固定部件 2~部件 4 显示

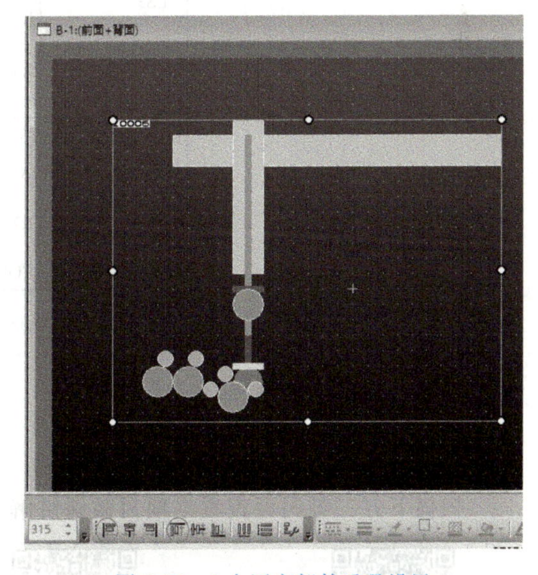

图 8-22　4 个固定部件重叠设置

其他部件显示方法和部件移动与固定显示类似，请读者自行设计。

【项目实施】

一、I/O 地址分配

根据大小球分拣的 PLC 控制要求，设定 I/O 地址分配表，见表 8-1。

表 8-1　I/O 地址分配表

输入			输出		
元器件代号	地址号	功能说明	元器件代号	地址号	功能说明
LS6	X0(M10)	下限开关(大球)	KM1	Y0	下降
LS1	X1(M11)	左限开关	KV1	Y1	吸球
LS2	X2(M12)	下限开关(小球)	KM2	Y2	上行
LS3	X3(M13)	上限开关	KM3	Y3	右行
LS4	X4(M14)	右限开关(小球)	KM4	Y4	左行
LS5	X5(M15)	右限开关(大球)	HL1	Y7	原点显示
SB1	X6(M16)	启动开关			
SB2	X7(M17)	停止开关			

二、硬件接线图设计

根据表 8-1 所示的 I/O 地址分配表，对控制系统硬件接线图进行设计，如图 8-23 所示。

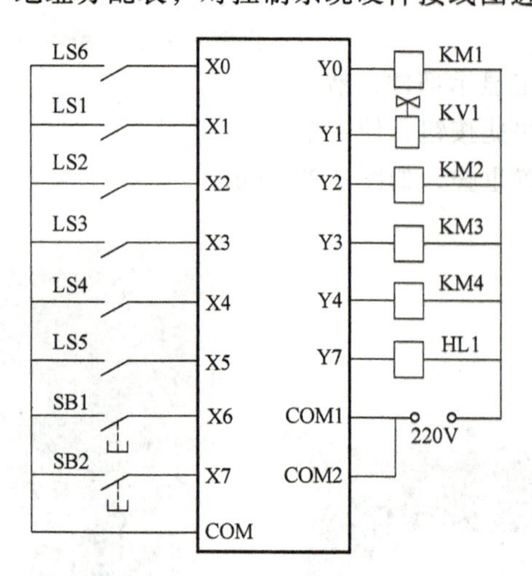

图 8-23　大小球分拣系统硬件接线图

三、控制程序设计

根据系统控制要求和 I/O 地址分配表，大小球分拣系统 SFC 图如图 8-24 所示。

扫描下方二维码可查看本项目微课讲解及控制程序梯形图文档。

大小球分拣系统微课

大小球分拣系统程序梯形图

大小球分拣系统程序梯形图（带触摸屏仿真）

四、程序输入、仿真调试及运行

1）在 GX Works2 中完成大小球分拣控制程序。

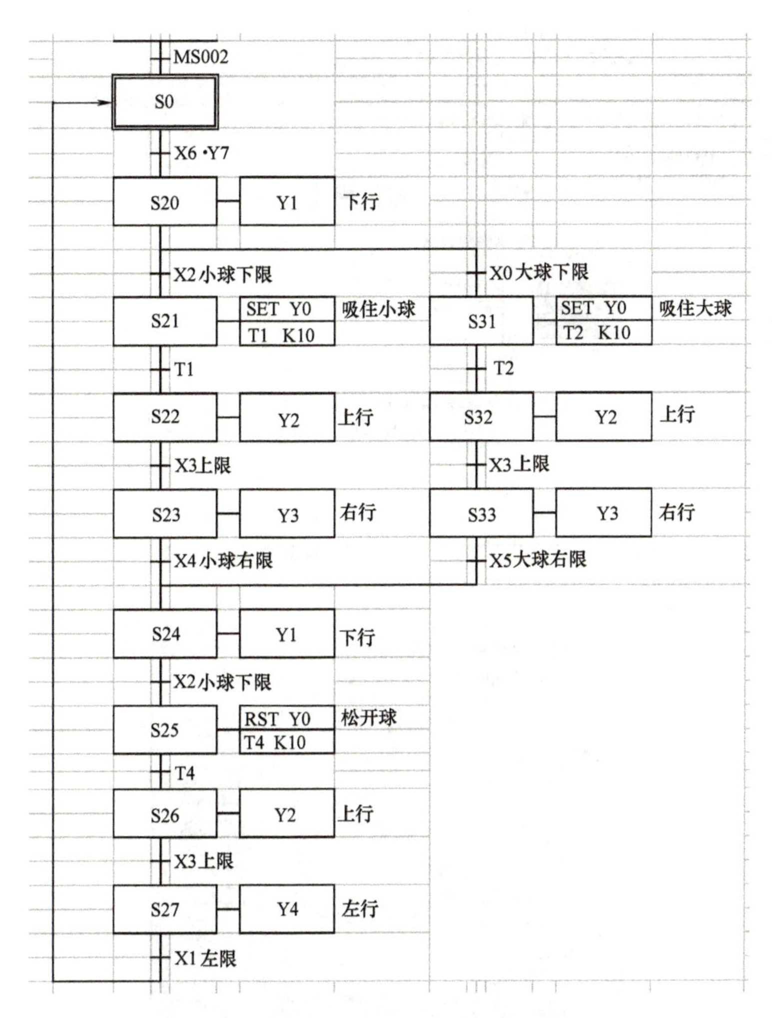

图 8-24　大小球分拣系统 SFC 图

2）利用 GX Works2 调试功能完成程序仿真运行，测试功能是否达到设计要求，如不能达到设计要求，应进行相应修改，直至仿真结果与系统设计要求一样。图 8-25 所示为程序仿真调试界面。

3）将 PLC 运行模式选择开关拨到 “STOP” 位置，此时 PLC 处于停止状态，可以进行程序的编写。

4）执行 “在线”→“PLC 写入”，将程序文件下载到 PLC。

5）将 PLC 运行模式选择开关拨到 “RUN” 位置，使 PLC 处于运行状态。

6）单击菜单栏 “在线”→“监视”→“监视模式”，监控运行中各输入、输出器件的通断状态。

7）按下相应按钮对程序进行调试运行，观察程序运行情况。若出现故障，应分别检查硬件电路接线和梯形图是否有误，修改后，应重新调试，直至系统按要求正常工作。

8）打开 GT Designer3 仿真运行触摸屏程序，结合 PLC 验证程序。图 8-26 所示为触摸屏仿真运行界面。

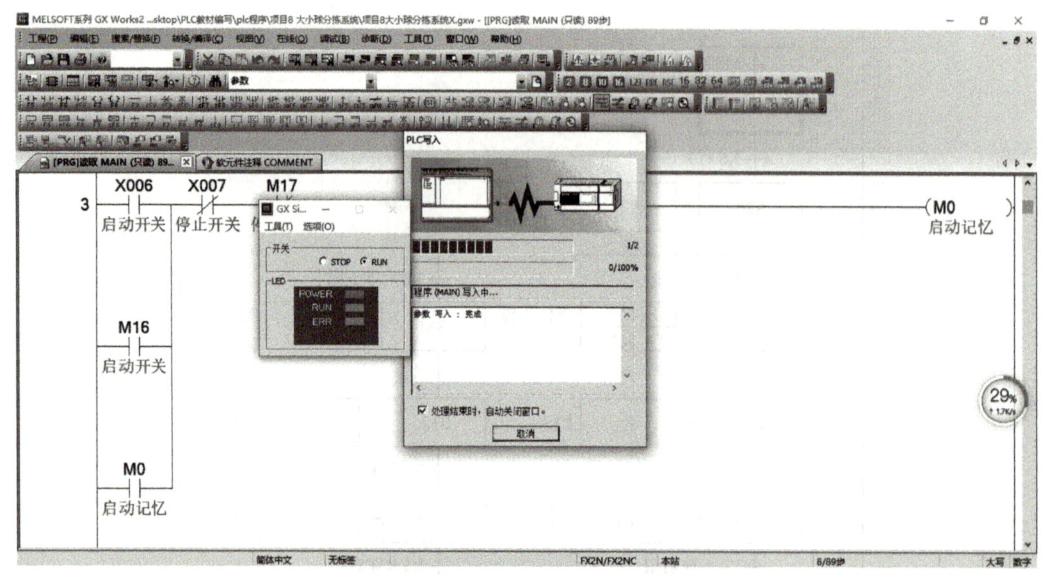

图 8-25　程序仿真调试界面

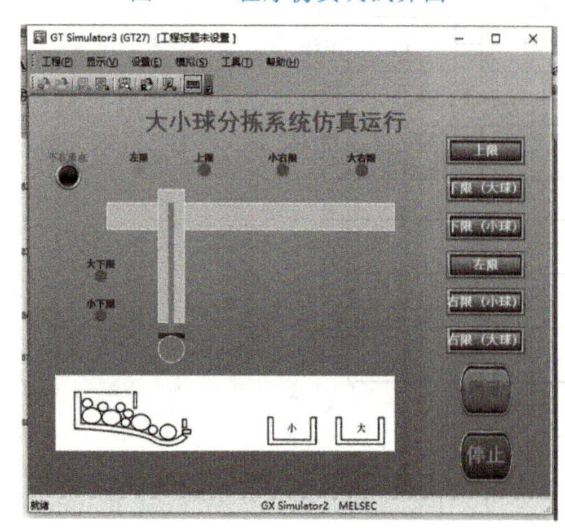

图 8-26　触摸屏仿真运行界面

【项目评价】

填写项目评价表，见表 8-2。

表 8-2　项目评价表

评价方式	项目内容	评分标准	配分	得分
自我评价	PLC 程序设计	1. 编制程序，每出现一处错误扣 1~2 分 2. 分析工作过程原理，每出现一处错误扣 1~2 分	30	
	GX Works2 使用	1. 输入程序，每出现一处错误扣 1~2 分 2. 程序运行出错，每次扣 3 分	30	
	PLC 连接与使用	1. 安装与调试，每出现一处错误扣 3 分 2. 使用与操作，每出现一处错误扣 3 分	20	
	安全文明操作	1. 违反操作规程，产生不安全因素，视情况扣 5~10 分 2. 迟到、早退、工作场地不清洁，每次扣 3~5 分	20	
签名		总分 1(自我评价总分×40%)		

（续）

评价方式	项目内容	评分标准	配分	得分
小组评价	实训记录与自我评价情况		20	
	对实训室规章制度的学习与掌握情况		20	
	团队协作能力		20	
	安全责任意识		20	
	能否主动参与整理工具、器材与清洁场地		20	
参评人员签名		总分 2（小组评价总分×30%）		
教师评价				
教师签名		教师评分（30）		
总分（总分 1+总分 2+教师评分）				

【复习与思考题】

1. （多选）关于选择性分支的表述正确的是（　　）。

A. 具有两个以上的步进过程的控制，其状态转移图具有两条以上的分支

B. 选择性分支编程原则是先集中处理分支状态，然后再集中处理汇合状态

C. 满足对应转换条件时激活对应的分支

D. 在同一时刻只允许选择一条分支，即不能同时转移到多条分支

2. 如果 S20 后面有 S30、S40、S50 三条选择序列的分支，则该步的 STL 触点开始的电路块中应有（　　）条分别指明各转换条件和转换目标的并联支路。

A. 2　　B. 1　　C. 3　　D. 4

3. 选择性分支编程原则是先集中处理（　　）状态，然后再集中处理（　　）状态。

4. 将图 8-27 所示顺序功能图采用步进指令编程。

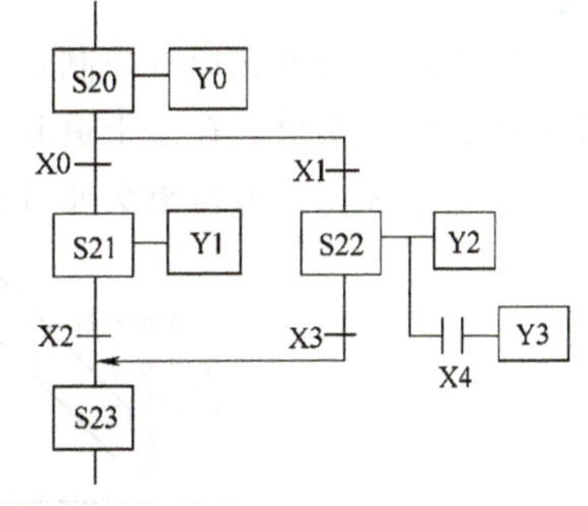

图 8-27　题 4 图

5. 在 GX Works2 中 SFC 编程时，工具栏中图标表示（　　）。

A. 选择分支写入　　B. 选择合并写入

C. 并列分支写入　　D. 并列合并写入

6. 在 GX Works2 中 SFC 编程时，工具栏中图标表示（　　）。

A. 选择分支写入　　B. 选择合并写入

C. 并列分支写入　　D. 并列合并写入

7. 在 GX Works2 中 SFC 编程时，图形符号“--D”表示（　　）。

A. 选择分支写入　　B. 选择合并写入　　C. 并列分支写入　　D. 并列合并写入

8. 在 GX Works2 中 SFC 编程时，图形符号“--C”表示（　　）。

A. 选择分支写入　　B. 选择合并写入　　C. 并列分支写入　　D. 并列合并写入

9. 在 GX Works2 中完成大小球分拣系统的程序。

10. 在 GT Designer3 中完成大小球分拣系统的仿真界面。

项目九　按钮式人行道交通灯控制设计

【学习目标】

1）掌握 SFC 的并行性分支编程原则及注意事项。

2）了解按钮式人行横道交通灯工作原理及编程。

3）熟练掌握 GX Works2 中 SFC 并行性流程图程序输入、仿真、下载等操作技能。

4）熟练掌握 GT Designer3 人机交互界面设计及仿真调试等操作技能。

【重点与难点】

SFC 并行性流程图编程方法。

【项目分析】

按钮式人行道交通灯控制系统示意图如图 9-1 所示，其主干道是行车道，次道是人行道和一些非机动车道。在主干道和人行道通行方向上均有红、黄、绿交通灯，并按照通行情况依次点亮。按钮式人行道交通灯控制系统时序图如图 9-2 所示。

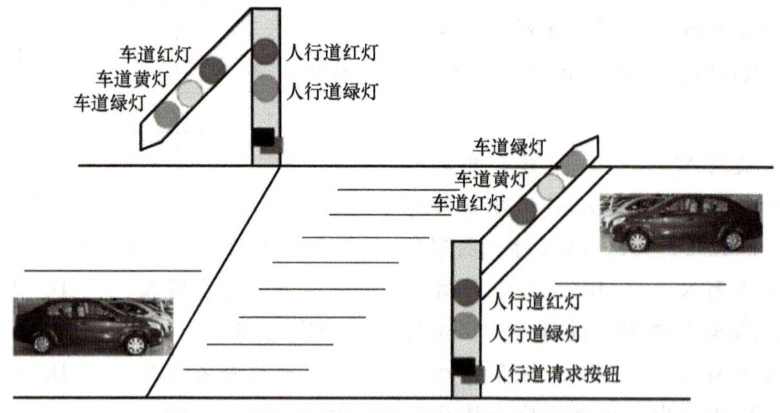

图 9-1　按钮式人行道交通灯控制系统示意图

正常通行时，车行道绿灯亮、人行道红灯亮。当车行道两侧行人要过马路时，可分别按人行道请求按钮 X0 或 X1，过 30s 后，车行道黄灯亮，再过 10s 后，车行道红灯亮。5s 后人

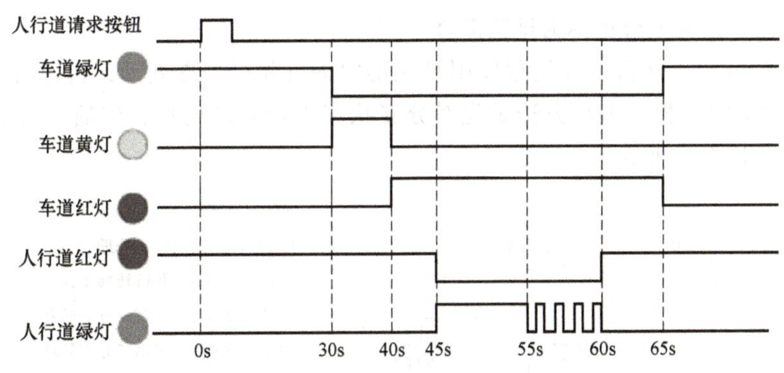

图 9-2　按钮式人行道交通灯控制系统时序图

行道绿灯亮。10s 后，人行道绿灯开始闪烁，每次间隔 0.5s，闪烁 5 次，即 5s 后返回初始状态，人行道红灯亮，车行道绿灯亮。

通过上述分析可知，车行道和人行道同时进行控制，此控制属于并行分支步进控制。

请用 FX2N 系列 PLC，应用并行性分支与汇合编程方法设计一个按钮式人行道指示灯的控制程序，系统控制要求如下：

1）按下人行道请求按钮 X0 或 X1 按钮，人行道和车行道指示灯按图 9-2 所示工作时序点亮。

2）在状态转移过程中，即使按动人行道请求按钮 X0，X1 也无效。

3）在无行人横穿车道的情况下，车行道绿灯及人行道红灯常亮，车辆可以较快的速度行驶，此时行人不能横穿车道。

4）应用 GT Designer3 设计如图 9-3 所示的触摸屏仿真运行界面。

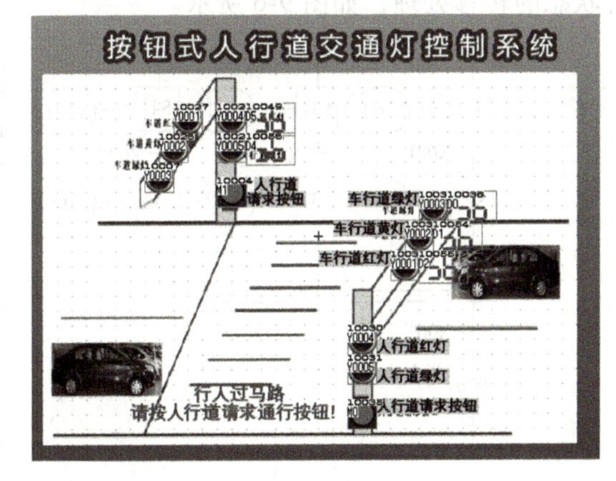

图 9-3　按钮式人行道交通灯触摸屏仿真运行界面

【相关知识】

一、并行分支与汇合编程

在步进多流程控制中，当满足某个条件后若有多个分支流程同时执行的分支称为并行分支。当转移条件满足时，同时执行几个分支，当所有分支都执行结束后，若转移条件满足，再转向汇合状态。如图 9-4 所示的并行步控结构，其工作顺序为：

1）S20 为分支状态。S20 动作，若并行处理条件 X000 为 ON，则 S21、S24 和 S27 同时动作，即三个分支同时开始运行。

2）S30 为汇合状态。三个分支流程运行全部结束后，汇合条件 X7 为 ON，则 S30 动作，S23、S26

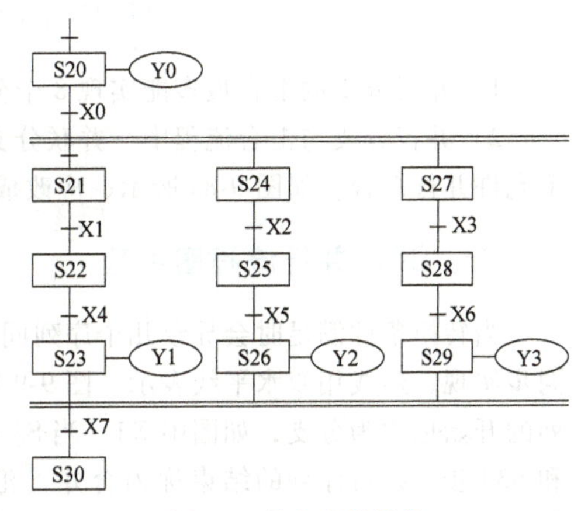

图 9-4　并行步控结构

和 S29 同时复位。这种汇合也称为排队汇合。

由上述分析可知，并行步控编程原则是先集中进行并行分支处理，再进行汇合处理。

1）并行分支的编程。编程方法是先对分支状态进行驱动处理，然后按分支顺序进行状态转移处理，如图 9-5 所示。

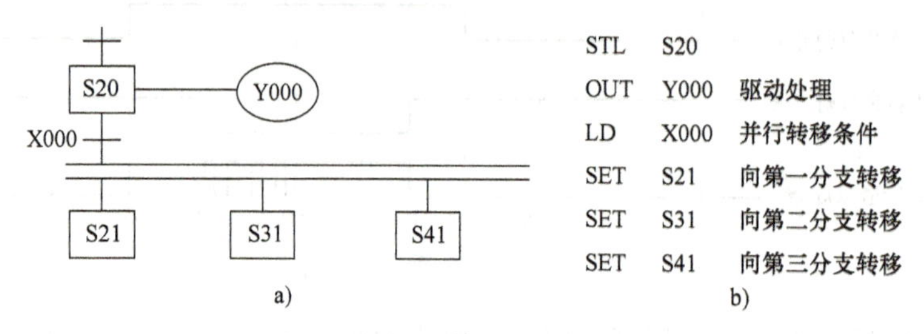

图 9-5 并行分支编程

a）分支状态 S20 b）并行分支状态程序

2）并行汇合处理编程。编程方法是先进行汇合前状态的驱动处理，然后按顺序进行汇合状态的转移处理，如图 9-6 所示。

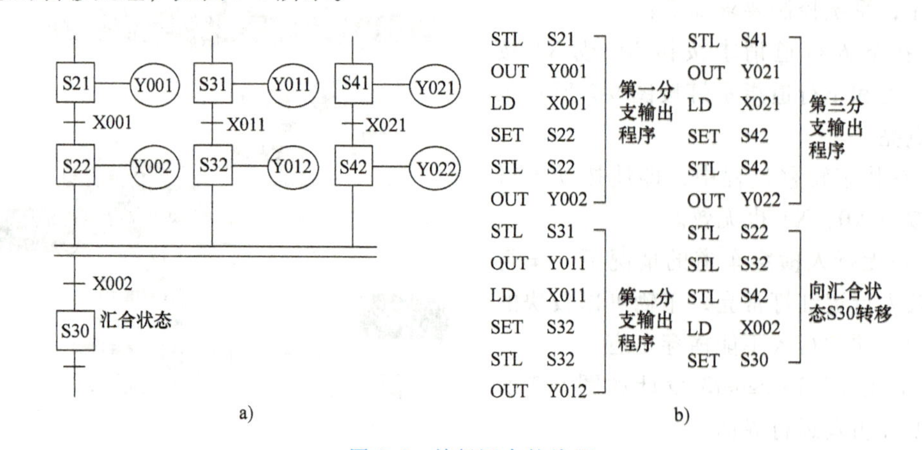

图 9-6 并行汇合的编程

a）汇合状态 S30 b）并行汇合状态编程

二、并行分支、汇合编程应注意的问题

1）并行分支的汇合最多能实现 8 个分支的汇合，如图 9-7 所示。

2）并行分支与汇合流程中，并联分支后面不能使用选择转移条件※，在转移条件 * 后不允许并行汇合，如图 9-8a 所示，应改成图 9-8b 后，方可编程。

三、SFC 并行流程图编程

当转换条件满足时会导致几个序列同时激活，这些序列称为并行序列。为了强调转换的同步实现，连线用双水平线表示。图 9-9 所示为并行序列功能表图及其梯形图程序，并行序列的开始也称为分支，如图中 X1。当 S30 处于活动步时，若 X1 条件满足，同时激活 S31 步和 S33 步。并行序列的结束称为合并（汇合），当直接连在双线上的所有前级步 S32、S34 都处于活动状态，并且转换条件 X4 满足时，才会发生转移，激活 S35 步。

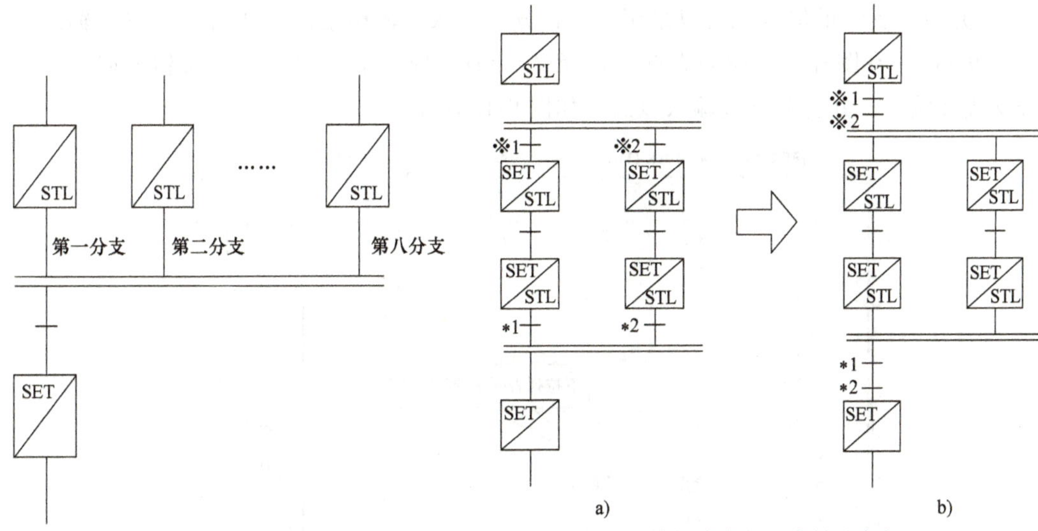

图 9-7　并行分支汇合数的限制

图 9-8　并行分支与汇合转移条件的处理

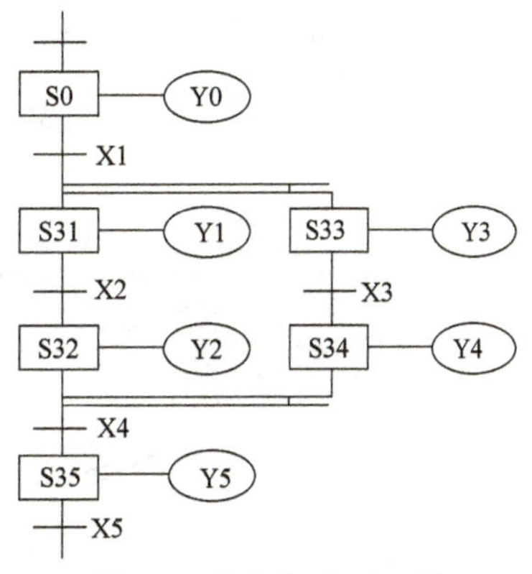

图 9-9　并行序列 SFC 图

（1）并行分支线的输入　在 GX Works2 软件中，输入并行分支有两种方法。

1）控制要求 X1 触点接通状态发生转移，将光标移到条件 0 方向线的上方，单击工具栏中的并行分支写入按钮或者按<Alt+F8>键，使并行分支写入按钮处于按下状态，在光标处按住鼠标左键横向拖动，直到出现一条细蓝线，放开左键，这样一条并行分支线就被输入，如图 9-10 所示。注意：在用鼠标操作进行划线写入时，只有出现蓝色细线才可以放开左键，否则将输入失败。

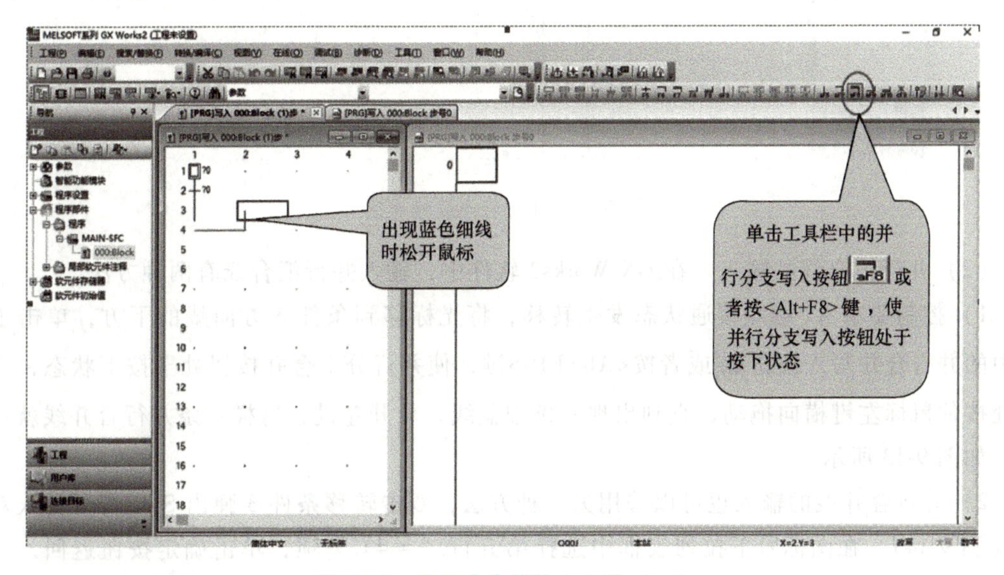

图 9-10　并行分支线输入方法（一）

2）并行分支线的输入也可以采用另一种方法，双击转移条件 1 弹出 SFC 符号输入对话框（图 9-11）。在图标号下拉列表框中选择“= =D”项，单击“确定”按钮返回，一条并行分支线被输入。并行分支线输入以后，如图 9-12 所示。

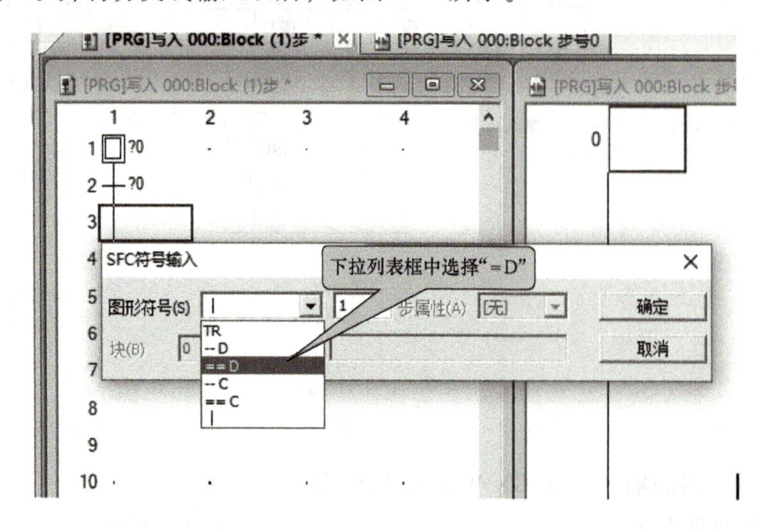

图 9-11　并行分支线的输入方法（二）

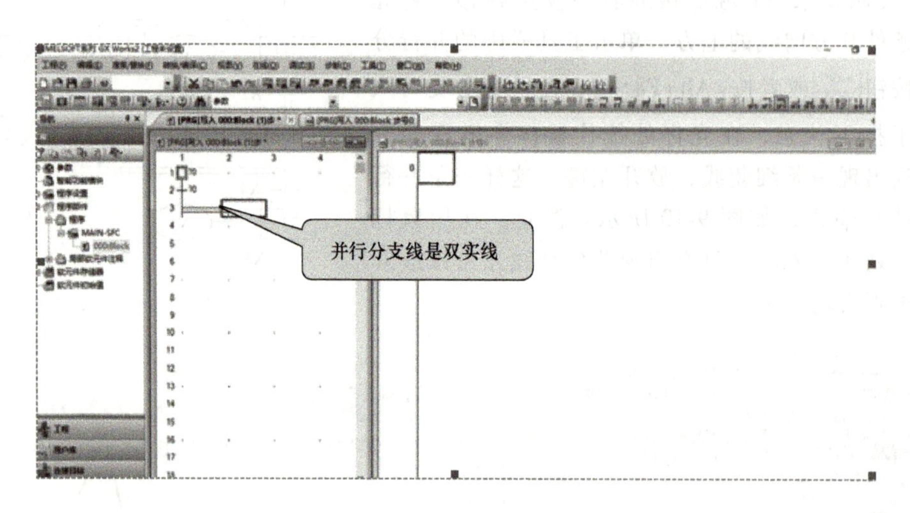

图 9-12　并行分支线输入后

（2）并行汇合线的输入　在 GX Works2 软件中，输入并行汇合线有两种方法。

1）控制要求 X1 触点接通状态发生转移，将光标移到条件 3 方向线的下方，单击工具栏中的并行合并写入按钮 或者按<Alt+F10>键，使并行分支合并按钮处于按下状态，在光标处按住鼠标左键横向拖动，直到出现一条细蓝线，放开左键，这样一条并行合并线就被输入，如图 9-13 所示。

2）并行合并线的输入也可以采用另一种方法，双击转移条件 3 弹出 SFC 符号输入对话框（图 9-14）。在图标号下拉列表框中选择第五行“= =C”项，单击确定按钮返回，一条并行合并线被输入。并行合并线输入以后，如图 9-15 所示。

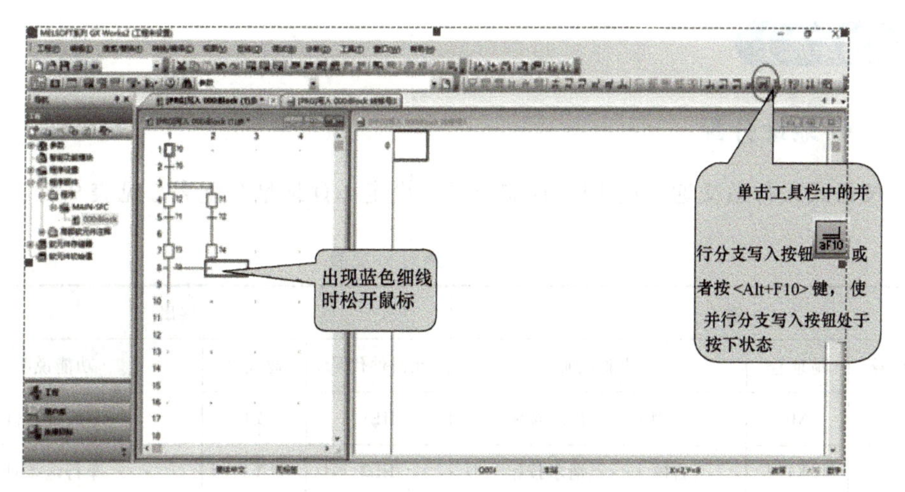

图 9-13　并行合并线输入方法（一）

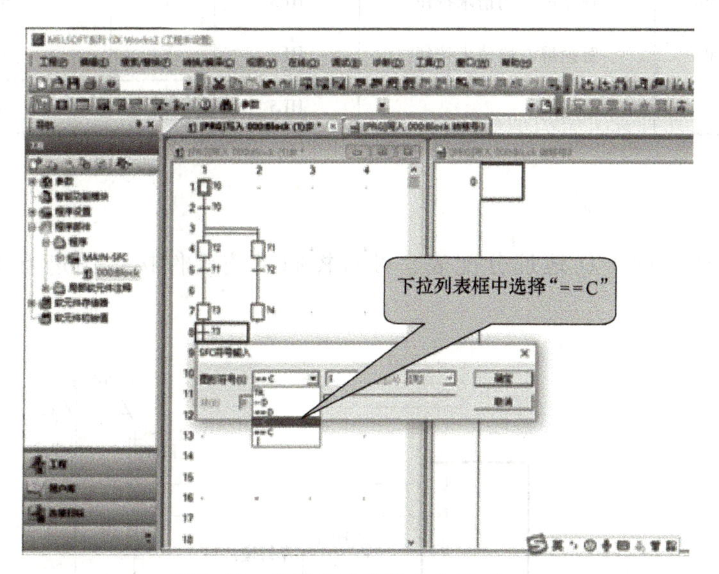

图 9-14　并行合并线输入方法（二）

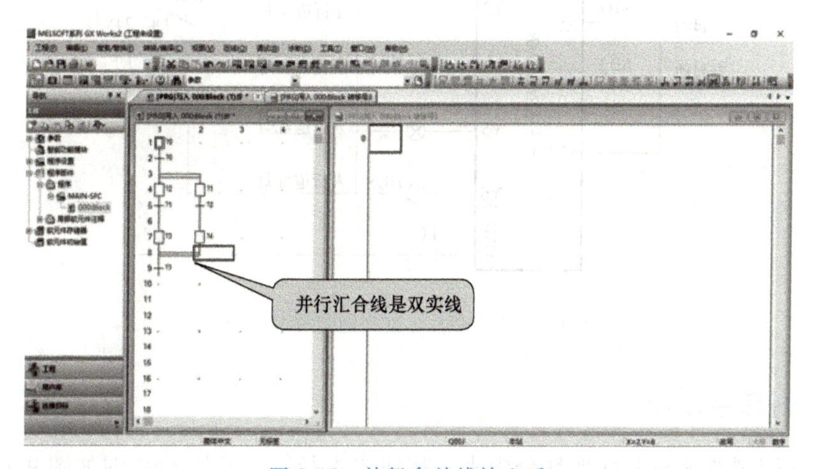

图 9-15　并行合并线输入后

【项目实施】

一、I/O 地址分配

根据按钮式人行道交通灯的 PLC 控制要求，设定 I/O 地址分配表，见表 9-1。

表 9-1 I/O 地址分配表

输入			输出		
元器件代号	地址号	功能说明	元器件代号	地址号	功能说明
SB1	X0	左侧人行道请求按钮	HL1	Y1	车行道红灯
SB2	X1	右侧人行道请求按钮	HL2	Y2	车行道黄灯
	M0	触摸屏左侧请求按钮	HL3	Y3	车行道绿灯
	M1	触摸屏右侧请求按钮	HL4	Y4	人行道红灯
			HL5	Y5	人行道绿灯

二、硬件接线图设计

根据表 9-1 所示的 I/O 地址分配表，可对控制系统硬件接线图进行设计，如图 9-16 所示。

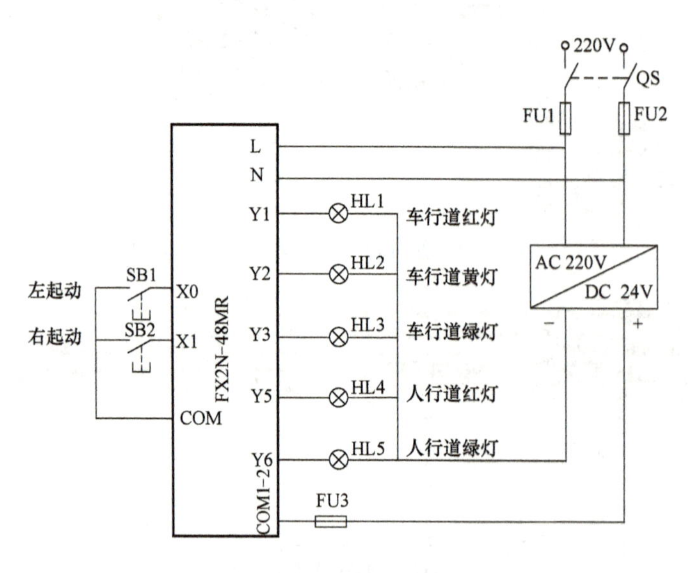

图 9-16 按钮式人行道交通灯硬件接线图

三、控制程序设计

根据系统控制要求和 I/O 地址分配表，按钮式人行道交通灯 SFC 图如图 9-17 所示。

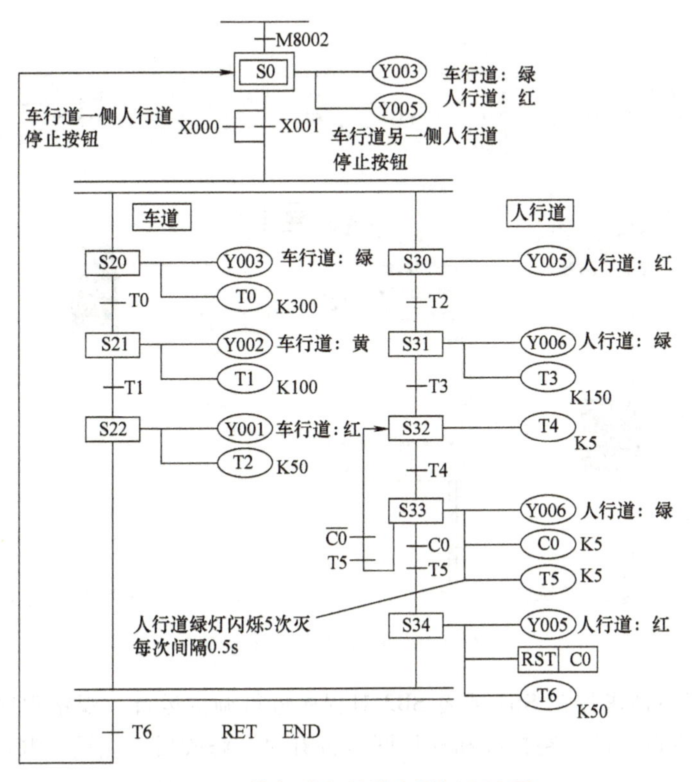

图 9-17　按钮式人行道交通灯 SFC 图

扫描下方二维码可查看本项目微课讲解及控制程序梯形图文档。

按钮式人行横道交通灯控制程序微课

人行道按钮交通灯控制程序梯形图

四、程序输入、仿真调试及运行

1）在 GX Works2 中完成按钮式人行道交通灯控制程序。

2）利用 GX Works2 调试功能完成程序仿真运行，测试功能是否达到设计要求，如不能达到设计要求，应进行相应修改，直至仿真结果与系统设计要求一样。图 9-18 所示为程序仿真调试界面。

3）将 PLC 运行模式选择开关拨到“STOP”位置，此时 PLC 处于停止状态，可以进行程序的编写。

4）执行“在线”→“PLC 写入”，将程序文件下载到 PLC。

5）将 PLC 运行模式选择开关拨到“RUN”位置，使 PLC 处于运行状态。

6）单击菜单栏“在线”→“监视”→“监视模式”，监控运行中各输入、输出器件的通断状态。

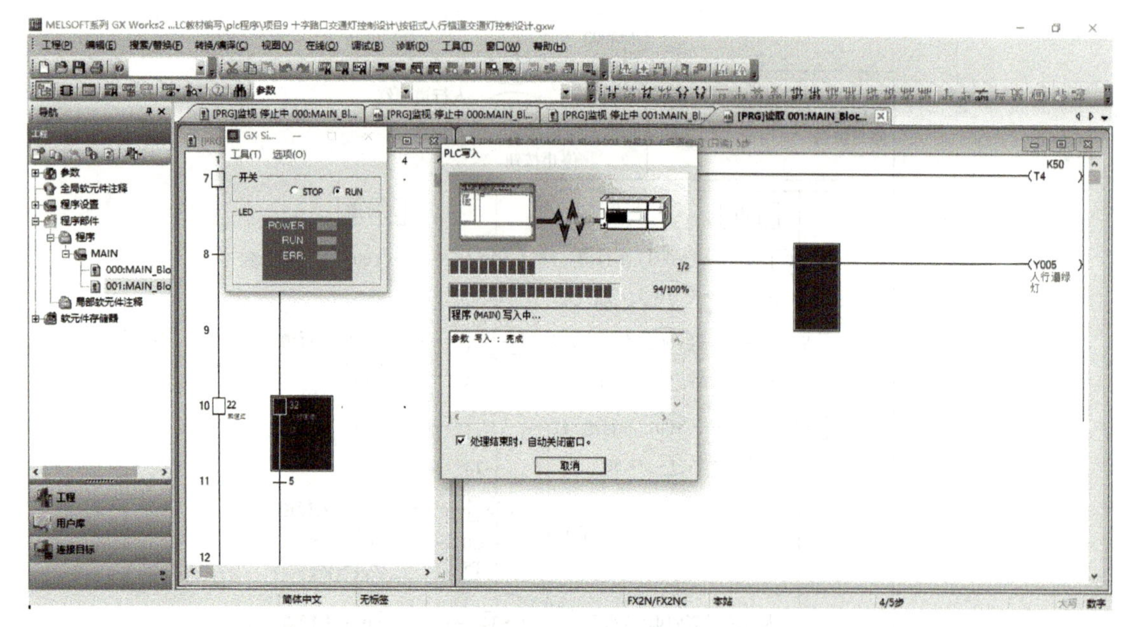

图 9-18 程序仿真调试界面

7）按下人行道请求按钮 SB1 或者 SB2 对程序进行调试运行，观察程序运行情况。若出现故障，应分别检查硬件电路接线和梯形图是否有误，修改后，应重新调试，直至系统按要求正常工作。

8）打开 GT Designer3 仿真运行触摸屏程序，结合 PLC 验证程序。图 9-19 所示为触摸屏仿真运行界面。

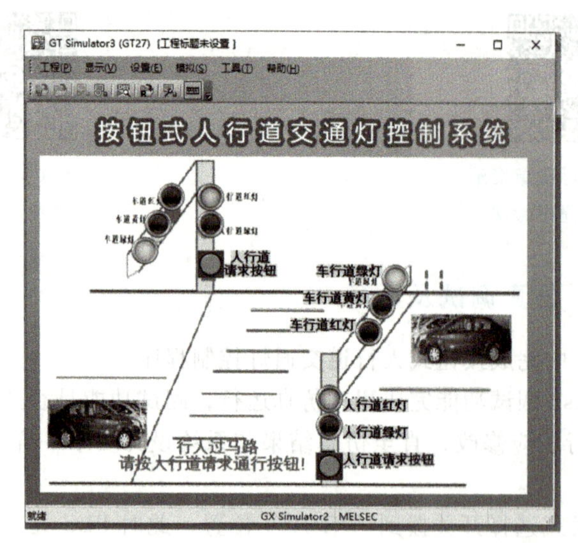

图 9-19 触摸屏仿真运行界面

【项目评价】

填写项目评价表，见表 9-2。

表 9-2　项目评价表

评价方式	项目内容	评分标准	配分	得分
自我评价	PLC 程序设计	1. 编制程序，每出现一处错误扣 1~2 分 2. 分析工作过程原理，每出现一处错误扣 1~2 分	30	
	GX Works2 使用	1. 输入程序，每出现一处错误扣 1~2 分 2. 程序运行出错，每次扣 3 分	30	
	PLC 连接与使用	1. 安装与调试，每出现一处错误扣 3 分 2. 使用与操作，每出现一处错误扣 3 分	20	
	安全文明操作	1. 违反操作规程，产生不安全因素，视情况扣 5~10 分 2. 迟到、早退、工作场地不清洁，每次扣 3~5 分	20	
签名		总分 1（自我评价总分×40%）		
小组评价	实训记录与自我评价情况		20	
	对实训室规章制度的学习与掌握情况		20	
	团队协作能力		20	
	安全责任意识		20	
	能否主动参与整理工具、器材与清洁场地		20	
参评人员签名		总分 2（小组评价总分×30%）		
教师评价				
教师签名			教师评分（30）	
总分（总分 1+总分 2+教师评分）				

【复习与思考题】

1. （多选）关于并列性分支的表述正确的是（　　）。

A. 在步进多流程控制中，当满足某个条件后，若有多个分支流程同时执行的分支

B. 当转移条件满足时，同时执行几个分支，当所有分支都执行结束后，若转移条件满足，再转向汇合状态

C. 当满足对应转换条件时激活所有的分支

D. 在同一时刻只允许选择一条分支，即不能同时转移到几条分支

2. 将图 9-20 所示顺序功能图采用步进指令编程。

3. 并行性分支编程原则是先集中处理（　　）状态，然后再集中处理（　　）状态。

4. 将图 9-21 所示顺序功能图采用步进指令编程。

5. 在 GX Works2 中 SFC 编程时，工具栏中图标表示（　　）。

A. 选择分支写入　　　B. 选择合并写入

C. 并列分支写入　　　D. 并列合并写入

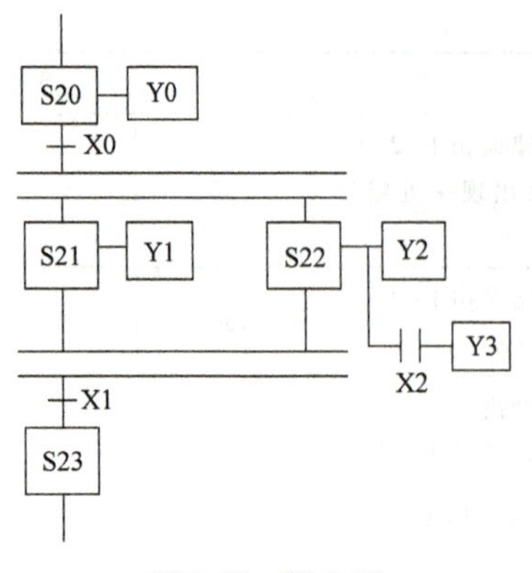

图 9-20　题 2 图

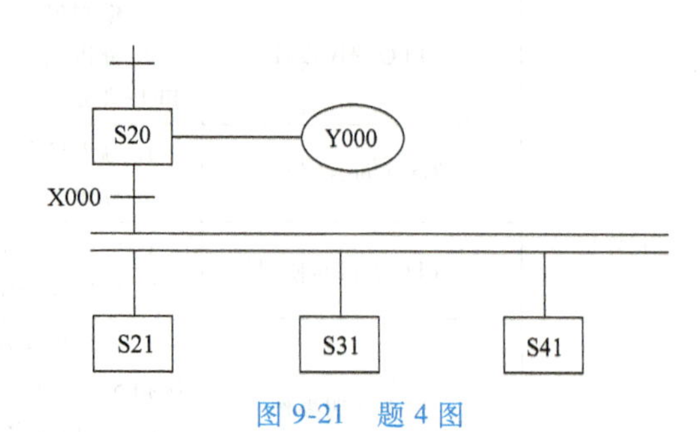

图 9-21　题 4 图

6. 在 GX Works2 中 SFC 编程时，工具栏中图标表示（　　）。

A. 选择分支写入　　B. 选择合并写入

C. 并列分支写入　　D. 并列合并写入

7. 在 GX Works2 中 SFC 编程时，图形符号“==D”表示（　　）。

A. 选择分支写入　　B. 选择合并写入

C. 并列分支写入　　D. 并列合并写入

8. 在 GX Works2 中 SFC 编程时，图形符号“==C”表示（　　）。

A. 选择分支写入　　B. 选择合并写入

C. 并列分支写入　　D. 并列合并写入

9. 在 GX Works2 中完成按钮式人行道红绿灯系统的程序。

10. 在 GT Designer3 中完成按钮式人行道红绿灯系统的仿真界面。

11. 如何在 GT Designer3 界面设计中实现红绿灯倒计时显示？编写对应的 PLC 程序。

项目十　全功能物料搬运机械手控制设计

【学习目标】

1）掌握 IST 指令编程方法及注意事项。

2）了解全功能物料搬运机械手的工作原理及程序设计方法。

3）了解全功能操作模式的工作原理及实施要点。

4）了解 ALT 指令实现单按钮控制的启动和停止程序。

5）能熟练掌握 GX Works2 程序输入、仿真、下载等操作技能。

6）能熟练掌握 GT Designer3 人机交互界面设计及仿真调试等操作技能。

【重点与难点】

IST 指令编程方法。

【项目分析】

物料搬运机械手移送工件的机械系统图如图 10-1 所示，用于将工作台 *A* 点的工件搬运到工作台 *B* 点上。机械手的全部动作由电磁阀控制启动回路实现，其上升/下降、左移/右移运动由三位五通电磁阀控制，夹紧用二位五通电磁阀控制。物料搬运机械手移送工件顺序图如图 10-2 所示。

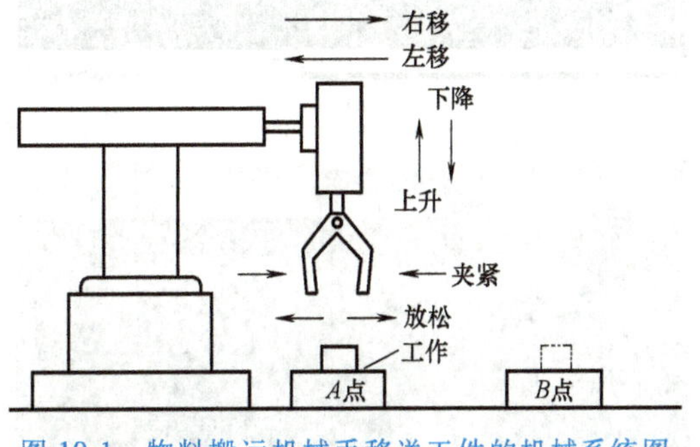

图 10-1　物料搬运机械手移送工件的机械系统图

请用 FX2N 系列 PLC，应用 IST 指令编制全功能物料搬运机械手控制程序，系统控制要求如下：

1）系统具备手动和自动运行状态。

2）能用按钮和触摸屏按钮共同操作手动状态。

3）机械手在原点位置（指示灯亮），按下启动按钮，机械手下降到下极限位置（工作台 *A* 点），夹紧机械手夹取工件（延时 2s），2s 后机械手上升，上升至上极限位置，机械手向右移动，移动到右极限位置后机械手下降，机械手下降到下极限位置（工作台 *B* 点），夹紧机械手放松工件（延时 2s），2s 后机械手上升，上升至上极限位置，机械手向左移动，移

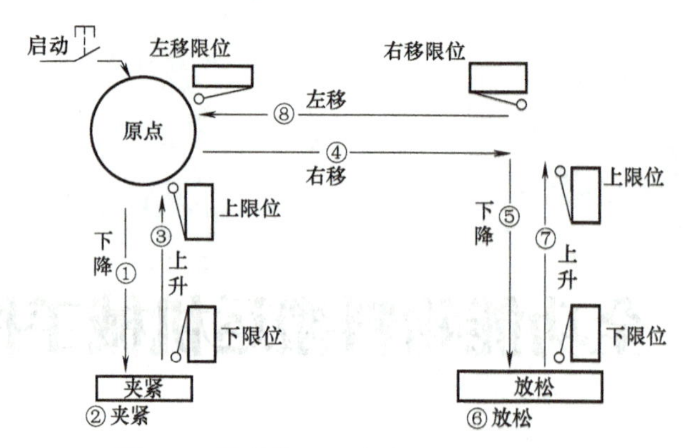

图 10-2　物料搬运机械手移送工件顺序图

动到左极限位置开始搬运下一个工件。

4）应用 GT Designer3 设计如图 10-3 所示的触摸屏仿真运行界面。

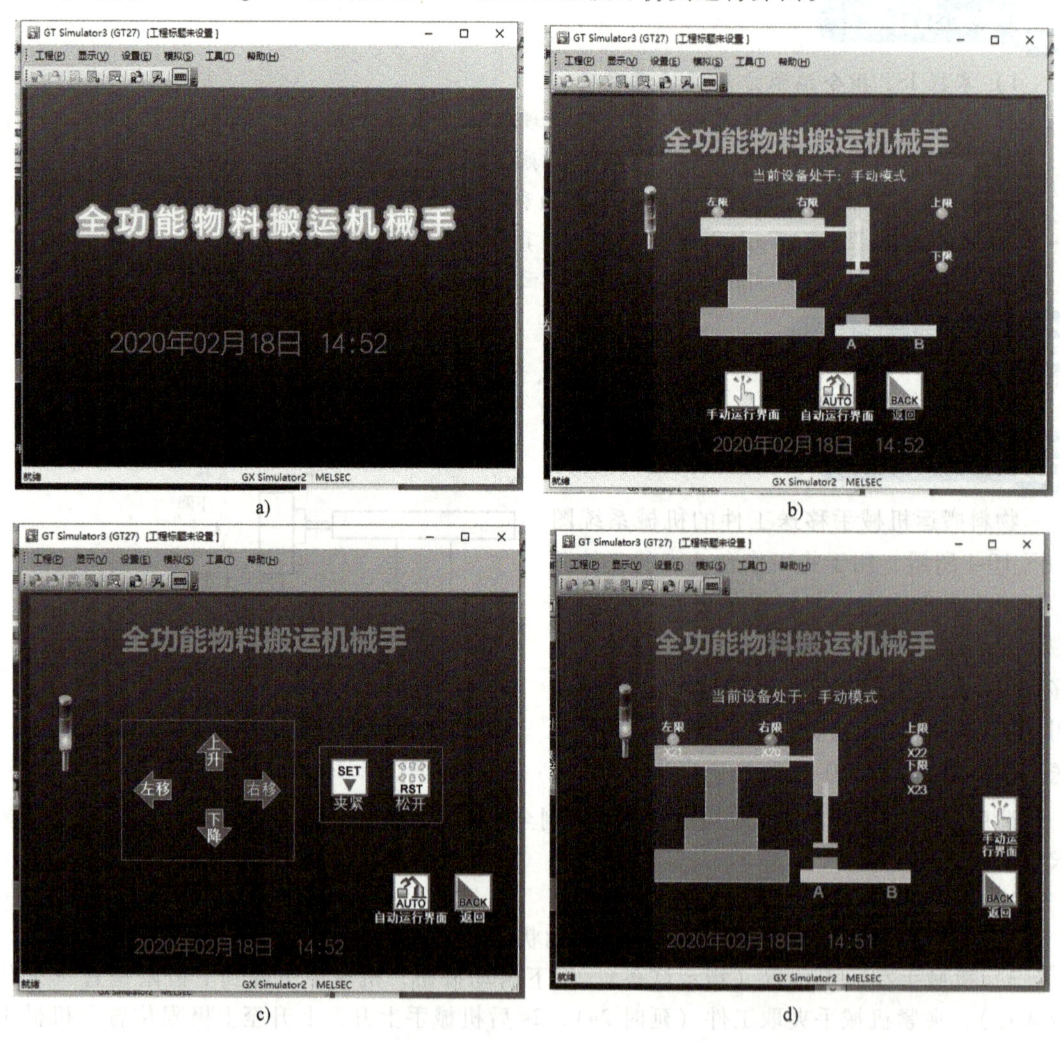

图 10-3　全功能物料搬运机械手触摸屏仿真运行界面

a）触摸屏开机画面　b）系统运行主界面　c）手动运行界面　d）自动运行界面

【相关知识】

一、全功能操作方式

机械手的操作分为手动方式和自动方式。手动方式主要用于设备的调试，有手动操作和回原点两种选择。自动方式用于设备的自动运行，可分为单步运行、单周期运行和连续运行三种方式。机械手的运行方式及功能见表 10-1。

表 10-1　机械手的运行方式及功能

运行方式		功能
手动	手动	用各自的按钮使各个负载单独接通或断开
	回原点	该方式按回原点按钮时，机械手自动向原点回归
自动	单步运行	按一次启动按钮，前进一个工步或工序
	单周期运行	在原点位置按启动按钮，自动运行一遍再在原点停止。若中途按停止按钮就停止运行；再按启动按钮，从断点处开始继续运行，回到原点自动停止
	连续运行	在原点位置按启动按钮，自动连续反复运行；若中途按停止按钮，动作将继续到原点为止才停止

二、方便指令

方便指令有初始化指令 IST（FNC60）、数据搜索指令 SER（FNC61）、绝对值式凸轮顺控指令 ABSD（FNC62）、增量式凸轮顺控指令 INCD（FNC63）、示教定时指令 TIMR（FNC64）、特殊定时器指令 STMR（FNC65）、交替输出指令 ALT（FNC66）、斜坡信号指令 RAMP（FNC67）、旋转工作台控制指令 ROTC（FNC68）和数据排序指令 SORT（FNC69），共 10 条，方便指令在程序中以简单的指令形式实现复杂的控制过程。

（1）状态初始化指令　状态初始化指令属于三菱 PLC 的功能指令，主要方便多操作方式控制系统的步进程序设计，实现自动设定与各个运行方式相对应的初始指令。IST 指令与 STL 指令结合使用，专门用来开发具有多种工作方式控制系统。用户不必考虑多种工作方式之间的切换。可专心设计手动、原点回归和自动程序，从而简化设计工作，节省设计时间。

状态初始化指令的功能编号为 FNC60，助记符为 IST，该指令用于状态转移图和步进梯形图的状态初始化设定。[S·] 表示运行状态切换开关的起始号码（输入首元件号），[D1·] 表示运行的步进点号码，[D2·] 表示运行结束的步进点号码。状态初始化指令的使用示例如图 10-4 所示。

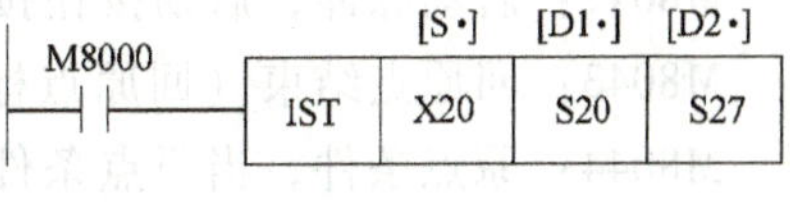

M8000
[S·]　[D1·]　[D2·]
IST　X20　S20　S27

图 10-4　状态初始化指令的使用示例

1）设置状态初始化（IST）指令后，PLC 自动指定各操作方式的输入元件，在图 10-4 中，设置了输入首元件号为 X20，X20~X27 的各个输入端子自动设置为表 10-2 所列功能。为使 X20~X24 不会同时接通，必须使用转换开关 SA 切换。

如果无法指定连续编号或省略部分模式，则需使用辅助继电器（M），重新安排输入编号，重新安排输入编号应用如图 10-5 所示。

表 10-2　IST 指令自动设置功能

输入号	功能	输入号	功能	输入号	功能	输入号	功能
X20	手动	X22	单步运行	X24	连续运行	X26	自动启动
X21	回原点	X23	单周期运行	X25	回原点启动	X27	停止

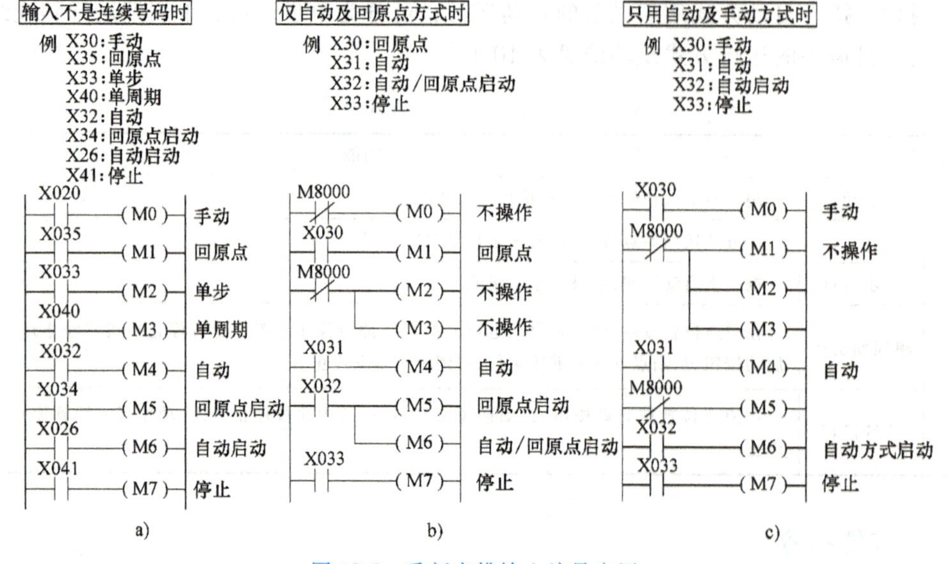

图 10-5　重新安排输入编号应用

2）初始化状态指定。执行 IST 指令后，PLC 自动指定各操作方式的起始状态元件。

S0：手动初始状态。

S1：回原点初始状态。

S2：自动运行初始状态。

在编写各操作方式相应的步进控制程序时，必须从上述指定的初始状态开始编程。

3）相应特殊辅助继电器。执行 IST 指令后，相应特殊辅助继电器就自动指定为如下功能：

M8040：禁止转移，该特殊辅助继电器接通则禁止所有状态进行转移。

M8041：开始转移，该特殊辅助继电器接通，是从初始状态 S2 向下转移的转移条件辅助继电器。

M8042：启动脉冲，启动按钮按下时，该特殊辅助继电器瞬时接通一个扫描周期。

M8043：回原点结束（回原点标志），当回原点结束时，由用户编程控制其接通。

M8044：原点条件，当原点条件满足时，由用户编程控制其接通。

M8045：禁止输出复位，该特殊辅助继电器接通则服务所有状态进行转移。

M8047：STL 监控有效，并将正在动作的状态序号（S0~S899）按从小到大的顺序存入特殊辅助继电器 M8040~M8047 中。由此可以监控 8 点的动作状态序号。此外，这些状态任何一个动作，特殊辅助继电器 M8046 将动作。

4）状态初始化指令的使用注意事项。

① 当使用 IST 指令时，S10~S19 被认定为原点复归状态的专属区域，不可作其他用途。

② 与 IST 指令有特殊关系的特殊辅助继电器：M8040 移行禁止；M8041 步进点移行开始；M8042 步进点启动脉冲；M8047 步进点监视。

③ 源操作数可取 X、Y、M，目标操作数只能为 S，只可指定 S20~S899，[D1·]<[D2·]。

④ IST 指令 16 位操作，占 7 个程序步。

（2）交替输出指令（ALT）　交替输出指令的功能编号为 FNC66，助记符为 ALT，该指令相当于一个二分频电路或由一个按钮控制负载启动和停止的电路。交替输出指令的使用示例如图 10-6 所示。

在图 10-6 的基础上，如果再用 M0 作为一输入条件驱动 M1，则可构成多级分频输出，如图 10-7 所示。

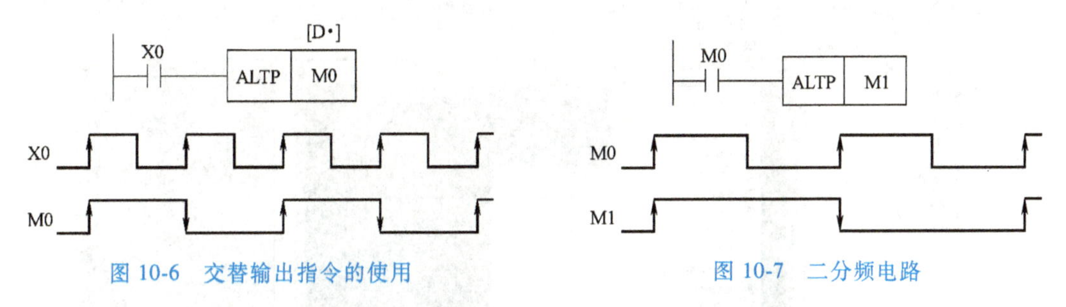

图 10-6　交替输出指令的使用　　图 10-7　二分频电路

交替输出指令的使用注意事项：

1）使用连续执行型指令时，每个扫描周期都反向动作（状态翻转）。

2）目标操作数［D·］可取 Y、M 和 S。

3）ALT（P）为 16 位运算指令，占 3 个程序步。

【案例 1】　单按钮控制启动/停止如图 10-8 所示。

图 10-8 的工作原理为：当 X0 由 OFF 变 ON 时，M0 得电，使 Y0 输出为 ON；当 X0 再次由 OFF 变 ON 时，M0 失电，使 Y1 输出为 ON。

【案例 2】　闪烁动作程序如图 10-9 所示。

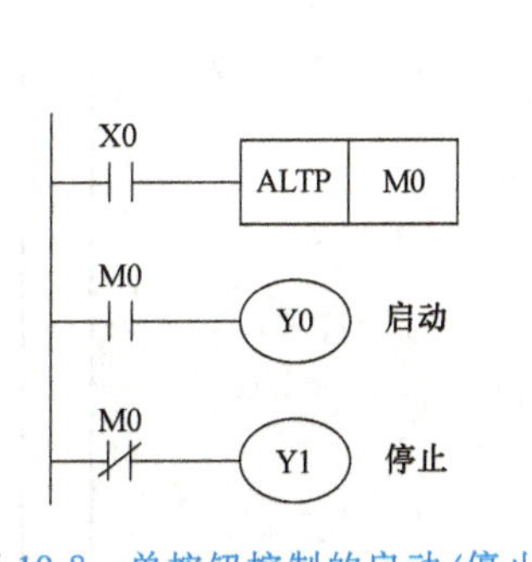

图 10-8　单按钮控制的启动/停止

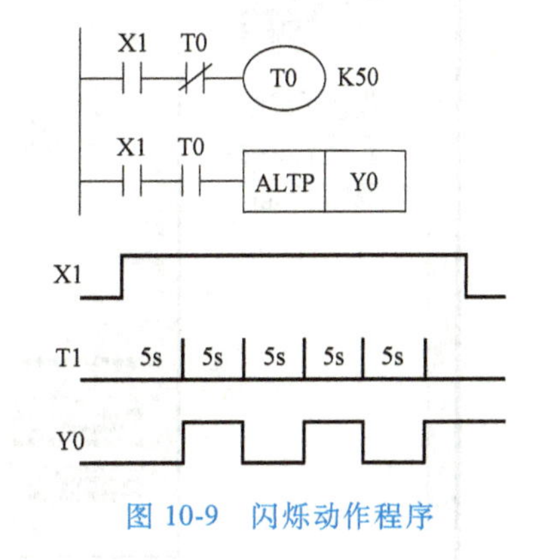

图 10-9　闪烁动作程序

图 10-9 的工作原理为：当 X1 为由 OFF 变 ON，T0 得电开始计时 5s，当 5s 计时完成的瞬间，Y0 输出为 ON。由于 T0 线圈得电，使其常闭触点断开，使 T0 断电，T0 的常闭触点又闭合重新开始计时，Y0 输出为 OFF。由此，Y0 在 X1 按下 5s 后输出、输出 5s 又停止输出，依次循环，形成闪烁动作。

其他方便指令在此不作详细介绍，请读者自行查阅相关资料学习。

三、三菱触摸屏动态文本设计

在三菱触摸屏的应用中，通常会需要显示一些动态的文本来形象地表示设备目前的工作过程。该功能可以在三菱触摸屏上使用动态文本的方式来实现。具体操作方法如下：

1）首先建立一个注释，单击软件菜单栏“公共设置”→“注释”→“打开”，如图 10-10 所示，双击“新建”，显示如图 10-11 所示注释组属性页面，建立相应的注释，如图 10-12 所示。

图 10-10　打开注释设置方法

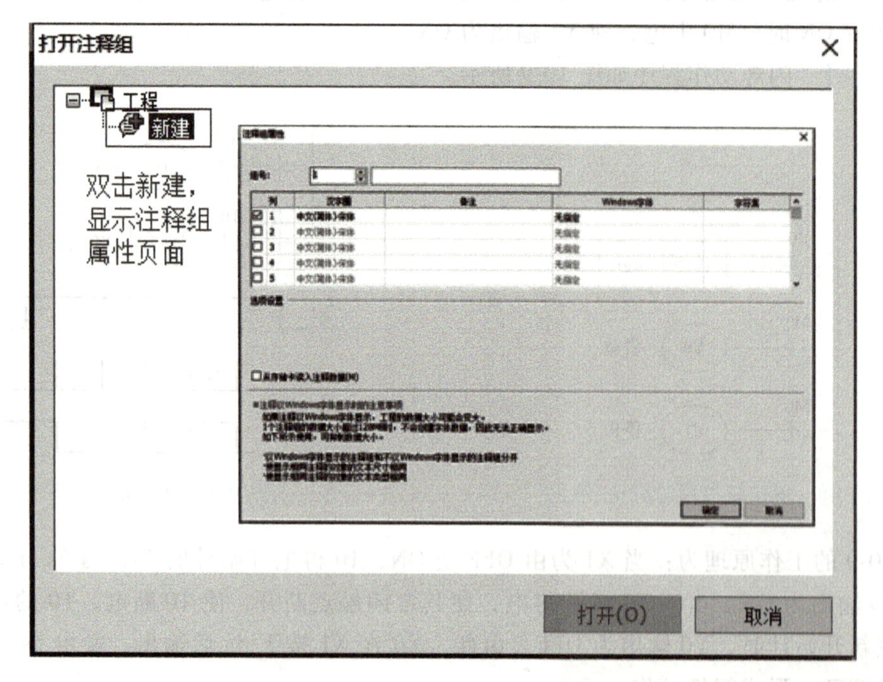

图 10-11　注释组属性页面

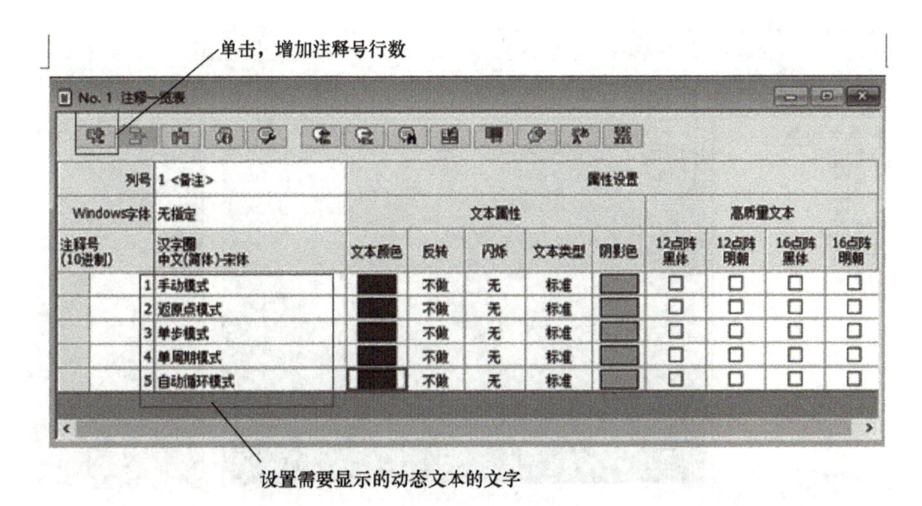

图 10-12　注释设置

2）注释建立完成后，在触摸屏里的组态注释显示界面，单击三菱触摸屏编程软件 GT designer3 中的菜单栏里面的“对象”选项，选择“注释显示”中的“字注释”，如图 10-13 所示，接着在画面上拖出一块区域，这块区域就是用来显示动态文本的，如图 10-14 所示。

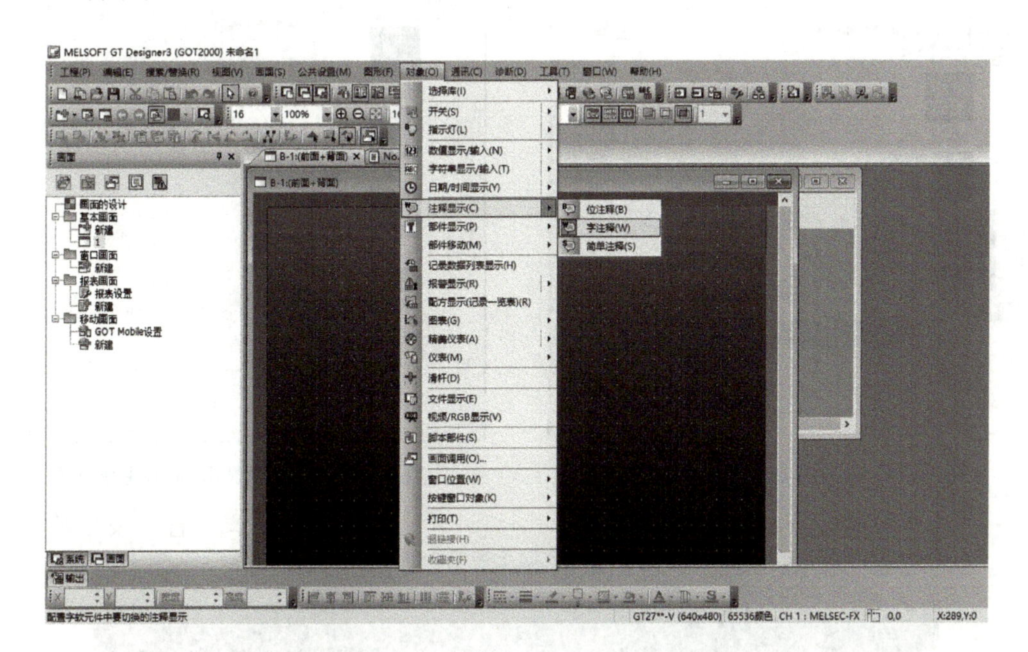

图 10-13　打开字注释显示方法

3）双击图 10-14 中拖出来的区域进行组态，组态“关连”变量并设定相应的显示状态，如图 10-15 和图 10-16 所示。

4）组态完成后，只需要在三菱 PLC 程序运行不同状态的时候赋予 D0 相应的值，例如系统处于单步模式阶段，只需要把 3 给入到 D0，运行界面如图 10-17 所示。

图 10-14　新建字注释显示元件

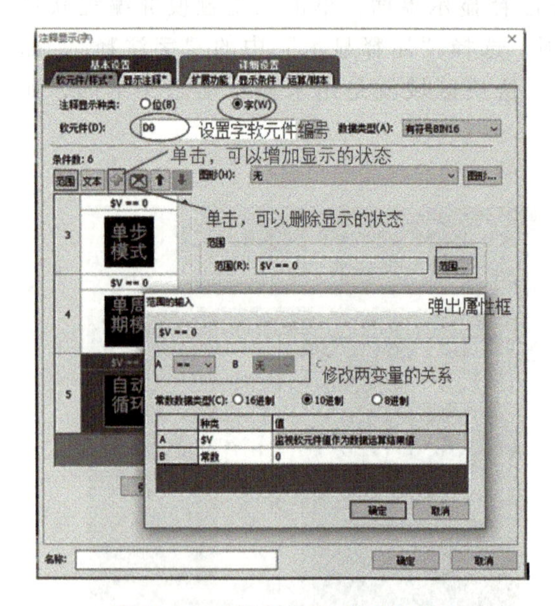

图 10-15　字注释显示-软元件设置

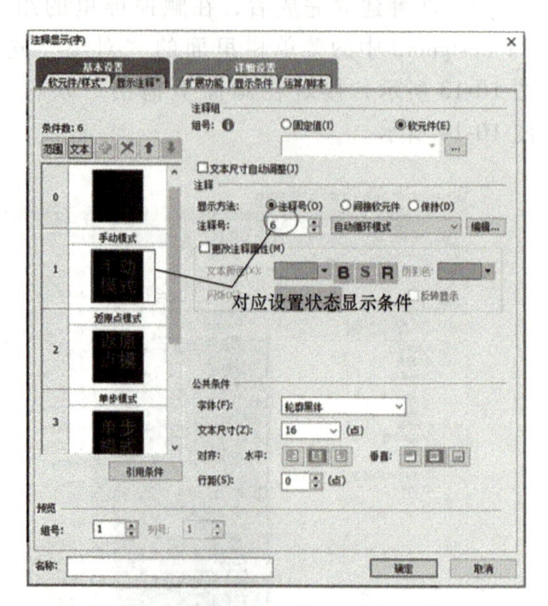

图 10-16　字注释显示-显示注释设置

图 10-17　动态显示文本运行

【项目实施】

一、I/O 地址分配

根据物料搬运机械手的 PLC 控制要求，设定 I/O 地址分配表，见表 10-3。

表 10-3　I/O 地址分配表

输入				输出	
地址号	功能	地址号	功能	地址号	功能
X10	手动	X20	右极限开关	Y0	右行电磁阀
X11	回原点	X21	左极限开关	Y1	左行电磁阀
X12	单步运行	X22	上极限开关	Y2	上升电磁阀
X13	单周期运行	X23	下极限开关	Y3	下降电磁阀
X14	连续运行	X2(M8)	夹紧按钮	Y4	夹紧电磁阀
X15	回原点启动	X3(M9)	放松按钮	Y5	原点指示灯
X16	循环启动	X4(M4)	上升按钮		
X17	停止	X5(M5)	下降按钮		
X7(M7)	左行按钮	X6(M6)	右行按钮		

二、控制程序设计

根据系统控制要求和 I/O 地址分配表，物料搬运机械手 SFC 图如图 10-18～图 10-21 所示。

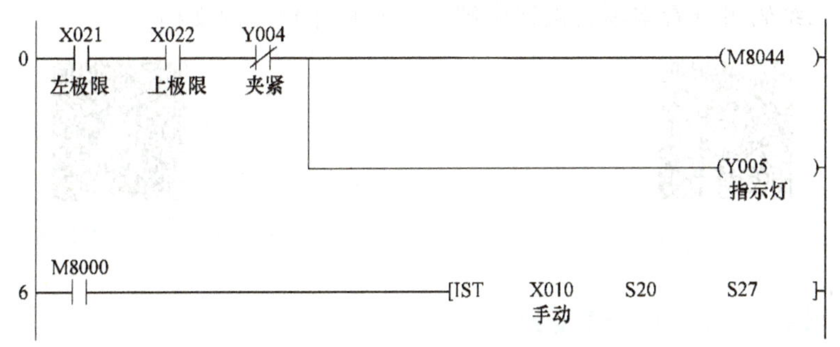

图 10-18　物料搬运机械手初始化程序

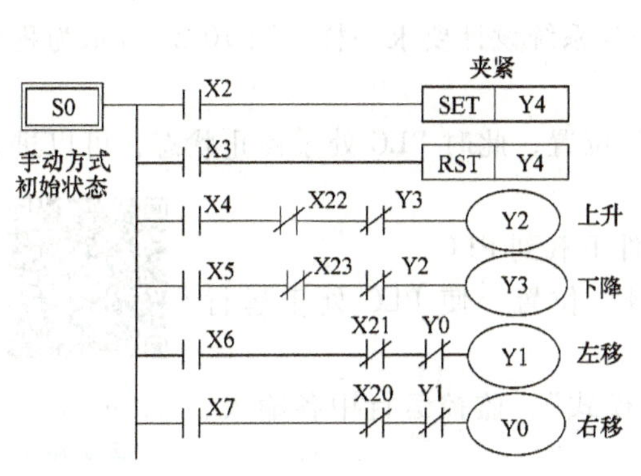

图 10-19　物料搬运机械手手动方式 SFC 图

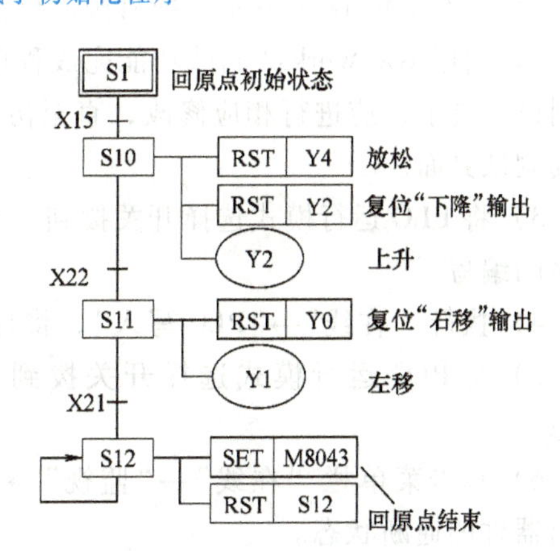

图 10-20　物料搬运机械手回原点方式 SFC 图

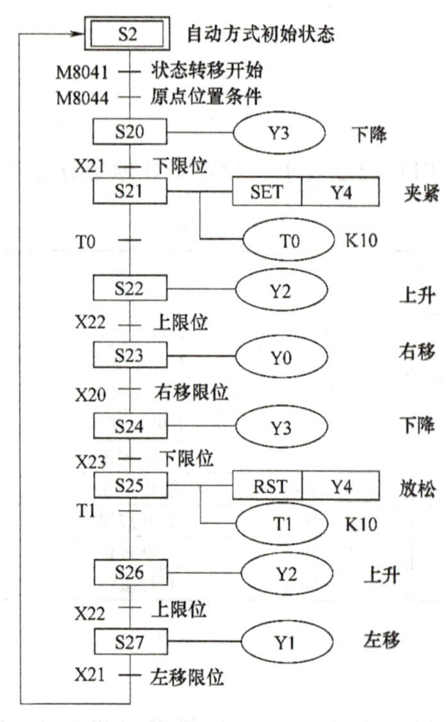

图 10-21　物料搬运机械手自动运行方式 SFC 图

扫描下方二维码可查看本项目微课讲解及控制程序梯形图文档。

全功能搬运机械手程序微课

全功能搬运机械手程序梯形图

三、程序输入、仿真调试及运行

1）在 GX Works2 中完成物料搬运机械手控制程序。

2）利用 GX Works2 调试功能完成程序仿真运行，测试功能是否达到设计要求，如不能达到设计要求，应进行相应修改，直至仿真结果与系统设计要求一样。图 10-22 所示为程序仿真调试界面。

3）将 PLC 运行模式选择开关拨到“STOP”位置，此时 PLC 处于停止状态，可以进行程序的编写。

4）执行“在线”→“PLC 写入”，将程序文件下载到 PLC。

5）将 PLC 运行模式选择开关拨到“RUN”位置，使 PLC 处于运行状态。

6）单击菜单栏“在线”→“监视”→“监视模式”，监控运行中各输入、输出器件的通断状态。

7）按下物料搬运机械手的功能按钮对程序进行调试运行，观察程序运

全功能物料搬运机械手仿真微课

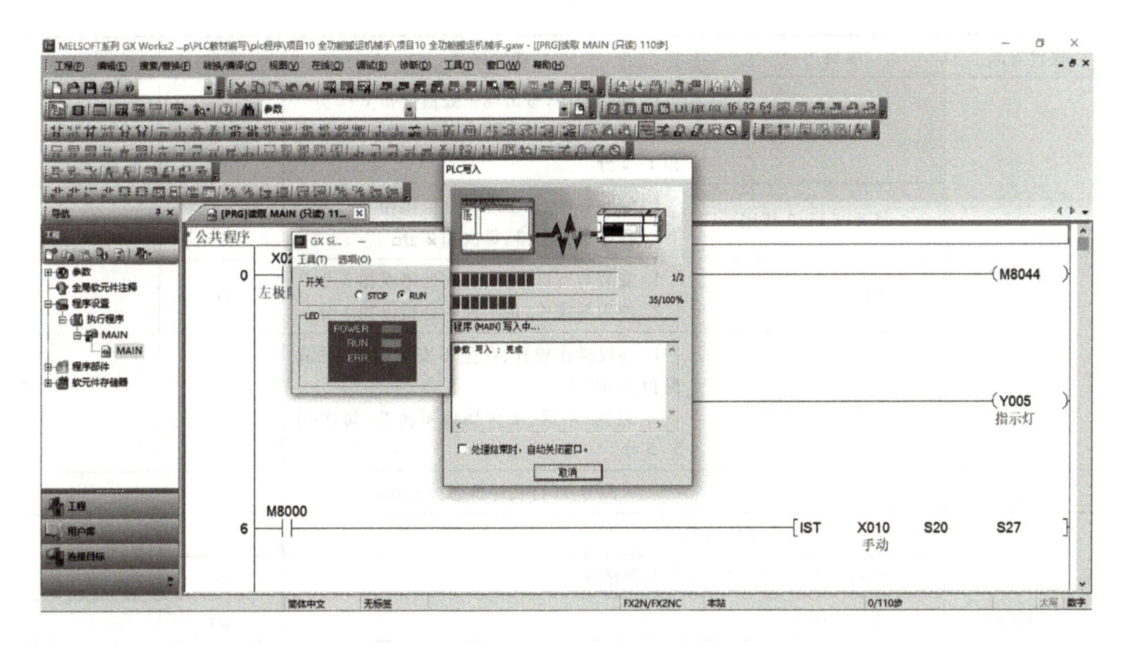

图 10-22　程序仿真调试界面

行情况。若出现故障，应分别检查硬件电路接线和梯形图是否有误，修改后，应重新调试，直至系统按要求正常工作。

8）打开 GT Designer3 仿真运行触摸屏程序，结合 PLC 验证程序。图 10-23 和图 10-24 所示为触摸屏仿真运行界面。

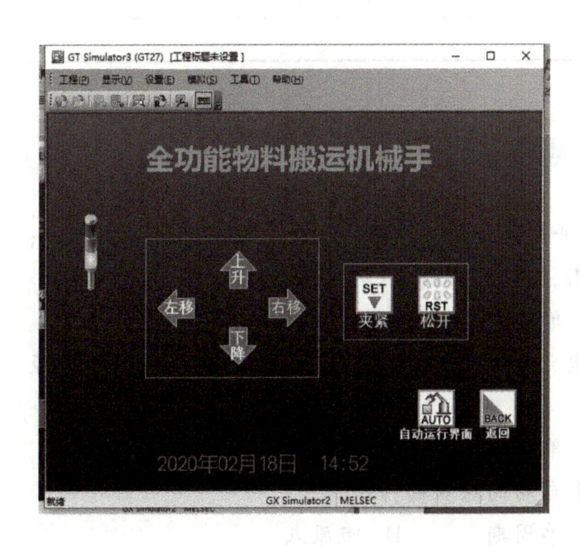

图 10-23　自动模式仿真运行界面

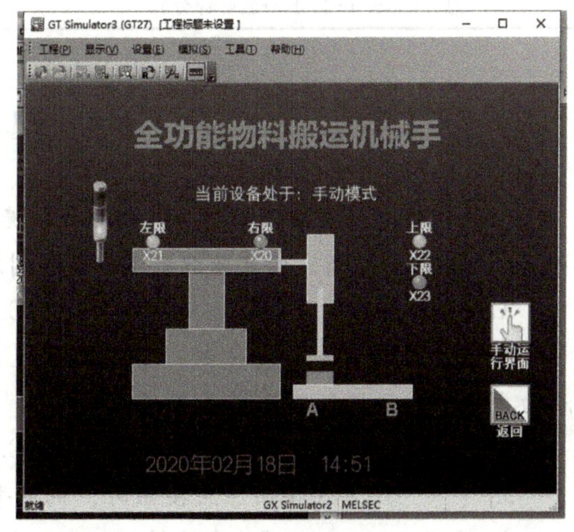

图 10-24　手动模式仿真运行界面

【项目评价】

填写项目评价表，见表 10-4。

表 10-4　项目评价表

评价方式	项目内容	评分标准	配分	得分
自我评价	PLC 程序设计	1. 编制程序，每出现一处错误扣 1~2 分 2. 分析工作过程原理，每出现一处错误扣 1~2 分	30	
	GX Works2 使用	1. 输入程序，每出现一处错误扣 1~2 分 2. 程序运行出错，每次扣 3 分	30	
	PLC 连接与使用	1. 安装与调试，每出现一处错误扣 3 分 2. 使用与操作，每出现一处错误扣 3 分	20	
	安全文明操作	1. 违反操作规程，产生不安全因素，视情况扣 5~10 分 2. 迟到、早退、工作场地不清洁，每次扣 3~5 分	20	
签名		总分 1(自我评价总分×40%)		
小组评价	实训记录与自我评价情况		20	
	对实训室规章制度的学习与掌握情况		20	
	团队协作能力		20	
	安全责任意识		20	
	能否主动参与整理工具、器材与清洁场地		20	
参评人员签名		总分 2(小组评价总分×30%)		
教师评价				
教师签名		教师评分(30)		
总分(总分 1+总分 2+教师评分)				

【复习与思考题】

1. 在原点位置按启动按钮，自动运行一遍并在原点停止。若中途按停止按钮就停止运行；再按启动按钮，从断点处开始继续运行，回到原点自动停止。这种工作模式是（　　）。

A. 手动　　B. 连续循环　　C. 单周期　　D. 单步

2. 在原点位置按启动按钮，自动连续反复运行；若中途按停止按钮，动作将继续到原点为止才停止。这种工作模式是（　　）。

A. 手动　　B. 连续循环　　C. 单周期　　D. 单步

3.（　　）方式按回原点按钮时，机械手自动向原点回归。

A. 手动　　B. 连续循环　　C. 单周期　　D. 回原点

4. 分析图 10-25 所示梯形图程序，完成表 10-5。

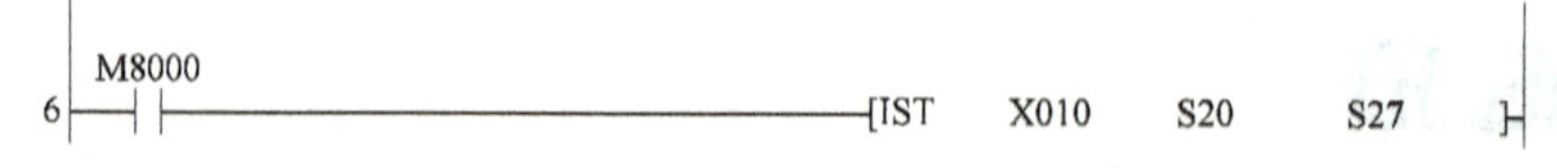

图 10-25　题 4 图

表　10-5

输入号	功能	输入号	功能	输入号	功能	输入号	功能
	手动		单步运行		连续运行		自动启动
	回原点		单周期运行		回原点启动		停止

5. 执行 IST 指令后，PLC 自动指定各操作方式的起始状态元件。手动初始状态用（　　）、回原点初始状态用（　　）、自动运行初始状态用（　　）。

6. 执行 IST 指令后，相应特殊辅助继电器就自动指定。M8041 表示（　　）、M8043 表示（　　）、M8044 表示（　　）。

7. 交替输出指令的助记符为（　　）。

A. ALT　　B. STOP　　C. INC　　D. AND

8. 根据下列条件写出指令表达式。运行状态切换开关的起始号（输入首元件号）为 M10，运行的步进点号为 S30，运行结束的步进点号为 S50。

9. 分析图 10-26 所示梯形图，叙述其工作过程。

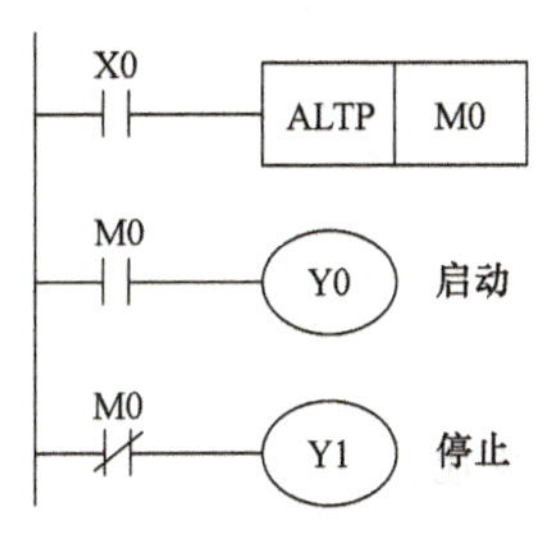

图 10-26　题 9 图

10. 在 GX Works2 中完成全功能物料搬运机械手系统的程序。

11. 在 GT Designer3 中完成全功能物料搬运机械手系统的仿真界面。

项目十一　8站运料小车智能呼叫系统设计

【学习目标】

1）掌握比较指令与传送指令使用方法及注意事项。

2）了解运料小车智能呼叫系统的工作原理及程序设计方法。

3）了解数据寄存器 D 的工作原理。

4）了解编码和译码指令的使用方法。

5）熟练掌握 GX Works2 程序输入、仿真、下载等操作技能。

6）熟练掌握 GT Designer3 人机交互界面设计及仿真调试等操作技能。

【重点与难点】

CMP、MOV 指令编程方法。

【项目分析】

8 站运料小车智能呼叫系统图如图 11-1 所示，运料小车由一台三相异步电动机拖动，电动机正转，小车右行，电动机反转，小车左行。在生产线上有 8 个编码为 1~8 的站点供小车停靠，在每一个停靠站安装一个限位开关以监测小车是否到达该站点。对小车的控制除了启动按钮和停止按钮之外，还设有 8 个呼叫开关（SB1~SB8）分别与 8 个停靠点相对应。

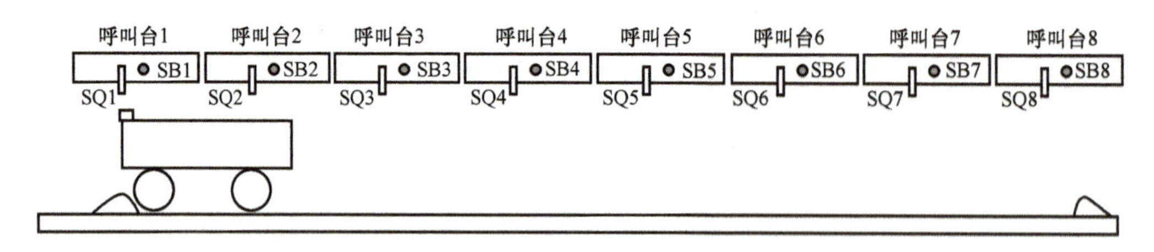

图 11-1　8 站运料小车智能呼叫系统图

请用 FX2N 系列 PLC，用功能指令设计一个 8 站运料小车智能呼叫控制系统，其控制要求如下：

1）车所停位置号小于呼叫号时，小车右行至呼叫号处停车。

2）车所停位置号大于呼叫号时，小车左行至呼叫号处停车。

3）小车所停位置号等于呼叫号时，小车原地不动。

4）小车运行时呼叫无效。

5）具有左行、右行定向指示、原点不动指示。

6）呼叫按钮开关 SB1～SB8 应具有互锁功能，先按下者优先。

7）应用 GT Designer3 设计如图 11-2 所示的 8 站运料小车智能呼叫系统触摸屏仿真运行界面。

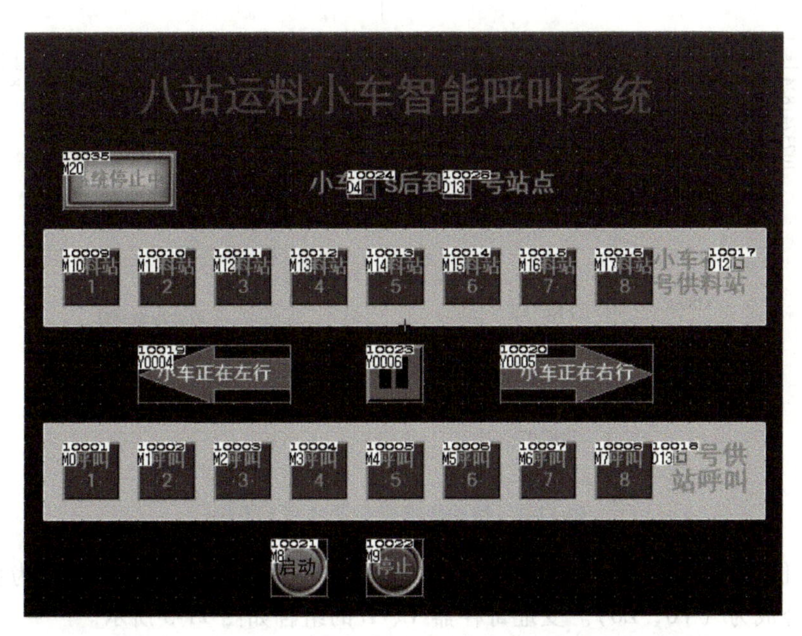

图 11-2　8 站运料小车智能呼叫系统触摸屏仿真运行界面

【相关知识】

一、数据类软元件的类型及使用

（1）数据寄存器（D）　数据寄存器是用于存储数值数据的软元件，FX2N 系列机种为 16 位，如将两个相邻数据寄存器组合，可存储 32 位的数值数据。16/32 位二进制数据各位权值如图 11-3 所示。

常用数据寄存器有以下几类：

1）通用数据寄存器（D0～D199，共 200 点）。

2）断电保持数据寄存器（D200～D511，共 312 点）。

3）特殊数据寄存器（D8000～D8255，共 256 点）。

【案例 1】　图 11-4 所示为特殊数据寄存器的写入方法。

在 D8000 中，存有监视定时器的时间设定值。它的初始值由系统只读存储器在通电时写入。要改变时可利用传送指令（FNC12 MOV）写入。

（2）变址寄存器（V0～V7，Z0～Z7 共 16 点）　变址寄存器 V、Z 和通用数据寄存器一样，是进行数值数据读、写的 16 位数据寄存器，主要用于运算操作数地址的修改。

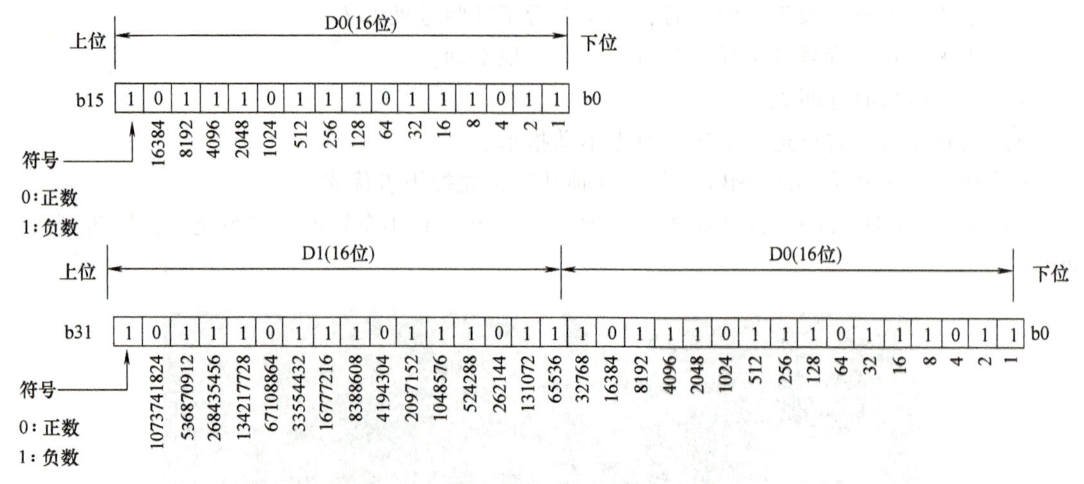

图 11-3　16/32 位二进制数据各位权值

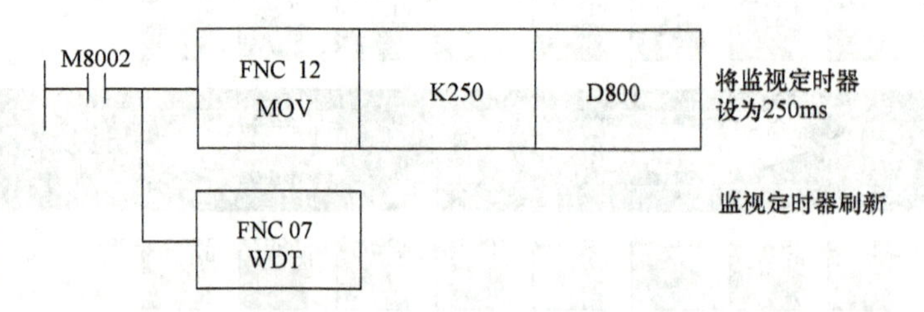

图 11-4　特殊数据寄存器的写入方法

进行 32 位数据运算时，将 V0～V7、Z0～Z7 对号结合使用，如指定 Z0 为低位，则 V0 为高位，组合成为（V0，Z0）。变址寄存器 V、Z 的组合如图 11-5 所示。

【案例 2】 图 11-6 所示为变址寄存器的使用方法。

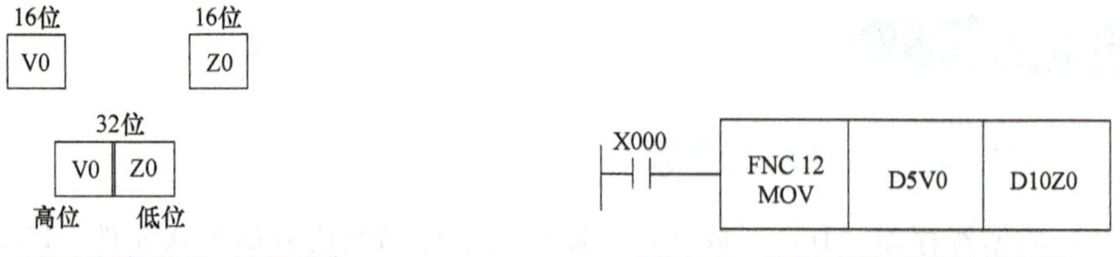

图 11-5　变址寄存器 V、Z 的组合　　　图 11-6　变址寄存器的使用方法

在图 11-6 中，当 V0＝6，Z0＝9 时，D（5+6）＝D（11），D（10+9）＝D（19）则（D11）→（D19）。当 V0＝10 时，D（5+10）＝D（15），则（D15）→（D19）。

二、数据类软元件的结构形式

1）基本形式。FX2N 系列 PLC 数据类元件的基本结构为 16 位存储单元。具有符号位和字元件。

2）双字元件。其中低位元件存储 32 位数据的低位部分，高位元件存储 32 位数据的高位部分。最高位（第 32 位）为符号位。

在指令中使用双字元件时，一般只用其低位地址表示这个元件，其高位同时被指令使用。虽然取奇数或偶数地址作为双字元件的低位是任意的，但为了减少元件安排上的错误，建议用偶数作为双字元件的元件号。

3）位组合元件。FX2N 系列 PLC 中使用 4 位 BCD 码，产生了位组合元件。

位组合元件常用输入继电器 X、输出继电器 Y、辅助继电器 M 及状态继电器 S 组成，元件表达为 K*n*X、K*n*Y、K*n*M、K*n*S 等形式，式中 K*n* 指有 *n* 组这样的数据。

【案例 3】 位组合元件的使用方法。

K*n*X000 表示位组合元件是由从 X000 开始的 *n* 组位元件组合。若 *n* 为 1，则 K1X0 指由 X000、X001、X002、X003 四位输入继电器的组合；若 *n* 为 2，则 K2X0 是指 X000～X007 八位输入继电器的二组组合。

除此之外，位组合元件还可以变址使用，如 K*n*XZ、K*n*YZ、K*n*MZ、K*n*SZ 等，这给编程带来很大的灵活性。

三、比较与传送指令

比较与传送指令共有 10 条，应用指令的编号为 FNC10～FNC19。比较与传送指令包括数据传送、比较处理、交换及转换等功能。

（1）比较指令　比较指令的功能编号为 FNC10，助记符为 CMP，是将源操作数［S1·］和［S2·］的数据进行比较，将比较的结果送到目标操作数［D·］中，并且占用3个连续单元。比较指令的要素见表 11-1。

表 11-1　比较指令的要素

指令名称	助记符	指令代码位数	操作数范围			程序步
			［S1·］	［S2·］	［D·］	
比较	CMP CMP(P)	FNC10 (16/32)	K、H、K*n*X、K*n*Y、K*n*M、K*n*S、T、C、D、V、Z		Y、M、S	CMP、CMPP：7 步 DCMP、CMPP：13 步

【案例 4】 比较指令的简单使用示例如图 11-7 所示。

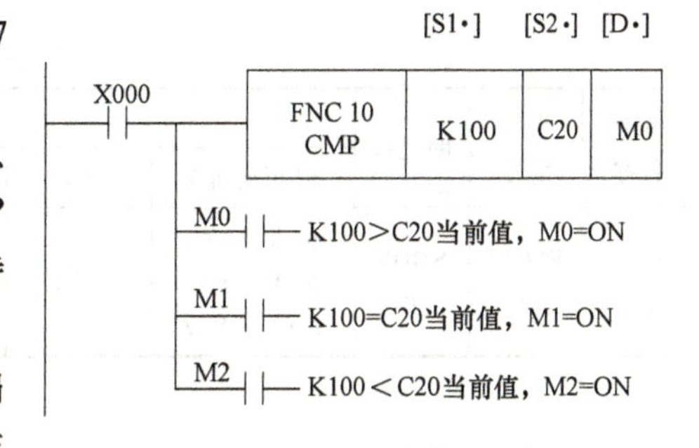

图 11-7　CMP 指令使用示例

图 11-7 中，当指定 M0 为目标元件时，M0、M1、M2 被自动占用；当 X0 断开时，不执行 CMP 指令，M0 开始的三位连续元件（M0～M2）保持断电前状态。如要清除比较结果，要用复位指令。

（2）区间比较指令　区间比较指令的功能编号为 FNC11，助记符为 ZCP，它是将一个源操作数［S·］与两个源操作数［S1·］和［S2·］中的数值进行比较，然后将比较结果传送到目标操作数［D·］为首地址的 3 个连续软元件中。区间比较指令的要素见表 11-2。

表 11-2　区间比较指令的要素

指令名称	助记符	指令代码位数	操作数范围				程序步
			［S1·］	［S2·］	［S·］	［D·］	
区间比较	ZCP ZCP(P)	FNC11 (16/32)	K、H、K*n*X、K*n*Y、K*n*M、K*n*S、T、C、D、V、Z			Y、M、S	ZCP、ZCPP：9 步 DZCP、DZCPP：17 步

【案例5】 区间比较指令的简单使用示例如图11-8所示。

图11-8中，当指定M3为目标元件时，则M3、M4、M5被自动占用；当X0断开时，不执行ZCP指令，M3开始的三位连续元件（M3～M5）保持其断电前状态。如要清除比较结果，要用复位指令。

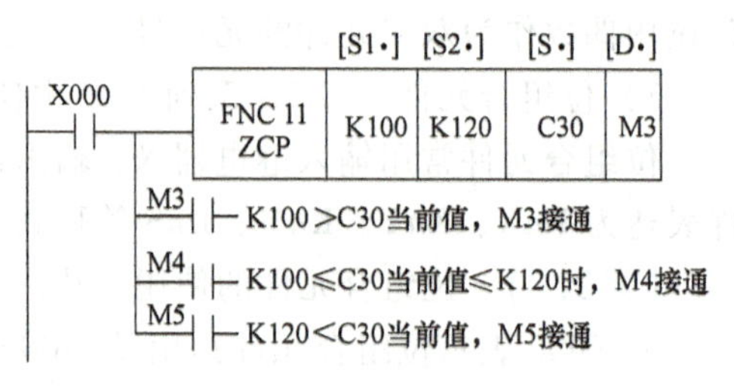

图11-8 ZCP指令使用示例

（3）传送指令 传送指令的功能编号为FNC12，助记符为MOV，该指令的功能是将源操作数［S·］的内容传送到目标操作数［D·］中。传送指令的要素见表11-3。

表11-3 传送指令的要素

指令名称	助记符	指令代码位数	操作数范围		程序步
			[S·]	[D·]	
传送	MOV MOV(P)	FNC12 (16/32)	K、H、KnX、KnY、KnM、KnS、T、C、D、V、Z	KnY、KnM、KnS、T、C、D、V、Z	MOV、MOVP:5步 DMOV、DMOVP:9步

【案例6】 传送指令的使用示例如图11-9所示。

图11-9中，当X0为ON时，常数K100送到D10，即D10=100；当X1为ON时，将D10、D11的值送到D12、D13中。

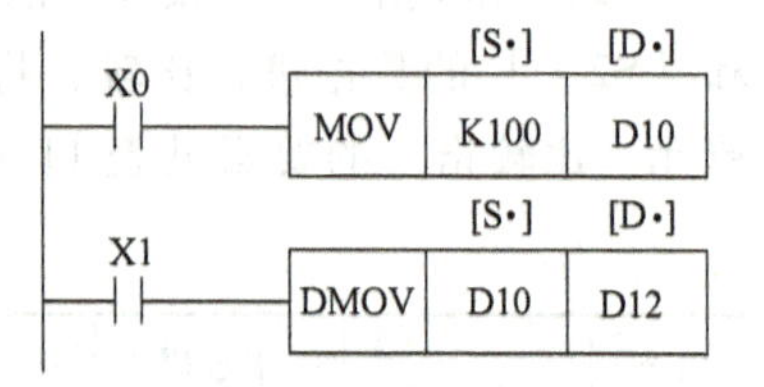

图11-9 MOV指令的使用示例

（4）移位传送指令 移位传送指令的功能编号为FNC13，助记符为SMOV，该指令的功能是将［S·］中的16位二进制数据以BCD码的形式按位传送到［D·］中指定的位置。移位传送指令的要素见表11-4。移位指令的使用如图11-10所示。

表11-4 移位传送指令的要素

指令名称	指令编号	助记符	操作数					指令步数
			S(可变址)	m_1	m_2	D(可变址)	n	
移位传送	FNC13 (16)	SMOV (P)	KnX、KnY、KnM、KnS、T、C、D、V、Z	K、H=1～4	K、H=1～4	KnY、KnM、KnS、T、C、D、V、Z	K、H=1～4	SMOV、SMOVP:11步

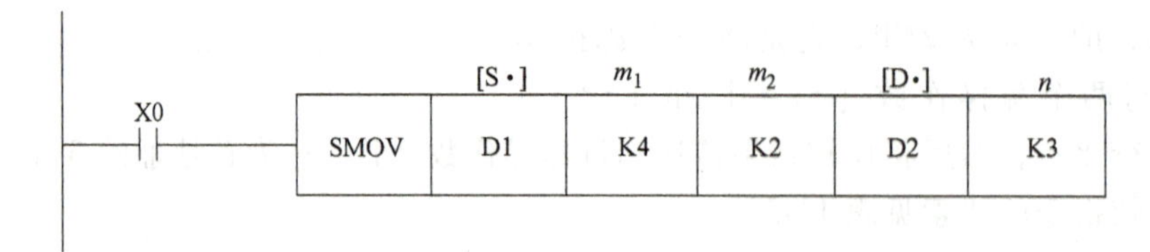

图11-10 SMOV移位指令的使用示例

S：进行数位移动数据存储字软元件的地址。

m_1：S中要移动的数据位起始位的地址$1 \leqslant m_1 \leqslant 4$。

m_2：S中要移动的数位移动位数$1 \leqslant m_2 \leqslant 4$。

D：移动数位移动数据目标的存储字软元件地址。

n：移入 D 中的数位起始的位置，1≤*n*≤4。

图 11-10 中，当 X0 为 ON 时，例如 D1 的值是 151，D2 的值为 0，D2 的第 4 位及第 1 位在从 D1 传送时不受任何影响。将源数据 D1 的 BCD 转换值从其第 4 位起的第 2 位部分向目标 D2 的第 3 位开始传送，然后将其转换回 BIN 码，见表 11-5。

表 11-5　移位传送

传送前	D1 BCD	0	1	5	1
	D2 BCD	0	0	0	0
传送后	D2 BCD	0	0	1	0

执行上述指令的结果是 D2 的 BCD 值为 10。

（5）取反传送指令　取反传送指令的功能编号为 FNC14，助记符为 CML，该指令的功能是将源操作数［S·］中的各位二进制数取反（0→1，1→0），按位传送到目标操作数［D·］中。取反传送指令要素见表 11-6。取反传送指令的使用示例如图 11-11 所示。

表 11-6　取反传送指令的要素

指令名称	指令编号	助记符	操作数		指令步数
			S(可变址)	D(可变址)	
取反传送	FNC14 (16/32)	CML(P)	K、H、KnX、KnY、KnM、KnS、T、C、D、V、Z	KnY、KnM、KnS、T、C、D、V、Z	CML、CMLP:5 步 DCML、DCMLP:9 步

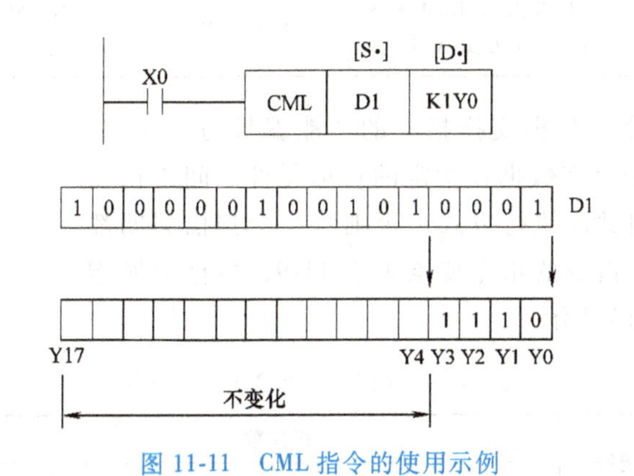

图 11-11　CML 指令的使用示例

（6）块传送指令　块传送指令的功能编号为 FNC15，助记符为 BMOV，该指令是将源操作数指定元件开始的 *n* 个数据组成的数据块传送到指定的目标，*n* 可以取 K、H 和 D。块传送指令的要素见表 11-7。块传送指令的使用示例如图 11-12 所示。

表 11-7　块传送指令的要素

指令名称	指令编号	助记符	操作数			指令步数
			S(可变址)	D(可变址)	*n*	
块传送	FNC15(16)	BMOV(P)	KnX、KnY、KnM、KnS、T、C、D	KnY、KnM、KnS、T、C、D	K、H≤512	BMOV、BMOVP:7 步

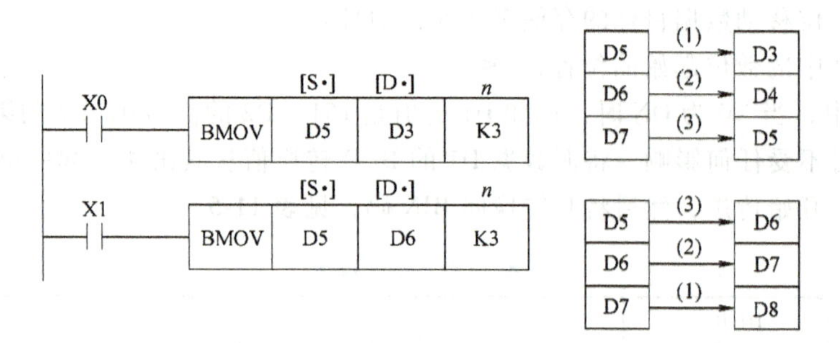

图 11-12　BMOV 指令的使用示例

(7) 多点传送指令　多点传送指令的功能编号为 FNC16，助记符为 FMOV，该指令是将源操作数中的数据传送到指定目标开始的 *n* 个文件中，传送后 *n* 个文件中的数据完全相同。多点传送指令的指令要素见表 11-8。多点传送指令的使用示例如图 11-13 所示。

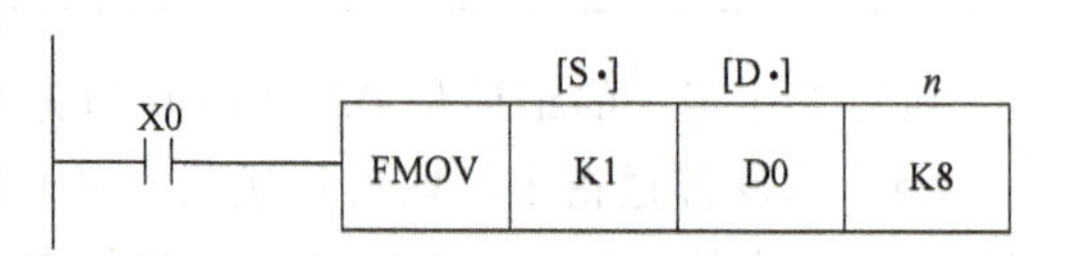

图 11-13　FMOV 指令的使用示例

表 11-8　多点传送指令的指令要素

指令名称	指令编号	助记符	操作数			指令步数
			S(可变址)	D(可变址)	*n*	
多点传送	FNC16 (16/32)	FMOV(P)	K、H、KnX、KnY、KnM、KnS、T、C、D、V、Z	KnY、KnM、KnS、T、C、D	K、H≤512	FMOV、FMOVP:7 步 DFMOV、DFMOVP:13 步

(8) 数据交换指令　数据交换指令的功能编号为 FNC17，助记符为 XCH，该指令是将数据在指定的目标元件之间进行交换。交换指令一般采用脉冲执行方式，否则每一个扫描周期都要交换一次。数据交换指令的指令要素见表 11-9，数据交换指令的使用示例如图 11-14 所示。

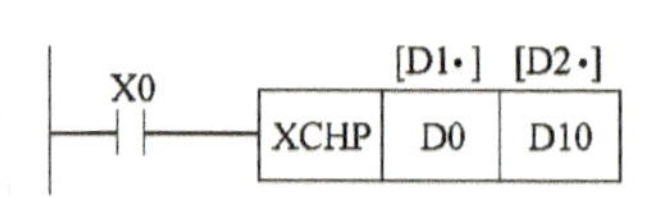

图 11-14　XCHP 指令的使用示例

表 11-9　数据交换指令的指令要素

指令名称	指令编号	助记符	操作数		指令步数
			S(可变址)	D(可变址)	
数据交换	FNC17 (16/32)	XCH(P)	KnY、KnM、KnS、T、C、D、V、Z	KnY、KnM、KnS、T、C、D、V、Z	XCH、XCHP:5 步 DXCH、DXCHP:9 步

四、七段译码指令 SEGD

七段译码指令的功能编号为 FNC37，助记符为 SEGD，该指令是把输入值［S·］转换成七段显示码，送到输出继电器［D·］。七段显示码占用一个字节（8 位），用它显示一个字符。

七段译码指令的指令要素见表 11-10。七段译码指令的使用示例如图 11-15 所示。

表 11-10　七段译码指令的指令要素

指令名称	指令编号	助记符	操作数		指令步数
			S(可变址)	D(可变址)	
七段译码	FNC73(16)	SEGD(P)	K、H、K*n*X、K*n*Y、K*n*M、K*n*S、T、C、D、V、Z	K*n*Y、K*n*M、K*n*S、T、C、D、V、Z	SEGD(P):5步

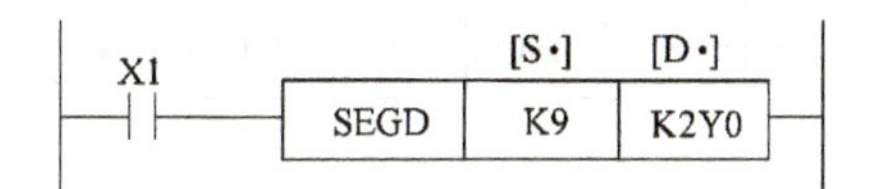

图 11-15　七段译码指令的使用示例

图 11-15 中，常数 9 所对应的七段译码数据（b7～b0）为“0110 1111”。七段译码指令的显示对照表见表 11-11。

表 11-11　七段译码指令的显示对照表

源[S·]		7段结构	目标[D·]								显示数字
16进制数	位组合		b7	b6	b5	b4	b3	b2	b1	b0	
0	0000		0	0	1	1	1	1	1	1	0
1	0001		0	0	0	0	0	1	1	0	1
2	0010		0	1	0	1	1	0	1	1	2
3	0011		0	1	0	0	1	1	1	1	3
4	0100		0	1	1	0	0	1	1	0	4
5	0101		0	1	1	0	1	1	0	1	5
6	0110		0	1	1	1	1	1	0	1	6
7	0111		0	0	1	0	0	1	1	1	7
8	1000		0	1	1	1	1	1	1	1	8
9	1001		0	1	1	0	1	1	1	1	9
A	1010		0	1	1	1	0	1	1	1	A
B	1011		0	1	1	1	1	1	0	0	b
C	1100		0	0	1	1	1	0	0	1	C
D	1101		0	1	0	1	1	1	1	0	d
E	1110		0	1	1	1	1	0	0	1	E
F	1111		0	1	1	1	0	0	0	1	F

五、编码指令

编码指令的功能编号为 FNC42，助记符为 ENCO，该指令是将［S·］的 2^n 位中最高位的“1”进行编码，编码存放［D·］的低 *n* 位中。编码指令的指令要素见表 11-12。编码指令的使用示例如图 11-16 所示。

表 11-12　编码指令的指令要素

指令名称	助记符	指令代码位数	操作数范围			程序步
			[S·]	[D·]	*n*	
解码	ENCO ENCO(P)	FNC42(16)	X、Y、M、S、 T、C、D、V、Z	T、C、D、V、Z	K、H 1≤*n*≤8	ENCO、ENCOP:7 步

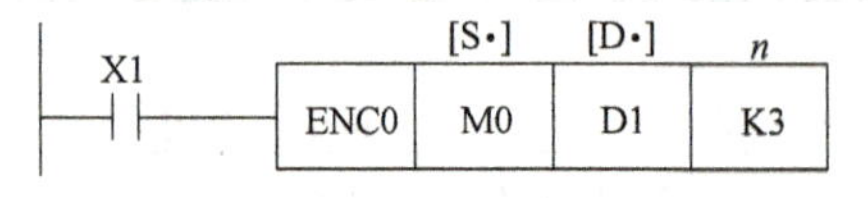

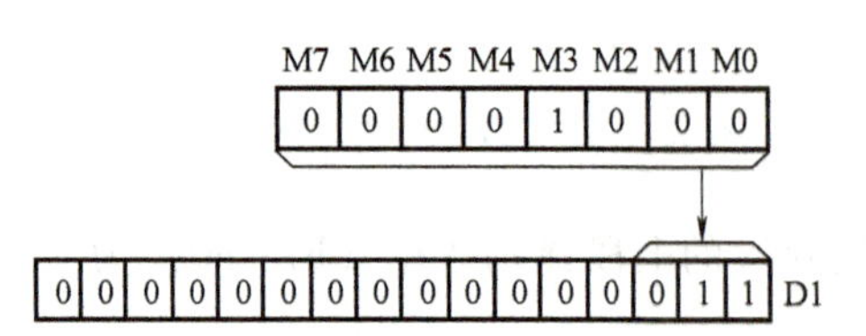

图 11-16　编码指令的使用示例

在图 11-16 中，当执行条件 X1 位 ON 时，对 M0~M7（因 $2^3=8$ 位）中的数据依次检查每一位的值，检查得 M3 为 1，故对 M3 进行处理，从 M0 开始 M3 处于第 4 位，故编码结果为 011，即表示十进制 3，将编码结果 011 存入目标元件 D1 的低 3 位中。

【项目实施】

一、I/O 地址分配

根据图 11-1 所示的 8 站运料小车智能呼叫系统的 PLC 控制系统示意图及控制要求，设定 I/O 地址分配表，见表 11-13。

表 11-13　I/O 地址分配表

输入				输出	
地址号	功能	地址号	功能	地址号	功能
X0(M0)	1 号位呼叫 SB1	X10(M10)	1 号位限位 SQ1	Y0	正转 KM1
X1(M1)	2 号位呼叫 SB2	X11(M11)	2 号位限位 SQ2	Y1	反转 KM2
X2(M2)	3 号位呼叫 SB3	X12(M12)	3 号位限位 SQ3	Y2	左行指示
X3(M3)	4 号位呼叫 SB4	X13(M13)	4 号位限位 SQ4	Y3	右行指示
X4(M4)	5 号位呼叫 SB5	X14(M14)	5 号位限位 SQ5		
X5(M5)	6 号位呼叫 SB6	X15(M15)	6 号位限位 SQ6		
X6(M6)	7 号位呼叫 SB7	X16(M16)	7 号位限位 SQ7		
X7(M7)	8 号位呼叫 SB9	X17(M17)	8 号位限位 SQ8		

二、硬件接线图设计

根据表 11-13 所示的 I/O 地址分配表，可对控制系统硬件接线图进行设计，如图 11-17 所示。

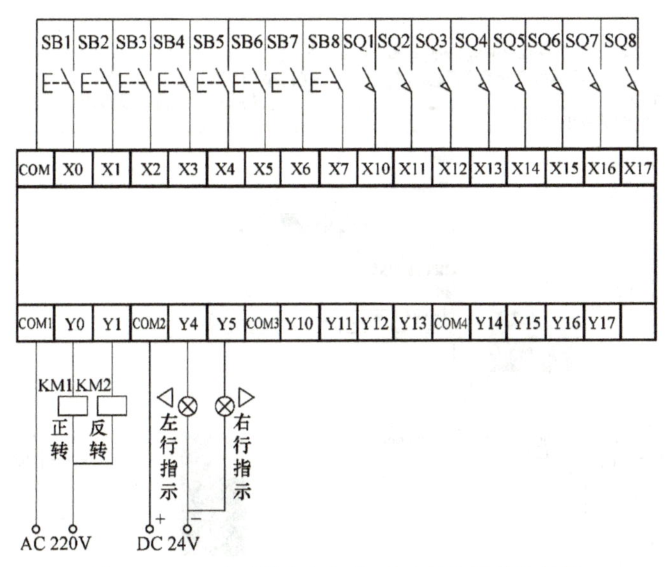

图 11-17　8 站运料小车智能呼叫系统硬件接线图

三、控制程序设计

扫描下方二维码可查看本项目微课讲解及控制程序梯形图文档。

8 站运料小车智能呼叫程序微课　　8 站运料小车智能呼叫程序梯形图

四、程序输入、仿真调试及运行

1）在 GX Works2 中完成 8 站运料小车智能呼叫系统的控制程序。

2）利用 GX Works2 调试功能完成程序仿真运行，测试功能是否达到设计要求，如不能达到设计要求，应进行相应修改，直至仿真结果与系统设计要求一样。图 11-18 所示为程序仿真调试界面。

3）将 PLC 运行模式选择开关拨到“STOP”位置，此时 PLC 处于停止状态，可以进行程序的编写。

8 站运料小车智能呼叫仿真微课

4）执行“在线”→“PLC 写入”，将程序文件下载到 PLC。

5）将 PLC 运行模式选择开关拨到“RUN”位置，使 PLC 处于运行状态。

6）单击菜单栏“在线”→“监视”→“监视模式”，监控运行中各输入、输出器件的通断状态。

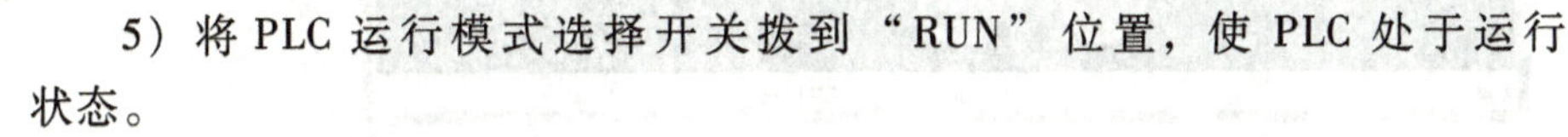

7）按下呼叫请求按钮 SB 对程序进行调试运行，观察程序运行情况。若出现故障，应分别检查硬件电路接线和梯形图是否有误，修改后，应重新调试，直至系统按要求正常工作。

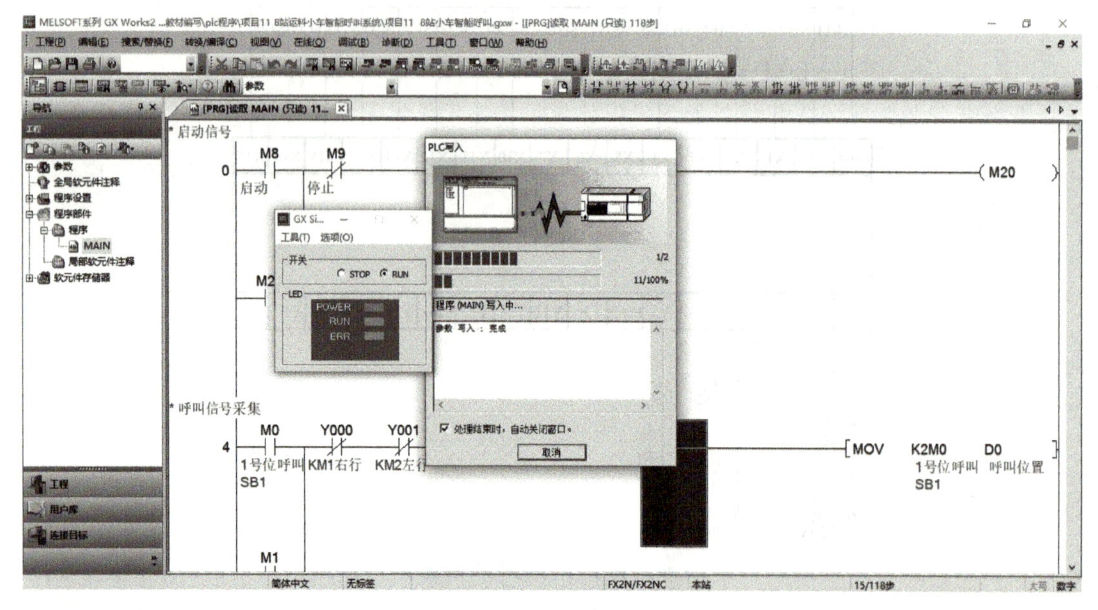

图 11-18　程序仿真调试界面

8）打开 GT Designer3 仿真运行触摸屏程序，结合 PLC 验证程序。图 11-19 所示为触摸屏仿真运行界面。

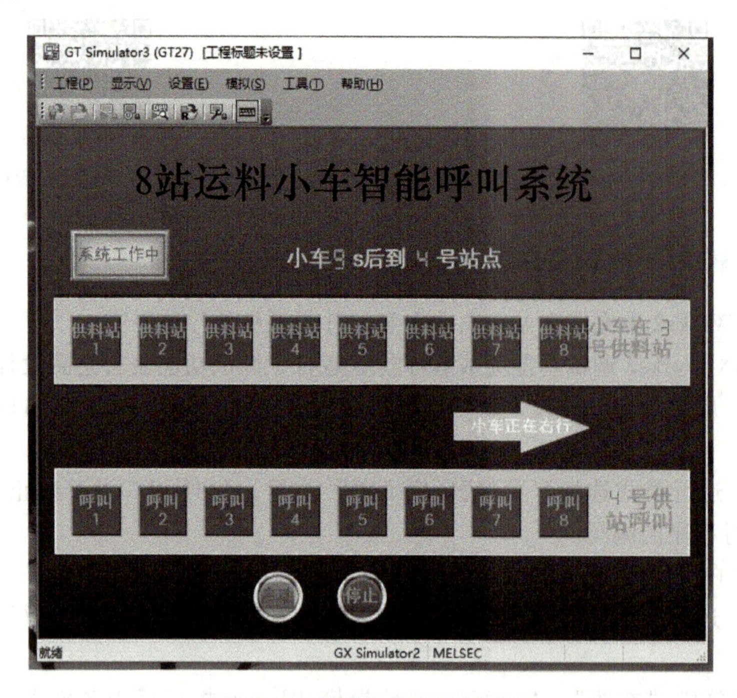

图 11-19　触摸屏仿真运行界面

【项目评价】

填写项目评价表，见表 11-14。

表 11-14　项目评价表

评价方式	项目内容	评分标准	配分	得分
自我评价	PLC 程序设计	1. 编制程序,每出现一处错误扣 1~2 分 2. 分析工作过程原理,每出现一处错误扣 1~2 分	30	
	GX Works2 使用	1. 输入程序,每出现一处错误扣 1~2 分 2. 程序运行出错,每次扣 3 分	30	
	PLC 连接与使用	1. 安装与调试,每出现一处错误扣 3 分 2. 使用与操作,每出现一处错误扣 3 分	20	
	安全文明操作	1. 违反操作规程,产生不安全因素,视情况扣 5~10 分 2. 迟到、早退、工作场地不清洁,每次扣 3~5 分	20	
签名		总分 1(自我评价总分×40%)		
小组评价	实训记录与自我评价情况		20	
	对实训室规章制度的学习与掌握情况		20	
	团队协作能力		20	
	安全责任意识		20	
	能否主动参与整理工具、器材与清洁场地		20	
参评人员签名		总分 2(小组评价总分×30%)		
教师评价				
教师签名		教师评分(30)		
总分(总分 1+总分 2+教师评分)				

【复习与思考题】

1. K2X0 表示由（　　）组成的 8 位元件组。

A. X0~X7　　B. X0~X8　　C. X10~X17　　D. X0~X17

2. 位元件组合使用也可处理数值，位元件每（　　）位一组组合成一个单元，通常的表示方法是 Kn 加上首元件号组成，n 为单元数。

A. 1　　B. 4　　C. 8　　D. 16

3. 比较指令的助记符为（　　）是将源操作数［S1·］和［S2·］的数据进行比较，将比较的结果送到目标操作数［D·］中，并且占用 3 个连续单元。

A. CMP　　B. MOV　　C. DMOV　　D. INC

4. 分析图 11-20 所示梯形图的工作过程。

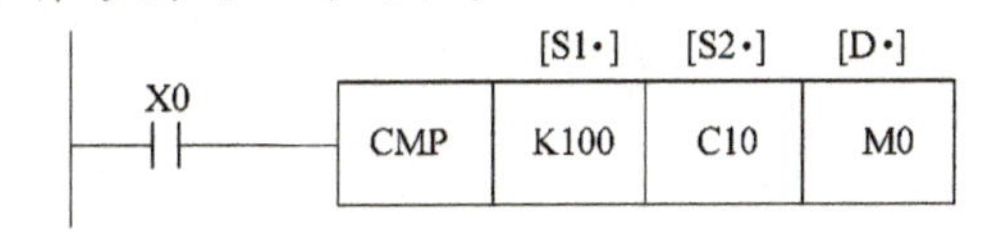

图 11-20　题 4 图

5. 分析图 11-21 所示梯形图的工作过程。

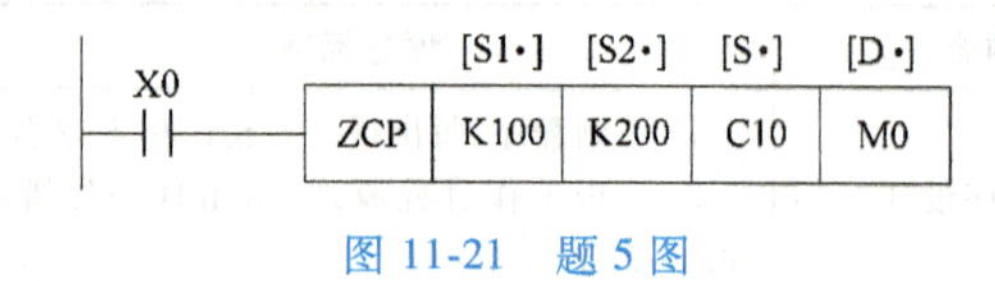

图 11-21 题 5 图

6. 32 位传送指令的助记符为（　　），该指令的功能是将源操作数［S·］的内容传送到目标操作数［D·］中。

A. CMP　　B. MOV　　C. DMOV　　D. INC

7. 分析图 11-22 所示梯形图，当 X0 由 OFF→ON 时，D10 的值为（　　）。

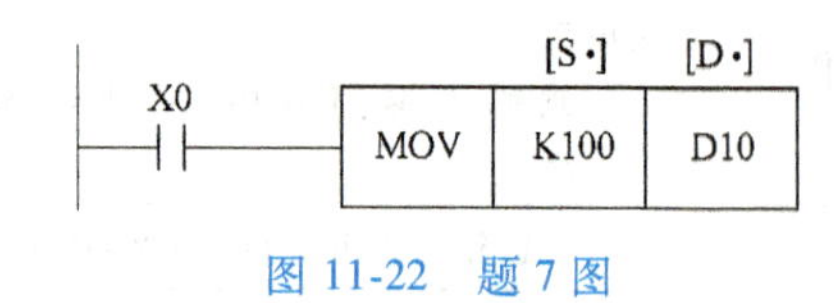

图 11-22 题 7 图

A. 10　　B. 1　　C. 100　　D. 0

项目十二　知识竞赛抢答器控制设计

【学习目标】

1）掌握四则及逻辑运算指令使用方法及注意事项。

2）了解知识竞赛抢答器系统的工作原理及程序设计方法。

3）掌握倒计时程序实例编写方法。

4）熟练掌握 GX Works2 程序输入、仿真、下载等操作技能。

5）熟练掌握 GT Designer3 人机交互界面多窗口、柱状图形设计及仿真调试等操作技能。

【重点与难点】

1）四则及逻辑运算指令编程方法。

2）倒计时程序。

3）GT Designer3 人机交互界面多窗口编程方法。

【项目分析】

抢答器作为竞赛的评判装置，根据应答者抢答情况自动设定答题时间，并根据答题情况用灯光、声音显示其答题正确、错误或违规，在主持人的操作下，对答题者所显示的分数值进行加分、减分或违规扣分。

请用 FX2N 系列 PLC，结合触摸屏完成知识竞赛抢答器控制程序，系统控制要求如下：

1）比赛开始后，主持人首先开始解读题目并显示，然后按下触摸屏上的“开始抢答”按钮，系统开始显示抢答倒计时 30s。

2）若主持人按下“开始抢答按钮”后 30s 内有人抢答，则幸运彩灯点亮表示祝贺，同时触摸屏显示“恭喜您，X 号抢答成功！请开始答题”，否则，30s 后显示“很遗憾，无人抢答!”，再过 3s 后返回主界面。

3）设计四组抢答，竞赛者若要回答主持人所提出的问题时，需抢先按下抢答按钮。抢答位对应指示灯和彩球指示灯同时点亮，表示抢答成功。

4）为了控制比赛时间，回答问题必须在 20s 内完成，若不能在规定时间内完成，系统提示“很遗憾，答题时间到!”，3s 后系统返回主界面。

5）若抢答者答对，则显示“恭喜X号回答正确！加10分”；若回答错误则显示“很遗憾X号回答错误！得0分”；3s后系统返回主界面。比赛最后按积分的多少论胜负。

6）触摸屏可完成开始抢答、题目介绍、回答正确、回答错误和清零等功能。

图12-1　系统初始界面

7）应用GT Designer3设计如图12-1～图12-9所示的触摸屏仿真运行界面。

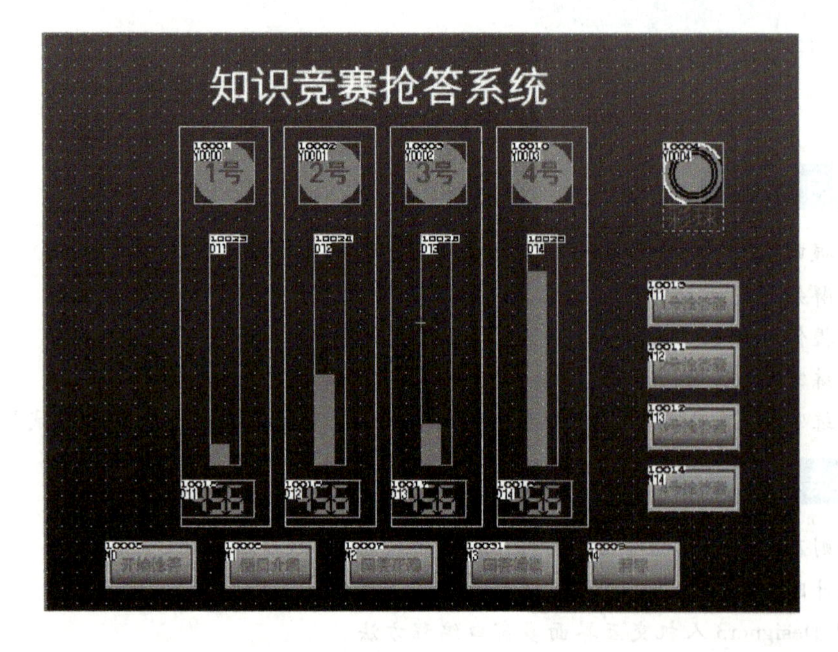

图12-2　抢答器主控界面

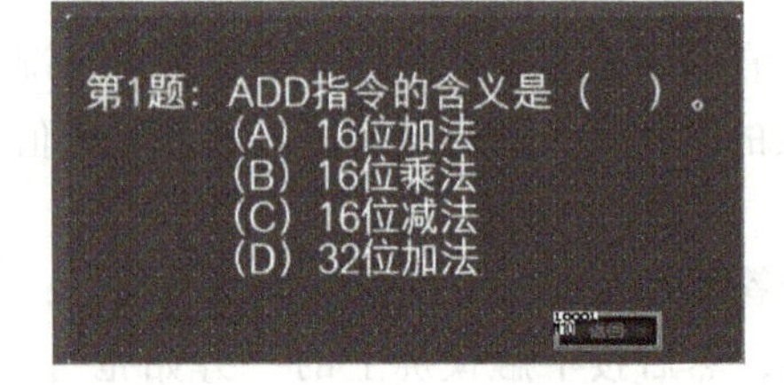

图12-3　题目介绍窗口

图12-4　抢答成功窗口

很遗憾无人抢答！

图12-5　无人抢答窗口

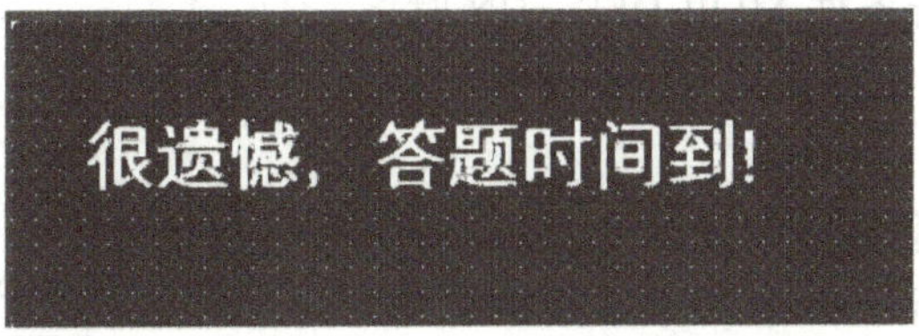

图 12-6　答题超时窗口

图 12-7　倒计时窗口

图 12-8　回答错误窗口

图 12-9　回答正确窗口

【相关知识】

一、四则及逻辑运算指令

FX2N 系列可编程控制器中有两种四则运算，即整数四则运算和实数四则运算。

四则及逻辑运算指令可完成四则运算或逻辑运算，可通过运算实现数据的传送、变位及其他控制功能。

（1）加法指令　加法指令的功能编号为 FNC20，助记符为 ADD，该指令将指定的源元件中的二进制数相加，结果送到指定的目标元件。加法指令的要素见表 12-1，加法指令的使用示例如图 12-10 所示。

表 12-1　加法指令的要素

指令名称	助记符	指令代码位数	操作数范围			程序步
			[S1·]	[S2·]	[D·]	
加法	ADD ADD(P)	FNC20 (16/32)	K、H、 KnX、KnY、KnM、KnS、 T、C、D、V、Z		KnY、KnM、KnS、 T、C、D、V、Z	ADD、ADDP:7 步 DADD、DADDP:13 步

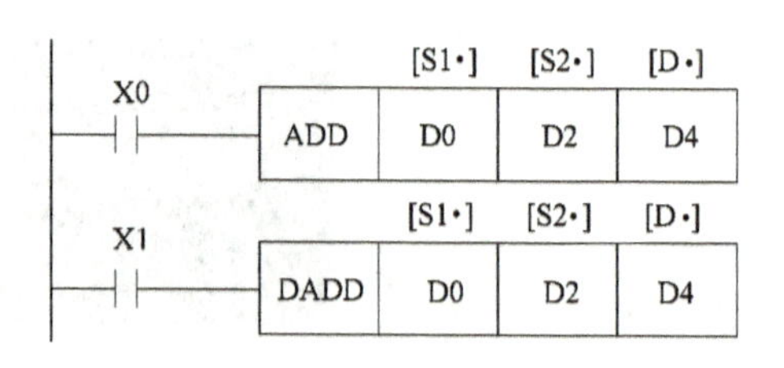

图 12-10　加法指令的使用示例

图 12-10 中，当执行条件 X0 由 OFF→ON 时，[D0]+[D2]=[D4]；当执行条件 X1 由 OFF→ON 时，[D1D0]+[D3D2]=[D5D4]。

加法指令的使用注意事项：

1）加法指令在执行时影响三个常用的标志位：M8020 零标志、M8021 借位标志和 M8022 进位标志。当运算结果为 0 时，M8020 置“1”；当运算结果超过 32767（16 位）或 2147483647（32 位）时，M8022 置“1”；当运算结果小于 -32768（16 位）或-2147483648 时，M8021 置“1”。

2）数据为有符号的二进制数，最高位为符号位（0 为正，1 为负）。

（2）减法指令　减法指令的功能编号为 FNC21，助记符为 SUB，该指令将指定的源元件中的二进制数相减，结果送到指定的目标元件。减法指令的要素见表 12-2，减法指令的使用示例如图 12-11 所示。

表 12-2　减法指令的要素

指令名称	助记符	指令代码位数	操作数范围			程序步
			[S1·]	[S2·]	[D·]	
减法	SUB SUB(P)	FNC21 (16/32)	K、H、 KnX、KnY、KnM、KnS、 T、C、D、V、Z		KnY、KnM、KnS、 T、C、D、V、Z	SUB、SUBP：7 步 DSUB、DSUBP：13 步

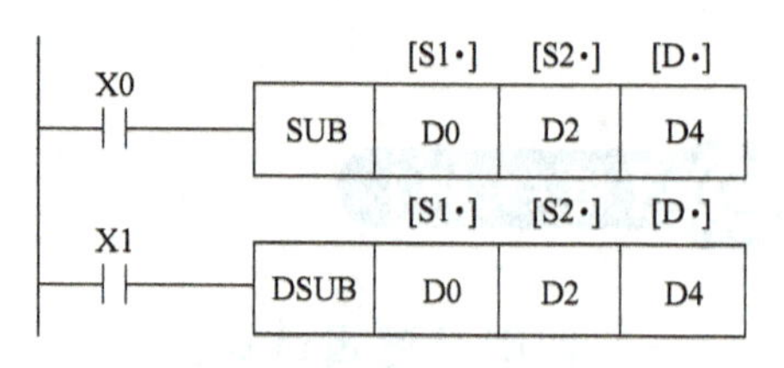

图 12-11　减法指令的使用示例

图 12-11 中，当执行条件 X0 由 OFF→ON 时，[D0]-[D2]=[D4]；当执行条件 X1 由 OFF→ON 时，[D1D0]-[D3D2]=[D5D4]。

减法指令的使用注意事项：

1）M8020、M8021 和 M8022 对减法指令的影响和加法指令相同。

2）数据为有符号的二进制数，最高位为符号位（0 为正，1 为负）。

【案例 1】　30s 倒计时显示控制的设计。

图 12-12 所示为 30s 倒计时显示控制。

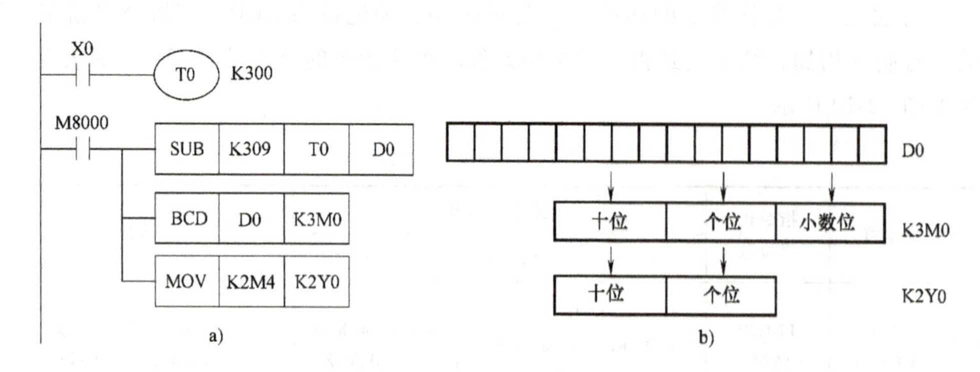

图 12-12　30s 倒计时显示控制

（3）乘法指令　乘法指令的功能编号为 FNC22，助记符为 MUL，该指令将指定源元件中的二进制数相乘，结果送到指令的目标元件中。乘法指令要素见表 12-3，乘法指令的使用如图 12-13 所示。

表 12-3　乘法指令要素

指令名称	助记符	指令代码位数	操作数范围			程序步
			[S1·]	[S2·]	[D·]	
乘法	MUL MUL(P)	FNC22 (16/32)	K、H、 KnX、KnY、KnM、KnS、 T、C、D、Z		KnY、KnM、KnS、 T、C、D	MUL、MULP：7 步 DMUL、DMULP：13 步

图 12-13 中，当执行条件 X0 由 OFF→ON 时，[D0]×[D2]=[D5D4]；当执行条件 X1 由 OFF→ON 时，[D1D0]×[D3D2]=[D7D6D5D4]。

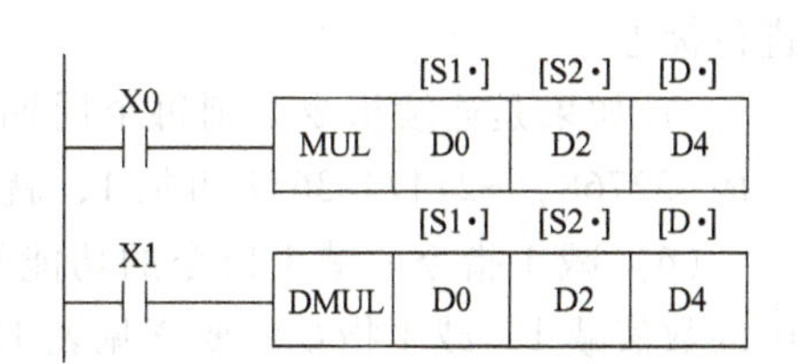

图 12-13　乘法指令的使用

乘法指令的使用注意事项：

1）目标位元件的位数如果小于运算结果的倍数，只能保存结果的低位。

2）数据为有符号的二进制数，最高位为符号位（0 为正，1 为负）。

（4）除法指令　除法指令的功能编号为 FNC23，助记符为 DIV，该指令将源操作数 [S1·] 除以 [S2·]，商送到目标元件 [D·] 中，余数送到 [D·] 的下一元件。其中 [S1·] 为被除数，[S2·] 为除数。除法指令要素见表 12-4，除法指令的使用示例如图 12-14 所示。

表 12-4　除法指令要素

指令名称	助记符	指令代码位数	操作数范围			程序步
			[S1·]	[S2·]	[D·]	
除法	DIV DIV(P)	FNC23 (16/32)	K、H、 KnX、KnY、KnM、KnS、 T、C、D、Z		KnY、KnM、KnS、 T、C、D	DIV、DIVP：7 步 DOIV、DDIVP：13 步

图 12-14 中，当执行条件 X0 由 OFF→ON 时，[D0]÷[D2]=[D4]（商）[D5]（余数）。当执行条件 X1 由 OFF→ON 时，[D1D0]÷[D3D2]=[D5D4]（商）[D7D6]（余数）。

图 12-14　除法指令的使用示例

除法指令的使用注意事项：

1）除法运算中若将位元件指定 [D·]，则无法得到余数，除数为 0 时则会出错。

2）数据为有符号的二进制数，最高位为符号位（0 为正，1 为负）。

（5）加 1 指令　加 1 指令的功能编号为 FNC24，助记符为 INC，该指令是将指定元件中的数值加 1。加 1 指令要素见表 12-5，加 1 指令的使用示例如图 12-15 所示。

表 12-5　加 1 指令要素

指令名称	助记符	指令代码位数	操作数范围	程序步
			[D·]	
加 1	INC INC(P)	FNC24 (16/32)	KnY、KnM、KnS T、C、D、V、Z	INC、INCP:3 步 DINC、DINCP:5 步

图 12-15 中，当 X0 由 OFF→ON 变化时，[D10]=[D10]+1。若用连续指令时，每个扫描周期加 1。

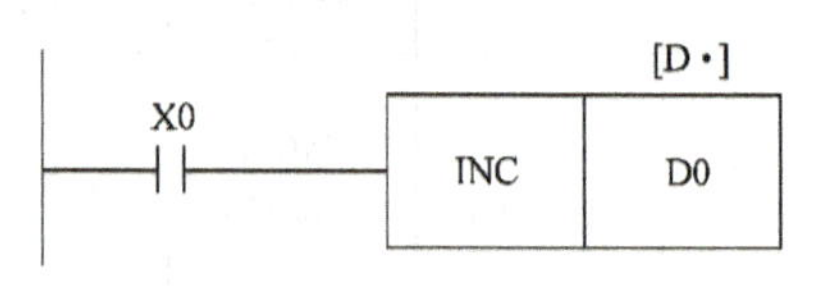

图 12-15　加 1 指令的使用

加 1 指令的使用注意事项：

1）加 1 指令的结果不影响零标志位、借位标志和进位标志。

2）如果是连续指令，则每个周期均作一次加 1 运算，16 位运算中，+32767 再加 1 就变成-32768，+2147483647 再加 1，就会变成-2147483648。

（6）减 1 指令　减 1 指令的功能编号为 FNC25，助记符为 DEC，该指令是将指定元件中的数值减 1。减 1 指令的要素见表 12-6，减 1 指令的使用如图 12-16 所示。

表 12-6　减 1 指令的要素

指令名称	助记符	指令代码位数	操作数范围	程序步
			[D·]	
减 1	DEC DEC(P)	FNC25 (16/32)	KnY、KnM、KnS T、C、D、V、Z	DEC、DECP:3 步 DDEC、DDECP:5 步

图 12-16 中，当 X0 由 OFF→ON 变化时，[D10]=[D10]-1。若用连续指令时，每个扫描周期减 1。

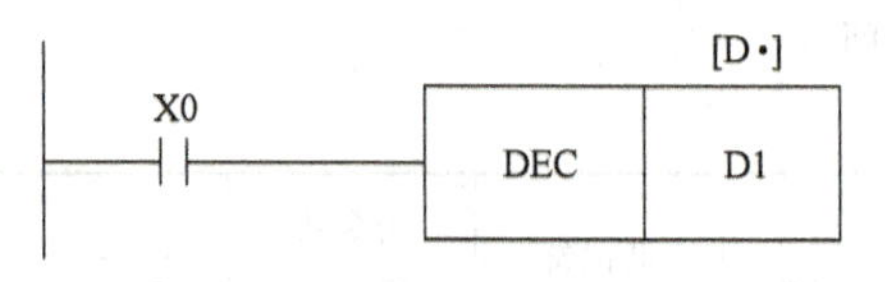

图 12-16　减 1 指令的使用

减 1 指令的使用注意事项：

1）减 1 指令的结果不影响零标志位、借位标志和进位标志。

2）如果是连续指令，则每个周期均进行一次减 1 运算。

（7）逻辑与指令　逻辑与指令的编号为 FNC26，助记符为 WAND，该指令是将两个源操作数按位进行与操作，结果存入在指定元件。逻辑与指令的要素见表 12-7，逻辑与指令的使用如图 12-17 所示。

表 12-7　逻辑与指令的要素

指令名称	助记符	指令代码位数	操作数范围			程序步
			[S1·]	[S2·]	[D·]	
逻辑与	WAND WAND(P)	FNC26 (16/32)	K、H、 KnX、KnY、KnM、KnS、 T、C、D、V、Z		KnY、KnM、KnS、 T、C、D、V、Z	WAND、WANDP:7 步 DANDC、DANDP:13 步

图 12-17 中，(D10)∧(D12)→(D14)

按各位对应，进行逻辑与运算

1∧1=1　0∧1=0

1∧0=0　0∧0=0

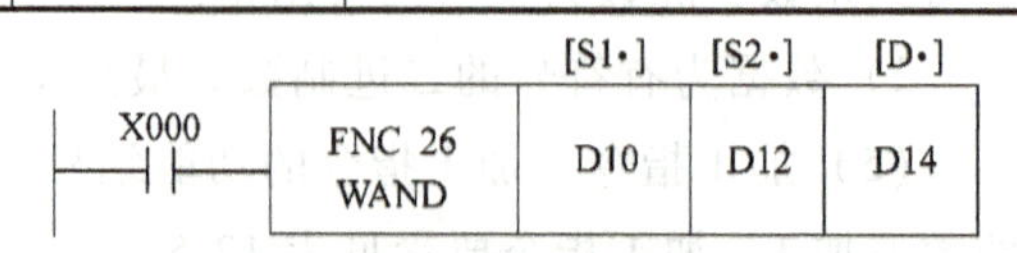

图 12-17　逻辑与指令的使用

（8）逻辑或指令　逻辑或指令的编号为 FNC27，助记符为 WOR，该指令是将两个源操作数按位进行或操作，结果存入在指定元件。逻辑或指令的要素见表 12-8，逻辑或指令的使用如图 12-18 所示。

表 12-8　逻辑或指令的要素

指令名称	助记符	指令代码位数	操作数范围			程序步
			[S1·]	[S2·]	[D·]	
逻辑或	XOR XOR(P)	FNC27 (16/32)	K、H、 KnX、KnY、KnM、KnS、 T、C、D、V、Z		KnY、KnM、KnS、 T、C、D、V、Z	WXOR、WXORP:7 步 DXORC、DXORP:13 步

图 12-18 中，(D10)∨(D12)→(D14)，按各位对应，进行逻辑或运算

$$1 \vee 1=1 \quad 0 \vee 1=0$$

$$1 \vee 0=1 \quad 0 \vee 0=0$$

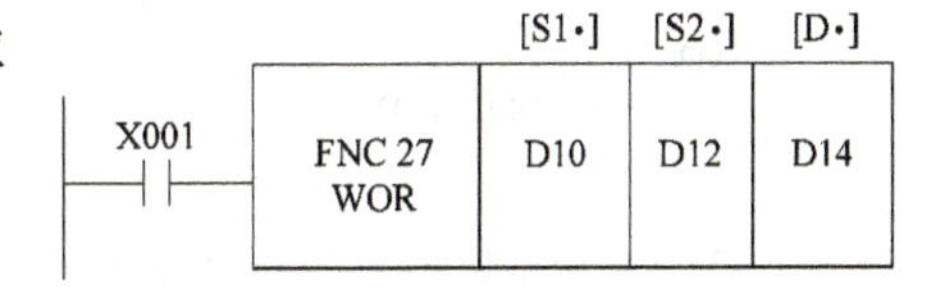

图 12-18　逻辑或指令的使用

（9）逻辑异或指令　逻辑异或指令的编号为 FNC28，助记符为 WXOR，该指令是将两个源操作数按位进行异或操作，结果存入在指定元件。逻辑异或指令的要素见表 12-9，逻辑异或指令的使用如图 12-19 所示。

表 12-9　逻辑异或指令的要素

指令名称	助记符	指令代码位数	操作数范围			程序步
			[S1·]	[S2·]	[D·]	
逻辑异或	XOR XOR(P)	FNC28 (16/32)	K、H、 KnX、KnY、KnM、KnS、 T、C、D、V、Z		KnY、KnM、KnS、 T、C、D、V、Z	WXOR、WXORP:7 步 DXORC、DXORP:13 步

图 12-19 中，(D10)⊕(D12)→(D14)，按各位对应，进行逻辑与运算

$$1 \oplus 1=0 \quad 0 \oplus 1=1$$

$$1 \oplus 0=1 \quad 0 \oplus 0=0$$

（10）求补指令　求补指令的功能编号为 FNC29，助记符为 NEG，该指令是将指定元件中的各位按位取反（0→1，1→0）后再加 1，将其结果仍存放在原来的元件中。求补指令的使用如图 12-20 所示。

FX 系列 PLC 的负数用二进制的补码形式来表示，最高位为符号位，正数时该位为 0，负数时该位为 1，将负数求补后得到它的绝对值。

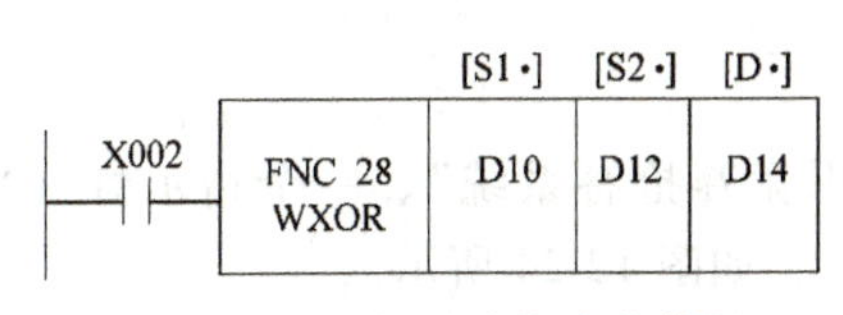

图 12-19　逻辑异或指令的使用

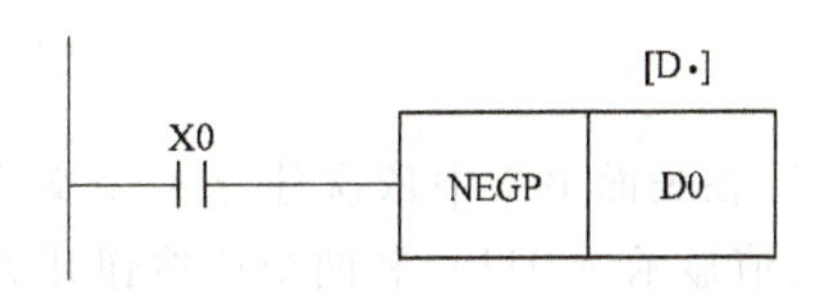

图 12-20　求补指令的使用

【案例 2】　求两个数之差的绝对值。

求两个数之差的绝对值的梯形图如图 12-21 所示。

二、GT Designer3 交互界面设计

（1） GT Designer3 简单多窗口运行设计

1） 打开 GT Designer3 软件。

2） 单击工程选择窗口，新建工程，如图 12-22 所示。

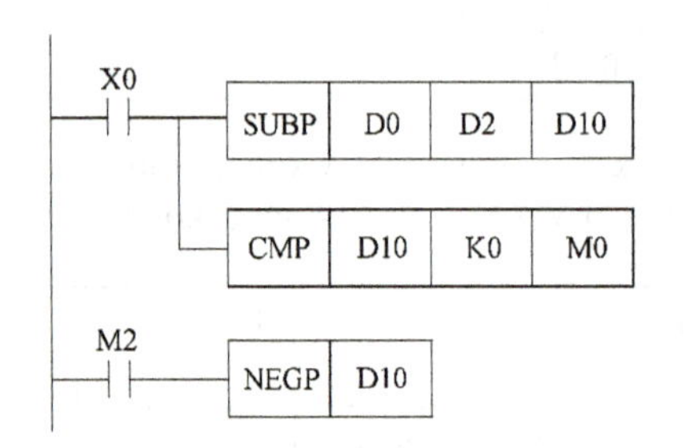

图 12-21　求两个数之差的绝对值的梯形图

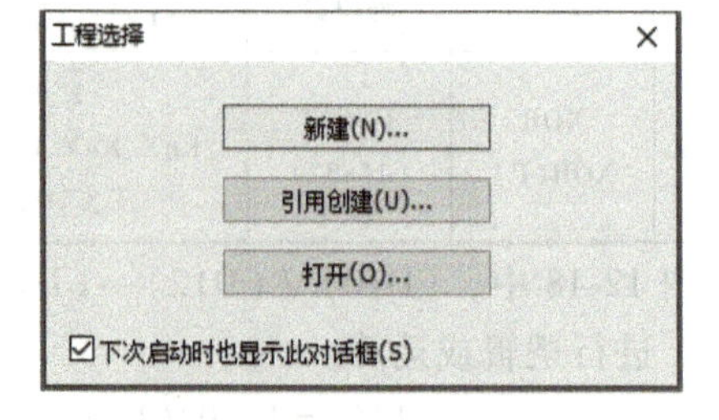

图 12-22　新建工程

3） 根据新建向导，依次单击“下一步”或“确定”。注意在连接机器设置时机种一定要选“MELSEC-FX”，驱动程序也一定要选择“MELSEC-FX”，如图 12-23 所示。

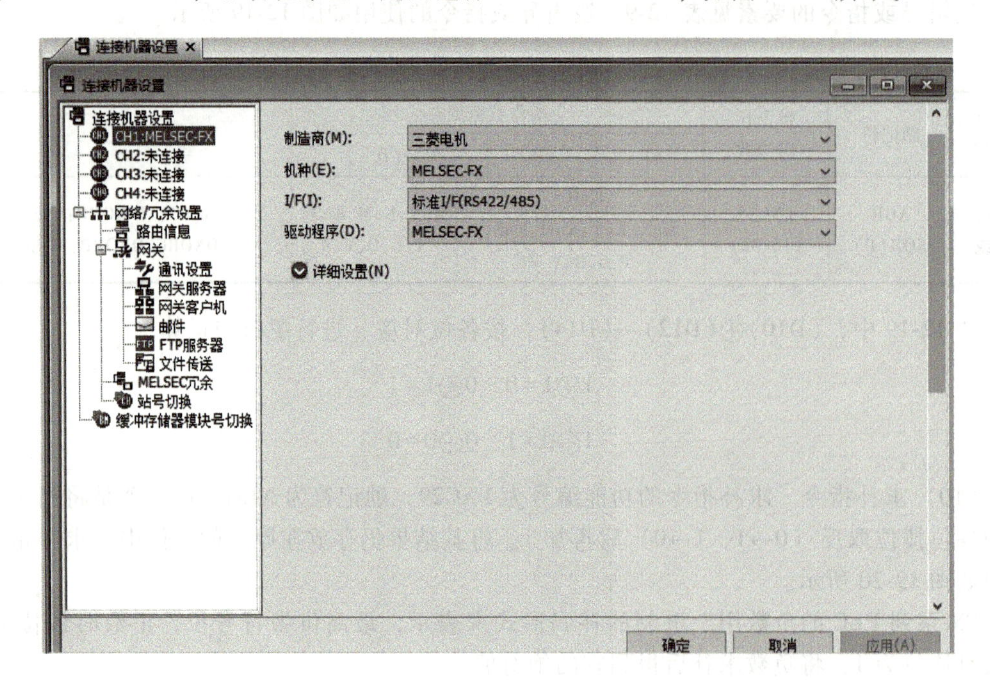

图 12-23　连接机种设置

4） 在画面 B-1 中依次建立一个文本显示“知识竞赛抢答系统”、一个指示灯（Y0）、一个数值显示（D11）和两个位按钮开关（M0、M1），如图 12-24 所示。

5） 单击左侧导航中“窗口画面”中双击新建（窗口画面 新建），进入“画面的属性”窗口，设置完成单击“确定”返回，进行设计如图 12-25 所示。

6） 设置如图 12-26 所示“题目”窗口界面。

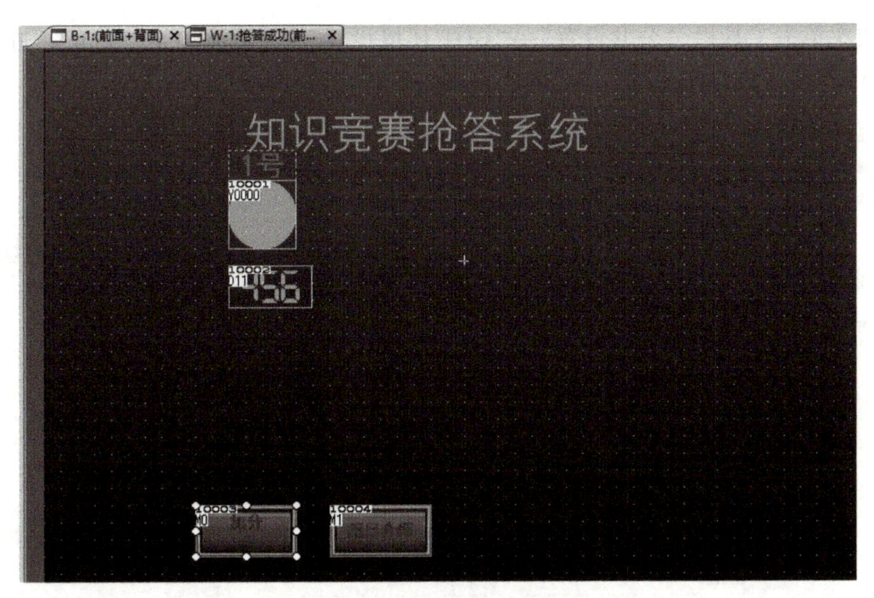

图 12-24　基本画面 B-1

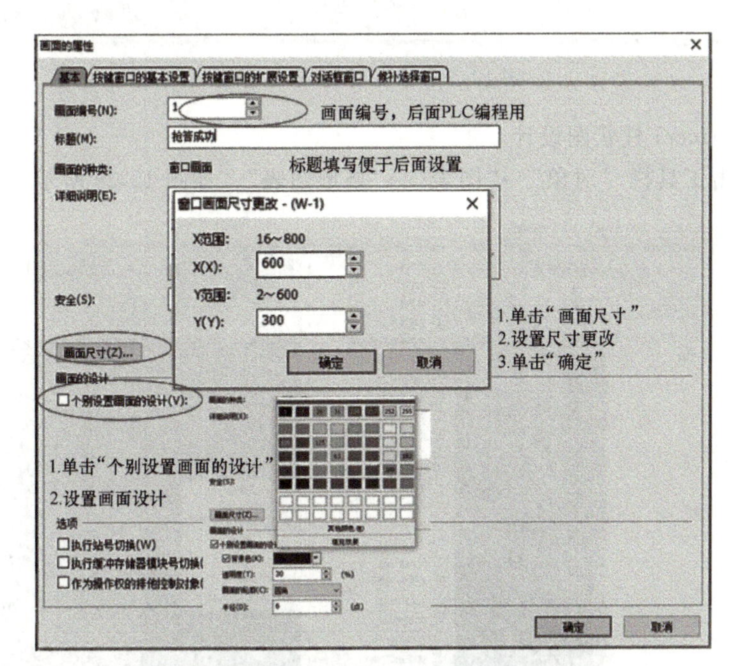

图 12-25　窗口画面属性设置

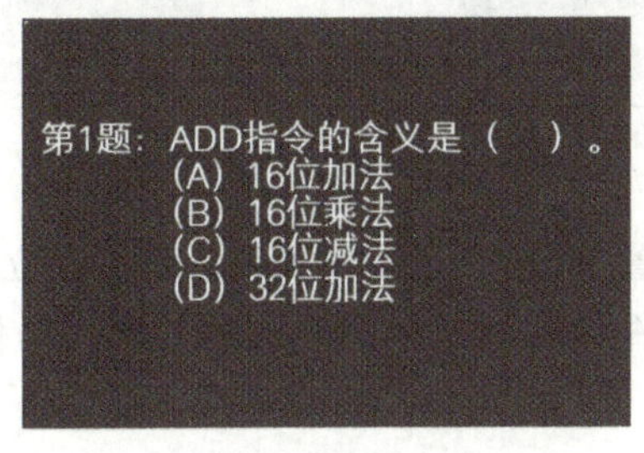

图 12-26　"题目"窗口

7）依次单击工具栏“公共设置”→“GOT 环境设置”→“画面切换/窗口”，进入“画面切换/窗口设置”，设置切换元件为“D0”，单击“确定”，如图 12-27 所示。

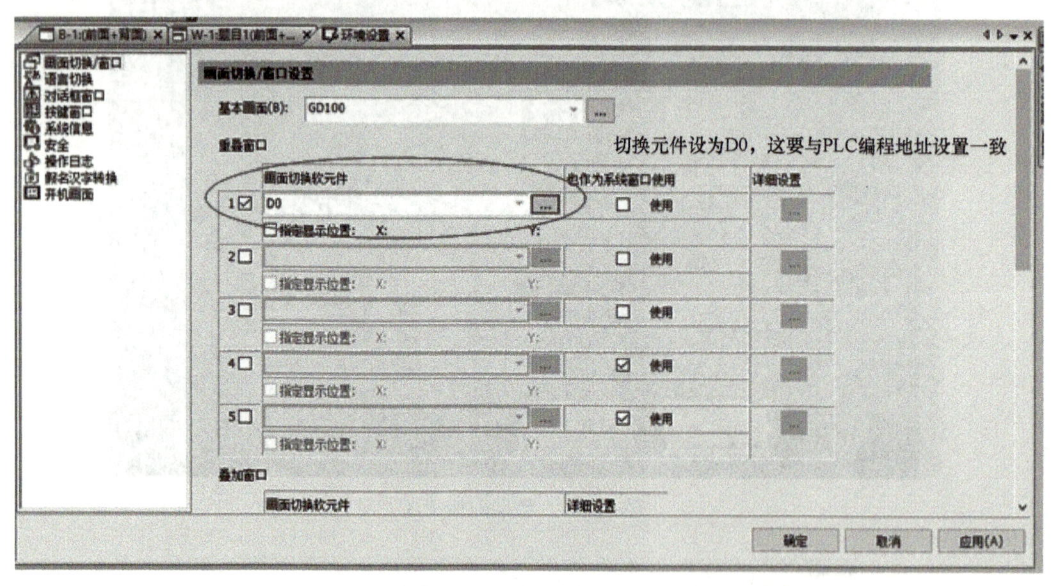

图 12-27　画面切换/窗口设置

（2）GT Designer3 柱状图设计

1）依次单击工具栏“对象”→“图表”→“条形图表”，如图 12-28 所示。

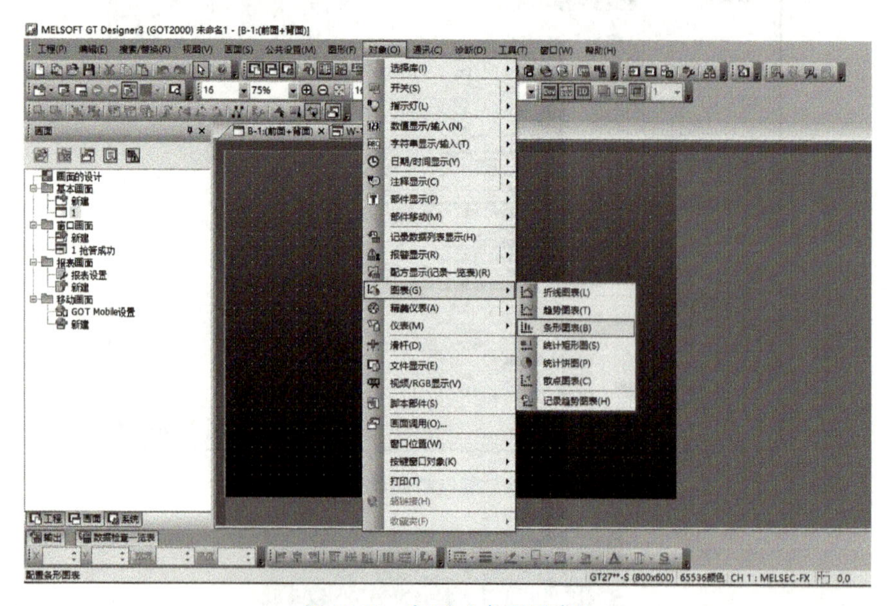

图 12-28　打开“条形图表”

2）在画面窗口中合适位置单击，“条形图表”元件即建立，如图 12-29 所示。

3）双击“条形图表”元件弹出“条形图表”属性窗口，依次设置，最后单击“确定”，如图 12-30 所示。

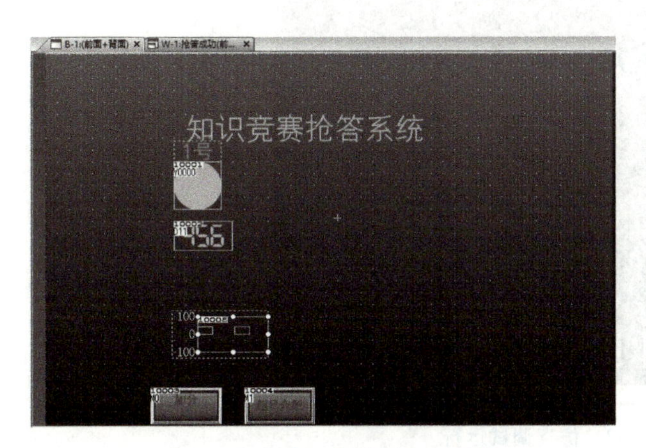

图 12-29　创建“条形图表”元件

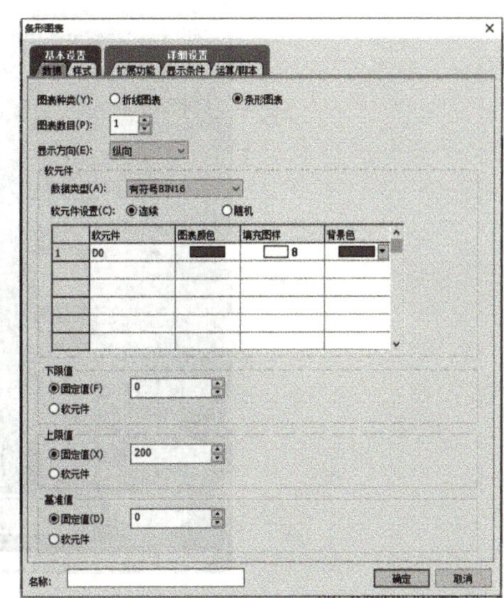

图 12-30　“条形图表”属性设置

（3）PLC 程序设计　根据控制要求，设计如图 12-31 所示的 PLC 程序。

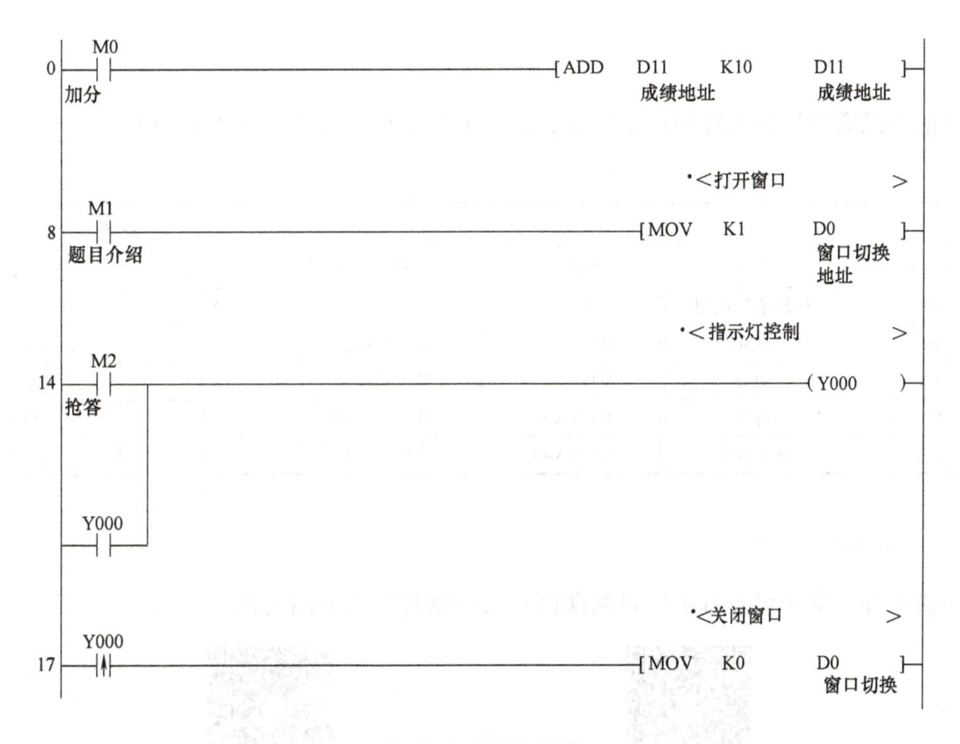

图 12-31　PLC 程序

（4）程序调试

1）依次单击 GX Works2 工具栏中“调试”→“模拟开始”，PLC 程序处于调试运行中。

2）依次单击 GT Designer3 工件栏中“工具”→“模拟器”→“模拟开始/停止”，GT Simulator2 仿真界面打开，如图 12-32 所示。

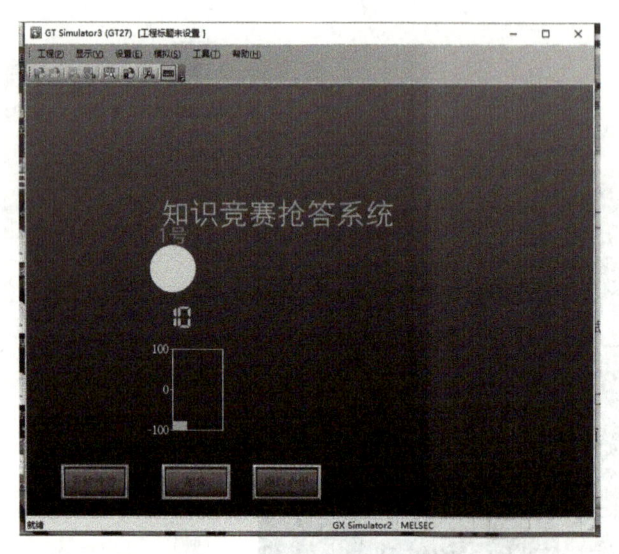

图 12-32　仿真调试运行

【项目实施】

一、I/O 地址分配

根据知识竞赛抢答系统的控制要求，设定 I/O 地址分配表，见表 12-10。

表 12-10　I/O 地址分配表

输入				输出	
地址号	功能	地址号	功能	地址号	功能
M0	开始抢答按钮	M10	返回	Y0	1 号指示灯
M1	题目介绍	M11(X1)	1 号抢答按钮	Y1	2 号指示灯
M2	加分	M12(X2)	2 号抢答按钮	Y2	3 号指示灯
M4	清零	M13(X3)	3 号抢答按钮	Y3	4 号指示灯
M20	抢答开始	M14(X4)	4 号抢答按钮	Y4	彩灯

二、控制程序设计

扫描下方二维码可查看本项目微课讲解及控制程序梯形图文档。

抢答器程序微课

抢答器程序梯形图

三、程序输入、仿真调试及运行

1）在 GX Works2 中完成知识竞赛抢答系统的控制程序。

2）利用 GX Works2 调试功能完成程序仿真运行，测试功能是否达到设计要求，如不能达到设计要求，应进行相应修改，直至仿真结果与系统设计要求一样。图 12-33 所示为程序仿真调试界面。

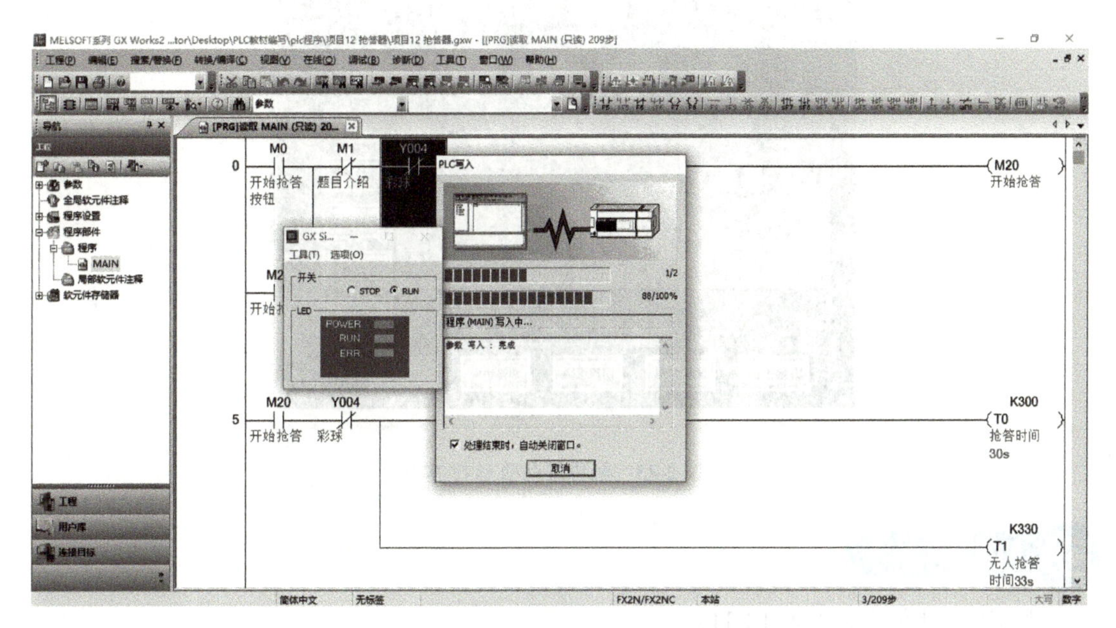

图 12-33　程序仿真调试界面

3）将 PLC 运行模式选择开关拨到“STOP”位置，此时 PLC 处于停止状态，可以进行程序的编写。

抢答器触摸屏仿真微课

4）执行“在线”→“PLC 写入”，将程序文件下载到 PLC。

5）将 PLC 运行模式选择开关拨到“RUN”位置，使 PLC 处于运行状态。

6）单击菜单栏“在线”→“监视”→“监视模式”，监控运行中各输入、输出器件的通断状态。

7）按下触摸屏相应按钮对程序进行调试运行，观察程序运行情况。若出现故障，应分别检查硬件电路接线和梯形图是否有误，修改后，应重新调试，直至系统按要求正常工作。

8）打开 GT Designer3 仿真运行触摸屏程序，结合 PLC 验证程序。图 12-34 和图 12-35 所示为触摸屏仿真运行界面。

图 12-34　开机界面

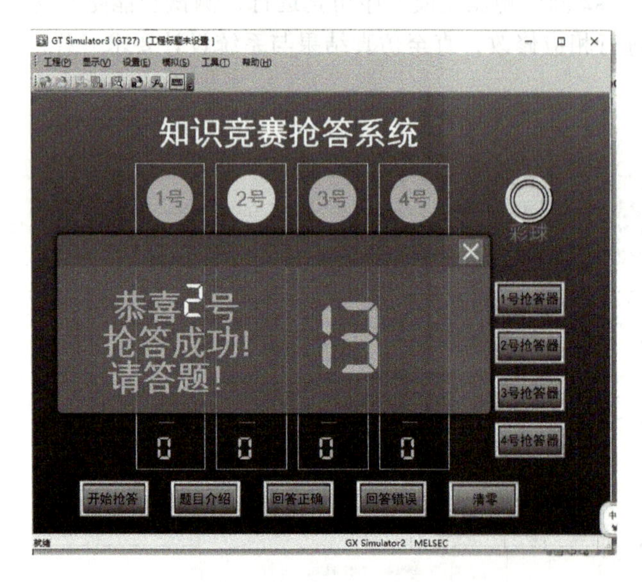

图 12-35　触摸屏仿真运行界面

【项目评价】

填写项目评价表，见表 12-11。

表 12-11　项目评价表

评价方式	项目内容	评分标准	配分	得分
自我评价	PLC 程序设计	1. 编制程序，每出现一处错误扣 1~2 分 2. 分析工作过程原理，每出现一处错误扣 1~2 分	30	
	GX Works2 使用	1. 输入程序，每出现一处错误扣 1~2 分 2. 程序运行出错，每次扣 3 分	30	
	PLC 连接与使用	1. 安装与调试，每出现一处错误扣 3 分 2. 使用与操作，每出现一处错误扣 3 分	20	
	安全文明操作	1. 违反操作规程，产生不安全因素，视情况扣 5~10 分 2. 迟到、早退、工作场地不清洁，每次扣 3~5 分	20	
签名		总分 1（自我评价总分×40%）		
小组评价	实训记录与自我评价情况		20	
	对实训室规章制度的学习与掌握情况		20	
	团队协作能力		20	
	安全责任意识		20	
	能否主动参与整理工具、器材与清洁场地		20	
参评人员签名		总分 2（小组评价总分×30%）		

（续）

评价方式	项目内容	评分标准		配分	得分
教师评价					
教师签名		教师评分(30)			
总分(总分 1+总分 2+教师评分)					

【复习与思考题】

1. 16 位加法指令的助记符为（　　）。

A. ADD　　B. SUB　　C. DIV　　D. MUL

2. 32 位减法指令的助记符为（　　）。

A. ADD　　B. SUB　　C. DIV　　D. DSUB

3. 16 位除法指令的助记符为（　　）。

A. ADD　　B. SUB　　C. DIV　　D. MUL

4. 16 位乘法指令的助记符为（　　）。

A. ADD　　B. SUB　　C. DIV　　D. MUL

5. 梯形图 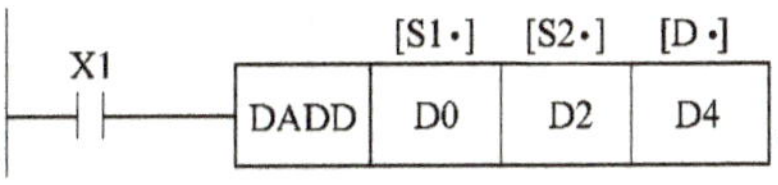 X1 —| |— [DADD D0 D2 D4]（[S1·] [S2·] [D·]）中，当执行条件 X1 由 OFF→ON 时，其表达式为（　　）。

A. [D0]-[D2]=[D4]　　B. [D0]+[D2]=[D4]

C. [D1D0]+[D3D2]=[D5D4]　　D. [D1D0]-[D3D2]=[D5D4]

6. 梯形图 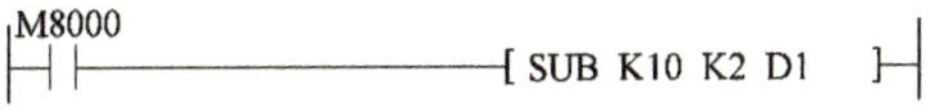 M8000 —| |— [SUB K10 K2 D1] 中，PLC 运行时，D1 的值为（　　）。

A. 20　　B. 8　　C. 12　　D. 5

7. 梯形图  X000 —| |— [DIV K10 K2 D2] 中，当执行条件 X0 由 OFF→ON 时，D2 的值为（　　）。

A. 20　　B. 8　　C. 12　　D. 5

8. 梯形图 M0 —| |— [MUL K2 K5 D3] 中，当执行条件 M0 由 OFF→ON 时，D3 的值为（　　）。

A. 20　　B. 8　　C. 10　　D. 5

9. 梯形图 X001 —| |— [INC D1] 中，当连续两次执行条件 X1 由 OFF→ON 时，D1 的值为（　　）。

A. D1+1　　B. D1-1　　C. D1-2　　D. D1+2

10. 梯形图  X003 —| |— [DEC D4] 中，当连续两次执行条件 X3 由 OFF→ON 时，D4 的

值为（　　）。

A. D4+1　　B. D4−1　　C. D4−2　　D. D4+2

11. 梯形图

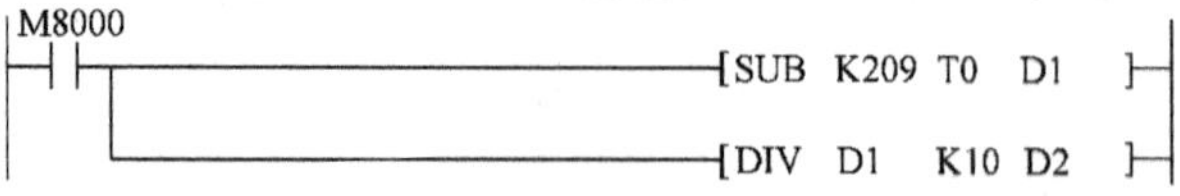

```
 M8000
─┤├──┬─────────────[SUB  K209  T0  D1 ]─
     └─────────────[DIV  D1   K10  D2 ]─
```

中，D2 显示的是倒计时（　　）s 的程序。

A. 10　　B. 20　　C. 15　　D. 5

12. 梯形图

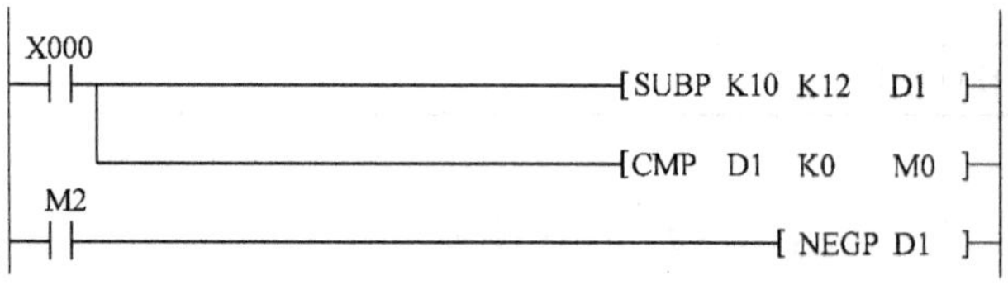

```
 X000
─┤├──┬─────────────[SUBP K10 K12  D1 ]─
     └─────────────[CMP  D1  K0   M0 ]─
 M2
─┤├────────────────[ NEGP D1 ]─
```

中，执行条件 X0 由 OFF →ON 时，D1 的值为（　　）。

A. 2　　B. −2　　C. 22　　D. 10

13. 梯形图

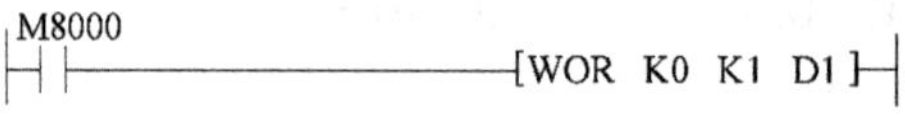

```
 M8000
─┤├────────────────[WOR  K0  K1  D1]─
```

中，D1 的值是（　　）。

A. 1　　B. 0　　C. −1　　D. 10

14. 字逻辑异或指令的助记符为（　　）。

A. AND　　B. WAND　　C. WXOR　　D. WOR

15. 在 GX Works2 中完成抢答器控制系统的程序。

16. 在 GT Designer3 中完成抢答器控制系统的仿真界面。

项目十三　霓虹灯广告屏控制设计

【学习目标】

1）掌握数据处理指令 ZRST、MEAN 和位左移/位右移指令使用方法及注意事项。

2）了解霓虹灯广告屏系统的工作原理及程序设计方法。

3）熟练掌握 GX Works2 程序输入、仿真、下载等操作技能。

4）熟练掌握 GT Designer3 人机交互界面设计及仿真调试等操作技能。

【重点与难点】

SFTL 和 SFTR 指令编程方法。

【项目分析】

本控制系统主要用于控制霓虹灯和边框流水灯的顺序闪烁。它能让霓虹灯在无人控制的情况下，进行自动闪烁，达到宣传目的。如图 13-1 所示的霓虹灯广告屏示意图，8 个灯管能按顺序亮灭，并且边框流水灯能同时隔位闪烁。

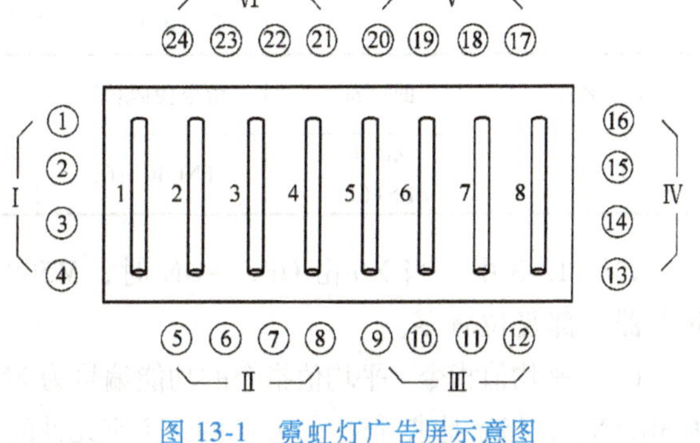

图 13-1　霓虹灯广告屏示意图

请用 FX2N 系列 PLC 编制霓虹灯广告屏控制程序，系统控制要求如下：

1）该广告屏中间 8 根霓虹灯管亮灭的顺序为：第 1 根～第 8 根亮，时间间隔 1s，8 根霓虹灯全亮后，显示 10s，再反过来从第 8 根～第 1 根的顺序间隔 1s 熄灭，全熄灭后，停 8s，再从头开始运行，周而复始。全亮灯和全灭灯有倒计时显示，即显示“灯全亮后 Xs 后灭灯，灯全灭后 Xs 后亮灯”。

2）广告屏四周的流水灯共 24 只，4 个 1 组，共分 6 组，每组灯间隔 1s 向前移动一次，即从Ⅰ、Ⅱ、Ⅲ、Ⅳ、Ⅴ、Ⅵ依次亮灯，全亮 2s 后，再反过来移动使流水灯依次灭灯，即从Ⅵ、Ⅴ、Ⅳ、Ⅲ、Ⅱ、Ⅰ依次灭灯，全灭 2s 后依次亮灯，如此循环往复。

3）系统要求连续控制，有启动按钮和停止按钮。

4）启动/关闭时，灯管和流水灯同时启动/关闭。

5）应用 GT Designer3 设计如图 13-2 所示的霓虹灯广告屏触摸屏仿真运行界面。

a)

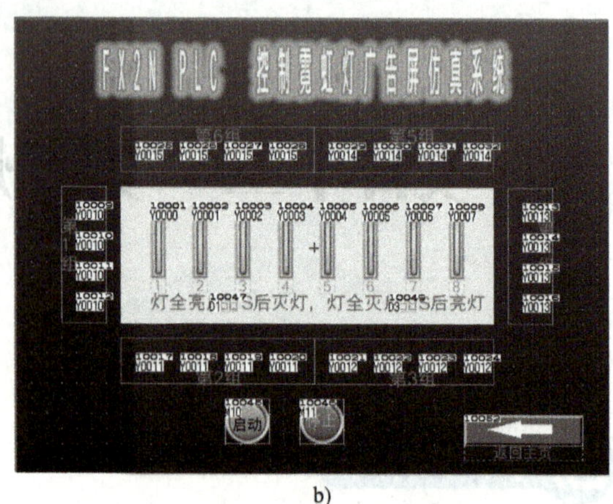

b)

图 13-2　霓虹灯广告屏触摸屏仿真运行界面

【相关知识】

一、数据处理指令

数据处理指令共有 10 条，应用指令的编号为 FNC40～FNC49，用来处理更复杂的运算或控制。在此只介绍 ZRST、MEAN 两个指令，其他指令请查阅 PLC 编程手册。

（1）区间复位指令　区间复位指令的功能编号为 FNC40，助记符为 ZRST，该指令是将［D1·］～［D2·］之间的指定元件号范围内的同类元件成批复位。区间复位指令的要素见表 13-1，区间复位指令的使用如图 13-3 所示。

表 13-1　区间复位指令的要素

指令名称	助记符	指令代码位数	操作数范围		程序步
			［D1·］	［D2·］	
区间复位	ZRST ZRST(P)	FNC40(16)	Y、M、S、T、C、D(D1≤D2)		ZRST、 ZRSTP;5 步

如图 13-3 中，当 X0 由 OFF→ON 时，M500～M599 辅助继电器全部复位置零。

X0　ZRST　M500 [D1·]　M599 [D2·]

图 13-3　区间复位指令的使用

（2）平均值指令　平均值指令的功能编号为 FNC45，助记符为 MEAN，该指令是求［S·］开始的 n 个字元件的平均值，结果送到［D·］中，余数舍去。平均值指令的要素见表 13-2，平均值指令的使用示例如图 13-4 所示。

表 13-2　平均值指令的要素

指令名称	指令编号	助记符	操作数			指令步数
			S(可变址)	D(可变址)	n	
平均值	FNC45 (16/32)	MEAN (P)	KnX、KnY、KnM、 KnS、T、C、D	KnY、KnM、KnS、 T、C、D、V、Z	K、H n=1～64	MEAN、MEANP:7 步 DMEAN、DMEANP:13 步

图 13-4 中，(D0+D1+D3)÷3=D10，也就是说把（D0+D1+D3)÷3 存在 D10 中。

[S·]　[D·]　n
X0　MEAN　D0　D10　K3

图 13-4　平均值指令的使用示例

二、位左移/位右移指令

位左移/位右移指令要素见表 13-3。

表 13-3　位左移/位右移指令要素

指令名称	指令编号	助记符	操作数				指令步数
			S(可变址)	D(可变址)	n_1	n_2	
位右移	FNC34(16)	SFTR(P)	X、Y、M、S	Y、M、S	K、H $n_2 \leqslant n_1 \leqslant 1024$		SFTR、SFTRP:9 步
位左移	FNC35(16)	SFTL(P)					SFTL、SFTLP:9 步

（1）位右移指令　位右移指令的功能编号为 FNC34，助记符为 SFTR。该指令使位元件中的状态成组地向右移动，由 n_1 指定位元件的长度，n_2 指定移动的位数，一般 $n_2 \leqslant n_1 \leqslant 1024$。位右移指令的要素见表 13-3，位右移指令的使用如图 13-5 所示。

图 13-5 中，当执行条件 X1 位 OFF→ON 时，有 n_2 指定的 4 位移动位数（即 X3～X0）成组向右移动，移动长度为 n_1 指定的 16 位（即 M15～M0）。位右移移位过程如图 13-6 所示。

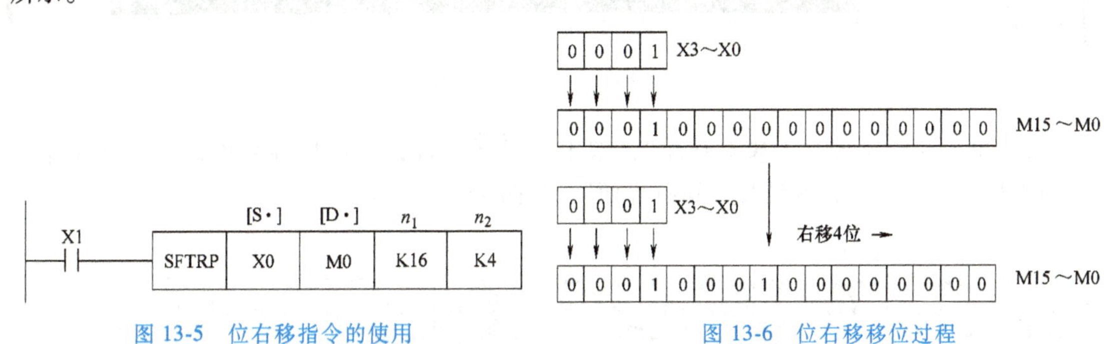

图 13-5　位右移指令的使用　　图 13-6　位右移移位过程

（2）位左移指令　位左移指令的功能编号为 FNC35，助记符为 SFTL。该指令使位元件中的状态成组地向左移动，由 n_1 指定位元件的长度，n_2 指定移动的位数，一般 $n_2 \leqslant n_1 \leqslant 1024$。位左移指令的要素见表 13-3，位左移指令的使用如图 13-7 所示。

如图 13-7 所示，当执行条件 X1 位由 OFF→ON 时，有 n_2 指定的 4 位移动位数（即 X3～X0）成组向左移动，移动长度为 n_1 指定的 16 位（即 M15～M0）。位左移移位过程如图 13-8 所示。

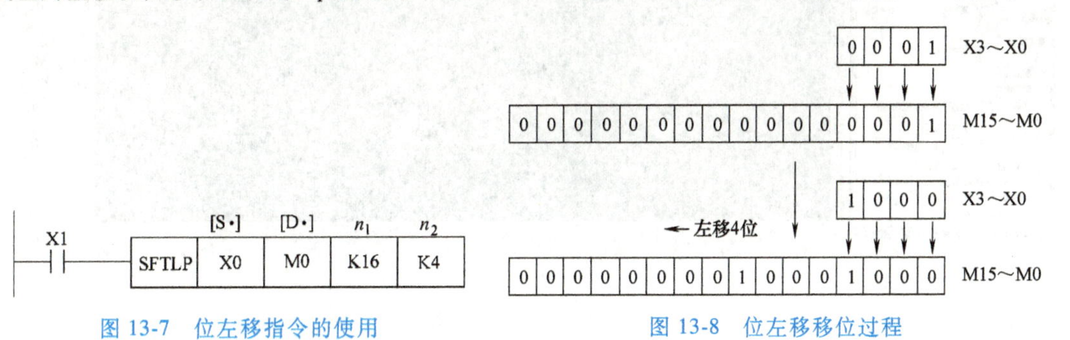

图 13-7　位左移指令的使用　　图 13-8　位左移移位过程

三、多窗口触摸屏画面制作

1）打开 GT Designer3，新建工程，如图 13-9 所示。

图 13-9 新建工程界面

2）单击左侧导航中“基本画面”，双击新建，进入画面属性界面，单击“基本”，画面编号设为“2”，标题设为“运行界面”，如图 13-10 所示。

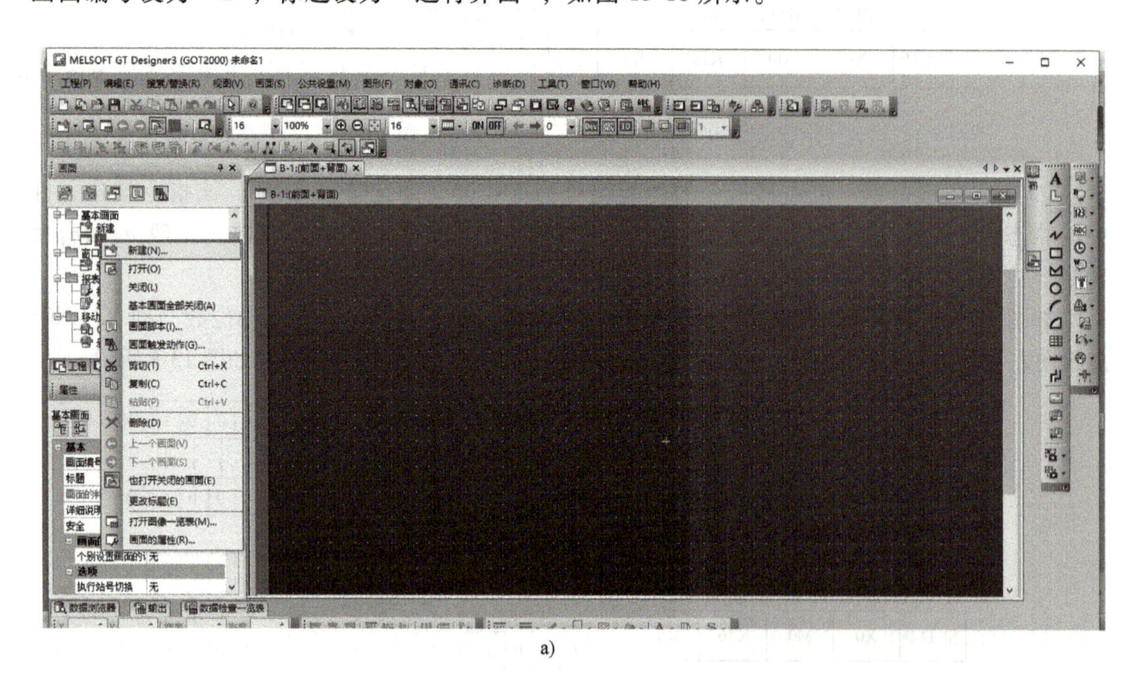

a)

图 13-10 画面设置

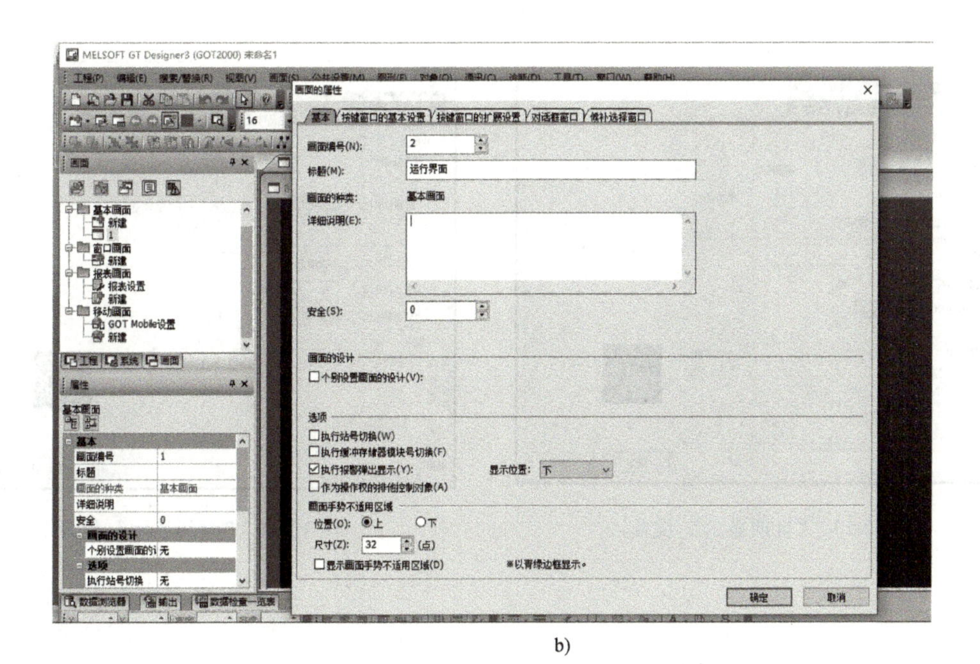

b)

图 13-10　画面设置（续）

3）设置如图 13-11 所示的画面文本信息。

4）输入时间显示，如图 13-12 所示。单击快捷栏中的，在窗口中适当位置单击，然后双击时间控件进入“日期显示”窗口，进行相关设置，单击“确定”，如图 13-13 所示。“时间显示”设置同“日期显示”设置，如图 13-14 所示。时间和日期设置后的界面如图 13-15 所示。

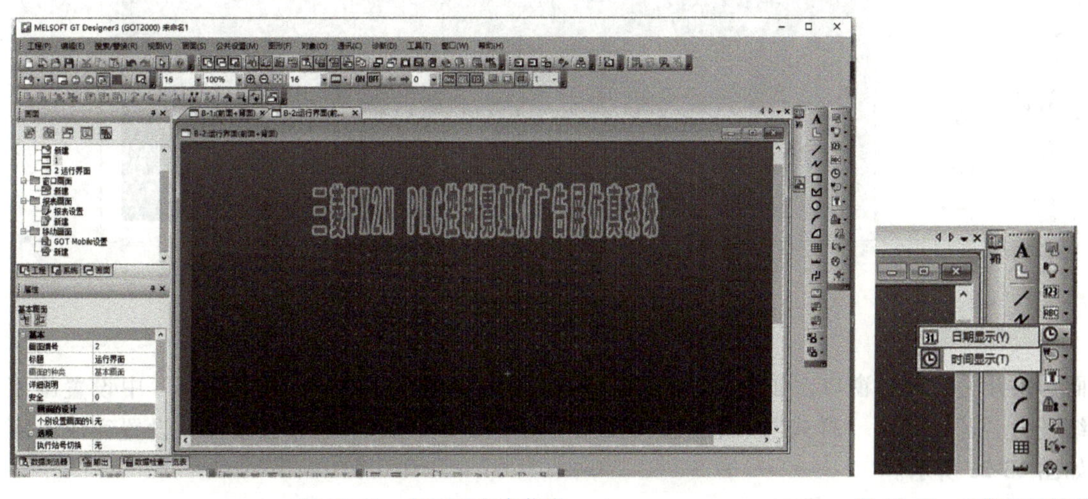

图 13-11　主画面文本信息　　　　图 13-12　日期显示控件

5）全屏触摸开关制作。单击图 13-16 所示快捷栏中的“画面切换开关”。在窗口中适当位置单击，显示画面切换开关，如图 13-17 所示，然后双击画面切换开关控件进入“画

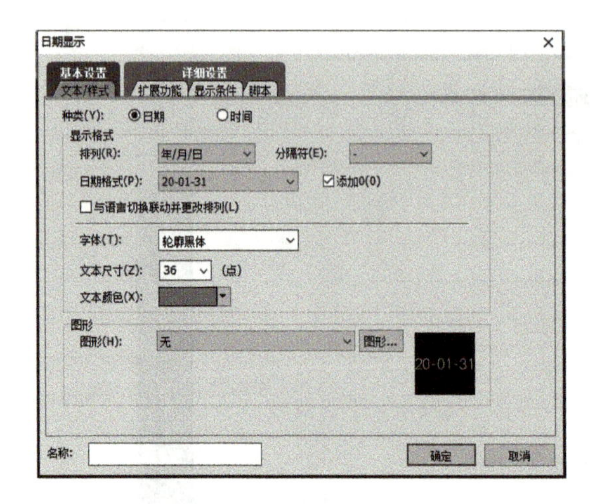

图 13-13 “日期显示”设置

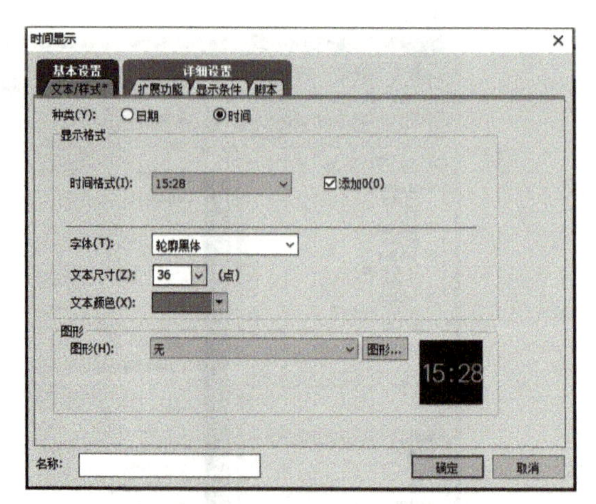

图 13-14 “时间显示”设置

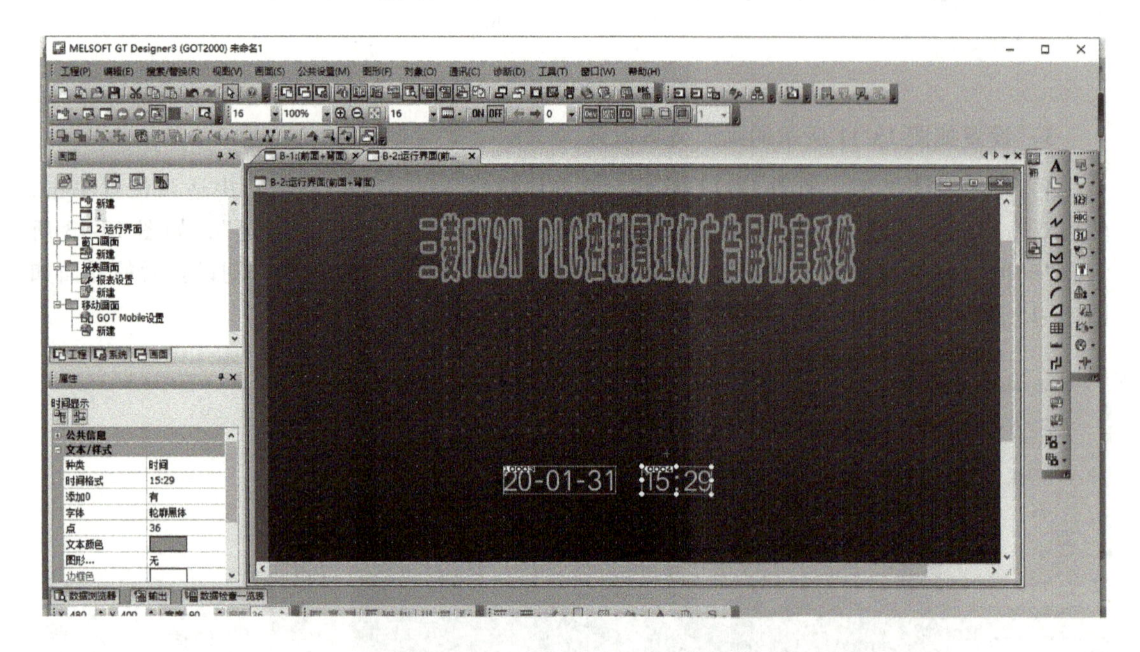

图 13-15 日期和时间设置后的界面

面切换开关”属性窗口，如图 13-18 所示，在“基本设置”→“画面切换目标”中设置画面编号为“2”。单击“样式”，图形选“无”，如图 13-19 所示。全屏触摸开关设置完成界面如图 13-20 所示。

6）双击导航中 基本画面 新建 1 主界面 2 运行界面 中的画面“2 运行界面”进入画面 2 设置。在画面 2 中依次完成如图 13-21 所示界面的设置。

图 13-16　单击画面切换开关按钮

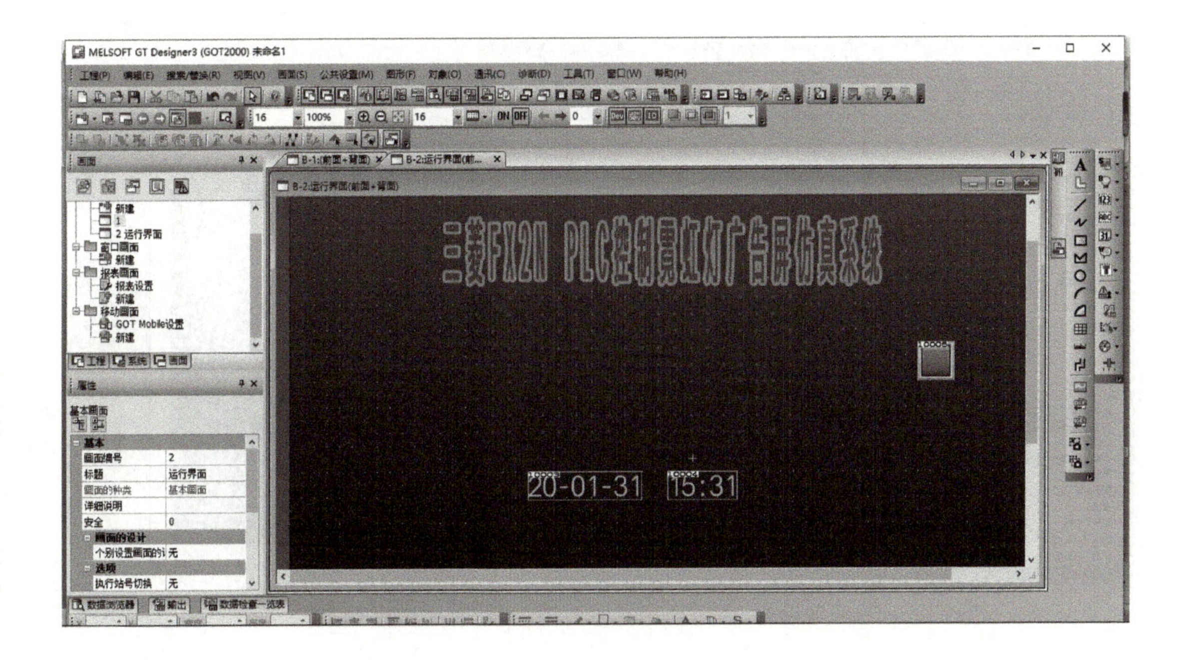

图 13-17　画面切换开关

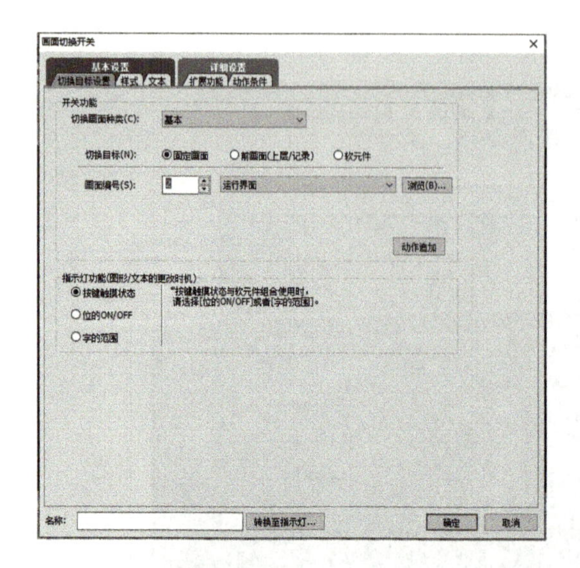

图 13-18　画面切换目标设置

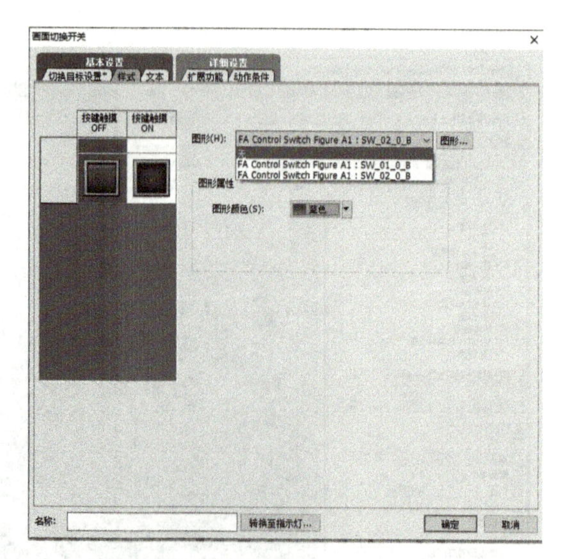

图 13-19　画面切换开关样式设置

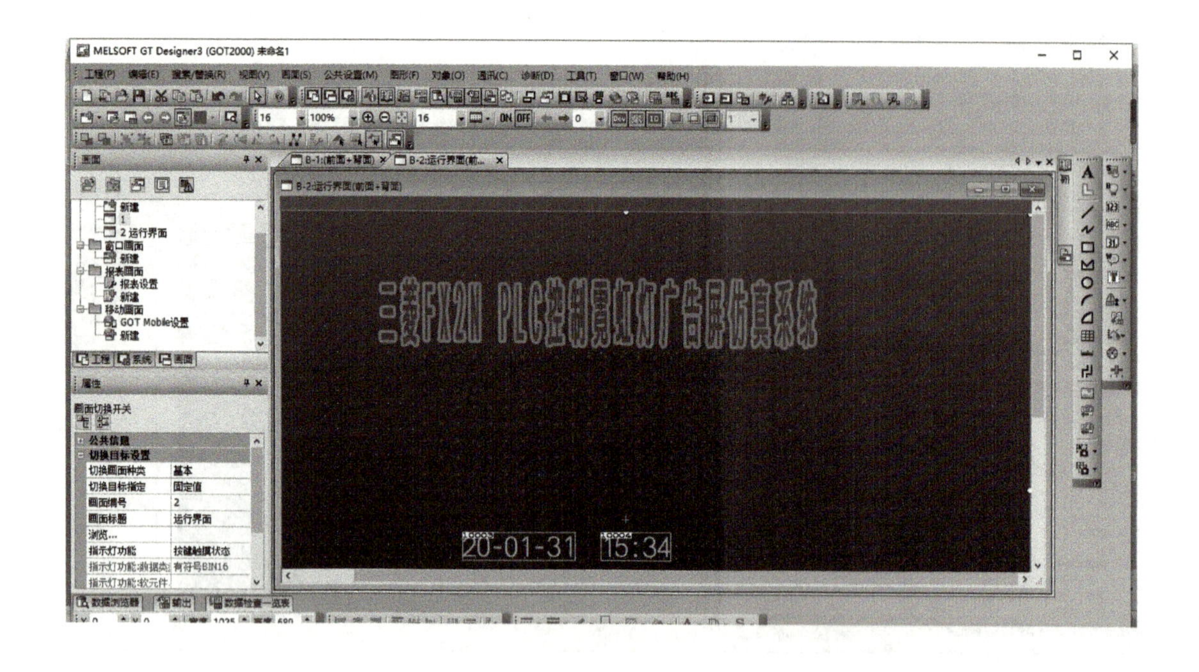

图 13-20　全屏触摸开关设置完成界面

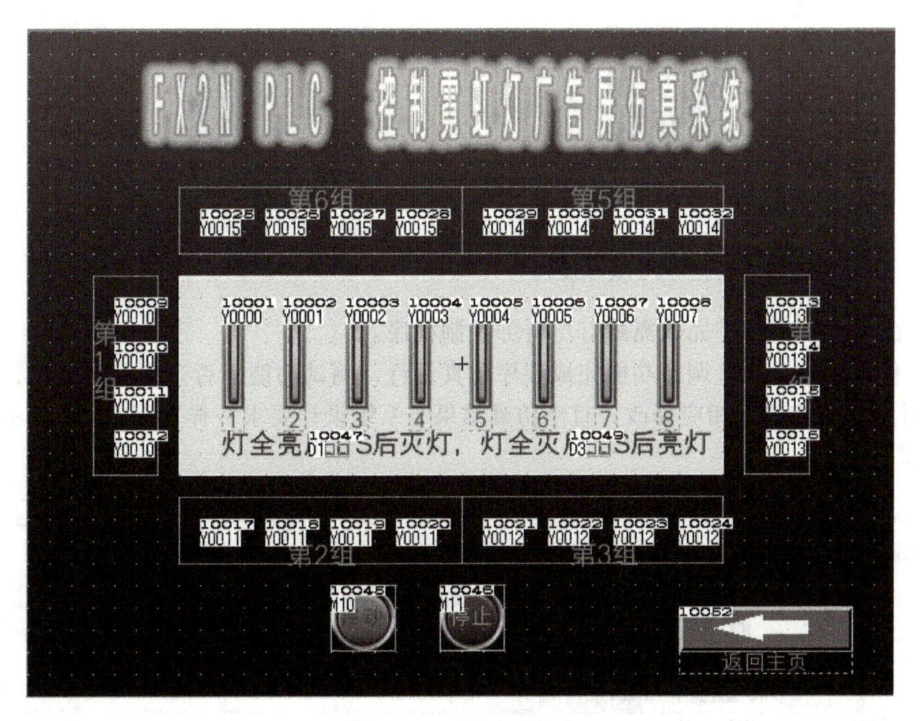

图 13-21　画面 2 界面

【项目实施】

一、I/O 地址分配

根据霓虹灯广告屏的 PLC 控制要求，设定 I/O 地址分配表，见表 13-4。

表 13-4　I/O 地址分配表

输入		输出			
地址号	功能	地址号	功能	地址号	功能
M10	触摸屏启动按钮	Y0	第 1 根灯管	Y10	第 I 组流水灯
M11	触摸屏停止按钮	Y1	第 2 根灯管	Y11	第 II 组流水灯
		Y2	第 3 根灯管	Y12	第 III 组流水灯
		Y3	第 4 根灯管	Y13	第 IV 组流水灯
		Y4	第 5 根灯管	Y14	第 V 组流水灯
		Y5	第 6 根灯管	Y15	第 VI 组流水灯
		Y6	第 7 根灯管		
		Y7	第 8 根灯管		

二、控制程序设计

扫描下方二维码可查看本项目微课讲解及控制程序梯形图文档。

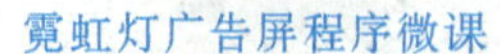

霓虹灯广告屏程序微课

霓虹灯广告屏程序梯形图

三、程序输入、仿真调试及运行

1）在 GX Works2 中完成霓虹灯广告屏控制程序。

2）利用 GX Works2 调试功能完成程序仿真运行，测试功能是否达到设计要求，如不能达到设计要求，应进行相应修改，直至仿真结果与系统设计要求一样。图 13-22 所示为程序仿真调试界面。

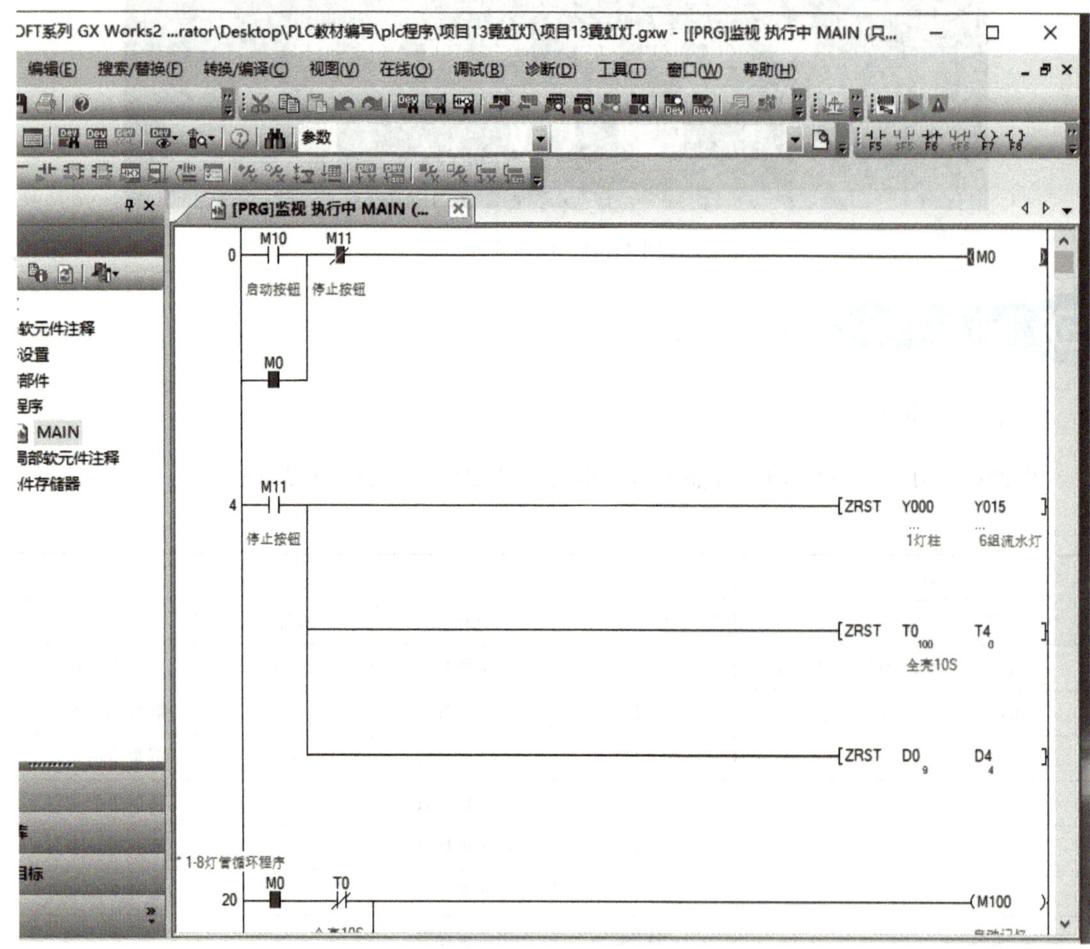

图 13-22　程序仿真调试界面

霓虹灯广告屏仿真微课

3）将 PLC 运行模式选择开关拨到“STOP”位置，此时 PLC 处于停止状态，可以进行程序的编写。

4）执行“在线”→“PLC 写入”，将程序文件下载到 PLC。

5）将 PLC 运行模式选择开关拨到“RUN”位置，使 PLC 处于运行状态。

6）单击菜单栏“在线”→“监视”→“监视模式”，监控运行中各输入、输出器件的通断状态。

7）对程序进行调试运行，观察程序运行情况。若出现故障，应分别检查硬件电路接线和梯形图是否有误，修改后，应重新调试，直至系统按要求正常工作。

8）打开 GT Designer3 仿真运行触摸屏程序，结合 PLC 验证程序。图 13-23 所示为触摸屏仿真运行界面。

a)

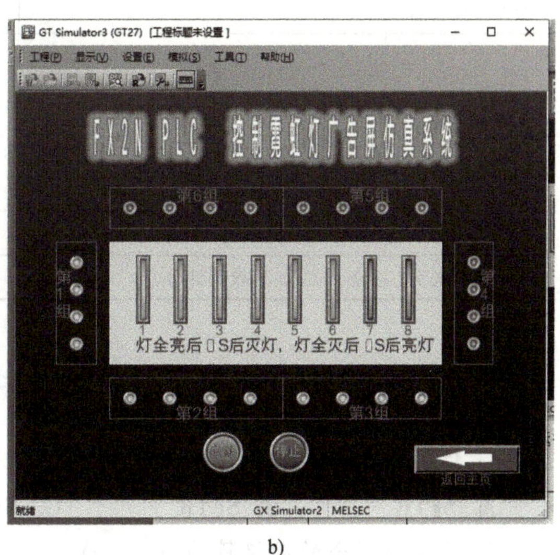

b)

图 13-23　触摸屏仿真运行界面

【项目评价】

填写项目评价表，见表 13-5。

表 13-5　项目评价表

评价方式	项目内容	评分标准	配分	得分
自我评价	PLC 程序设计	1. 编制程序，每出现一处错误扣 1~2 分 2. 分析工作过程原理，每出现一处错误扣 1~2 分	30	
	GX Works2 使用	1. 输入程序，每出现一处错误扣 1~2 分 2. 程序运行出错，每次扣 3 分	30	
	PLC 连接与使用	1. 安装与调试，每出现一处错误扣 3 分 2. 使用与操作，每出现一处错误扣 3 分	20	
	安全文明操作	1. 违反操作规程，产生不安全因素，视情况扣 5~10 分 2. 迟到、早退、工作场地不清洁，每次扣 3~5 分	20	
签名		总分 1（自我评价总分×40%）		

（续）

评价方式	项目内容	评分标准	配分	得分
小组评价	实训记录与自我评价情况		20	
	对实训室规章制度的学习与掌握情况		20	
	团队协作能力		20	
	安全责任意识		20	
	能否主动参与整理工具、器材与清洁场地		20	
参评人员签名		总分2(小组评价总分×30%)		
教师评价				
教师签名		教师评分(30)		
总分(总分1+总分2+教师评分)				

【复习与思考题】

1. 位右移指令的助记符为（　　）。

A. SFTR　　B. SFTR　　C. ROL　　D. ROR

2. 位左移指令的助记符为（　　）。

A. SFTR　　B. SFTR　　C. ROL　　D. ROR

3. 区间复位指令的助记符为（　　）。

A. ZRST　　B. RST　　C. SET　　D. RET

4. 平均值指令的助记符为（　　）。

A. MEAN　　B. SUM　　C. AND　　D. ANDP

5. 梯形图

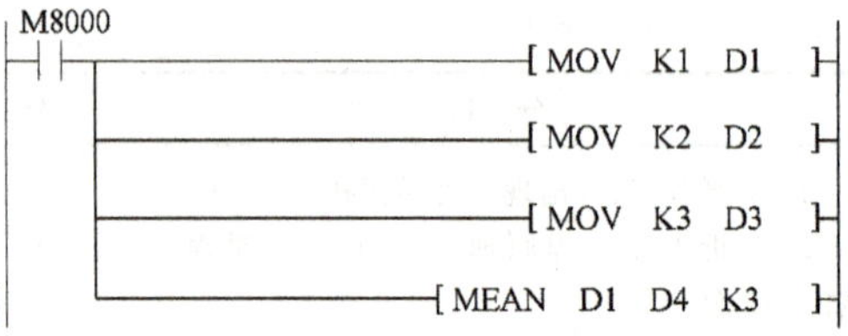

```
M8000
--| |--+----------------[MOV  K1  D1 ]
       +----------------[MOV  K2  D2 ]
       +----------------[MOV  K3  D3 ]
       +----------------[MEAN D1  D4  K3 ]
```

中，D4 的值是（　　）。

A. 1　　B. 2　　C. 3　　D. 4

6. 梯形图

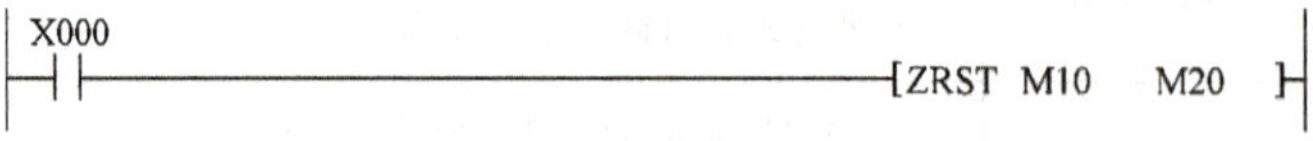

```
X000
--| |----------------[ZRST M10  M20 ]
```

中，当 X0 由 OFF→ON 时，M10~M20 辅助继电器全部（　　）。

A. 置 1　　B. 不变　　C. 置零

7. 梯形图

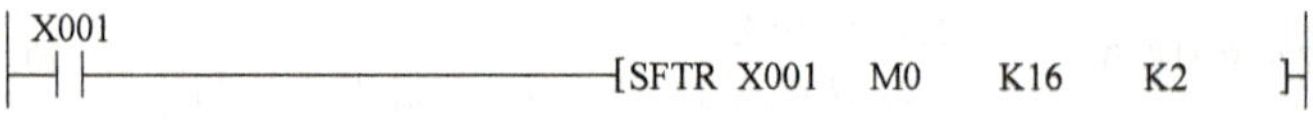

```
X001
--| |----------------[SFTR X001  M0  K16  K2 ]
```

中，当 X1 由 OFF→ON 时，数据移动的长度是（　　）位。

A. 3　　B. 4　　C. 8　　D. 16

8. 梯形图 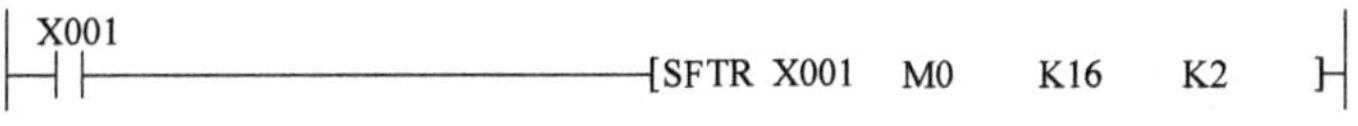 X001 ─┤├─ [SFTR X001 M0 K16 K2] 中，当 X1 由 OFF→ON 时，(　　) 位移动位数向右移动。

A. 2　　B. 4　　C. 8　　D. 16

9. 梯形图 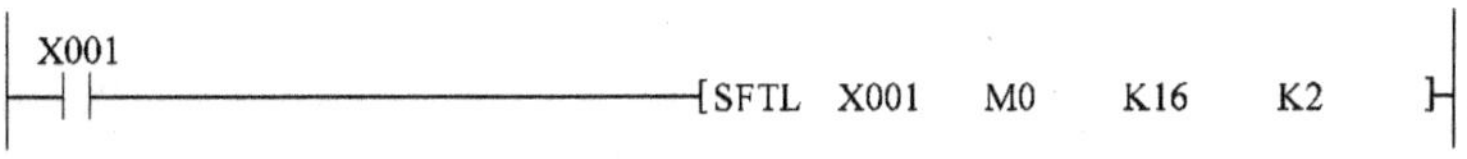 X001 ─┤├─ [SFTL X001 M0 K16 K2] 中，当 X1 由 OFF→ON 时，指定的 2 位移动位数成组向左移动，指定的 2 位移动位数为 (　　)。

A. M0 ~ M2　　B. X0 ~ X3　　C. X0 ~ X1　　D. M0 ~ M1

10. 在 GX Works2 中完成霓虹广告屏控制系统的程序。

11. 在 GT Designer3 中完成霓虹广告屏控制系统的仿真界面。

项目十四　五角星冲孔控制设计

【学习目标】

1）掌握脉冲指令 PLSR、PLSY 的使用方法及注意事项。

2）了解步进电动机及驱动器、伺服电动机及驱动器、变频器的工作原理及接线、设置方法。

3）了解工业综合应用按钮系统设计方法。

4）熟练掌握 GX Works2 程序输入、仿真、下载等操作技能。

5）熟练掌握 GT Designer3 人机交互界面分级密码设置程序设计及仿真调试等操作技能。

【重点与难点】

1）PLSY 和 PLSR 指令编程方法。

2）各孔定位脉冲个数和频率的计算。

【项目分析】

THMDTK-3 型机械系统装调与控制技术实验平台的主要功能是根据要求完成对被加工物料的自动上、下料及多模具精确冷冲压过程；首先通过电气控制柜中的触摸屏、PLC、传感器等控制两伺服电动机的旋转来控制二维送料部件（十字滑台）的运动，二维送料部件与自动上下料机构（仓库）配合实现被加工物料（铝板）的自动上料、自动送料、自动定位和自动下料功能；其次根据加工要求通过步进电动机的转动完成转塔部件中多形状冲压模具的更换，并通过气动定位系统对转塔进行精确定位；最后利用冲压系统以及冷冲压模具的联合动作对物料进行精密冷冲压。

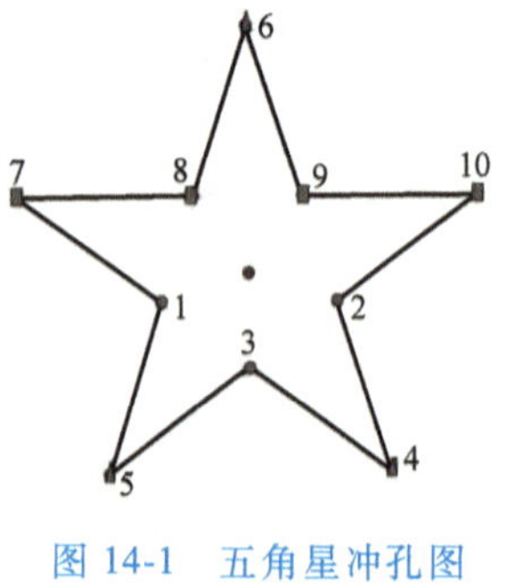

请用 FX 系列 PLC、触摸屏、变频器在 THMDTK-3 型机械系统装调与控制技术实验平台中完成如图 14-1 所示五角星冲孔控制程序，系统控制要求如下：

1）点的坐标为 1（-9，-3）、2（9，-3）、3（0，-10）、4（15，-20）、5（-15，-20）、6（0，25）、7（-24，8）、8（-6，8）、9（6，8）、10（24，8）。圆形冲模安装在压力机

图 14-1　五角星冲孔图

1 号工位、三角形冲模安装在压力机 2 号工位，矩形冲模安装在压力机 3 号工位。

2）系统具备手动运行和自动运行状态。

3）能用按钮和触摸屏按钮共同操作手动状态。

4）工作过程为：

① 手动将铝板放入料仓内，确定各执行机构在原点位置，控制方式为自动，按下启动按钮。

② 自动上下料处“料仓物料检测”开关检测到铝板→上、下料机构下降吸起铝板→上升直至“仓储原点”传感器检测到信号。

③ 二维送料部件带动气动夹手运行至取料位置→铝板位于气动夹手内→“夹料检测”传感器（槽型光电开关）检测铝板到位→气动夹手夹紧铝板→二维送料部件将铝板送至压力机加工。

④ 上模盘和下模盘定位气缸动作对模盘定位（此时 1 号工位的模具在打击头正下方），铝板运送至 1 号工位处→气液增压缸驱动模具对铝板第一次冲孔加工。

⑤ 二维送料部件、转塔部件和压力机相互配合，根据加工程序要求完成铝板的加工。

⑥ 加工完成后二维送料部件将加工好的铝板运送至下料位置→上、下料机构运行至仓储下料位置→气动夹手松开→推料气缸运行将铝板推入仓储中。完成一次自动运行。

5）应用 GT Designer3 设计如图 14-2 所示的触摸屏仿真运行界面，安全等级为 1 级。

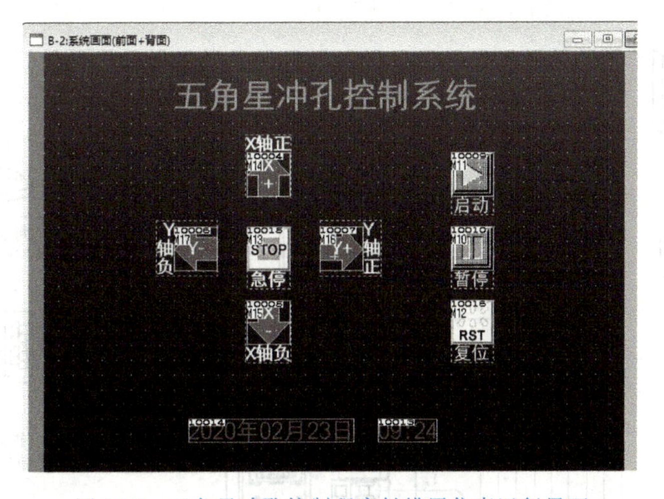

图 14-2　五角星冲孔控制程序触摸屏仿真运行界面

【相关知识】

一、伺服系统

（1）伺服电动机　伺服电动机是指在伺服系统中控制机械元件运转的动力装置，是一种补助马达间接变速装置，伺服电动机如图 14-3 所示。

伺服电动机可使控制速度，位置精度非常准确，可以将电压信号转化为转矩和转速以驱动控制对象。伺服电动机转子转速受输入信号控制，并能快速反应，在自动控制系统中，用作执行元件，且具有机电时间常数小、线性度高等特性，可把收到的电信号转换成电动机轴上的角位移或角速度输出。分为直流和交流伺服电动机两大类，其主要特点是，当信号电压为零时无自转现象，转速随着转矩的增加而匀速下降。

（2）伺服驱动器　伺服驱动器是用来控制伺服电动机的一种控制器，属于伺服系统的一部分，主要应用于高精度的定位系统。一般是通过位置、速度和力矩三种方式对伺服电动机进行控制，实现高精度的传动系统定位，目前是传动技术的高端产品。伺服驱动器如图 14-4 所示，伺服系统连接示意图如图 14-5 所示。

图 14-3　伺服电动机

图 14-4　伺服驱动器

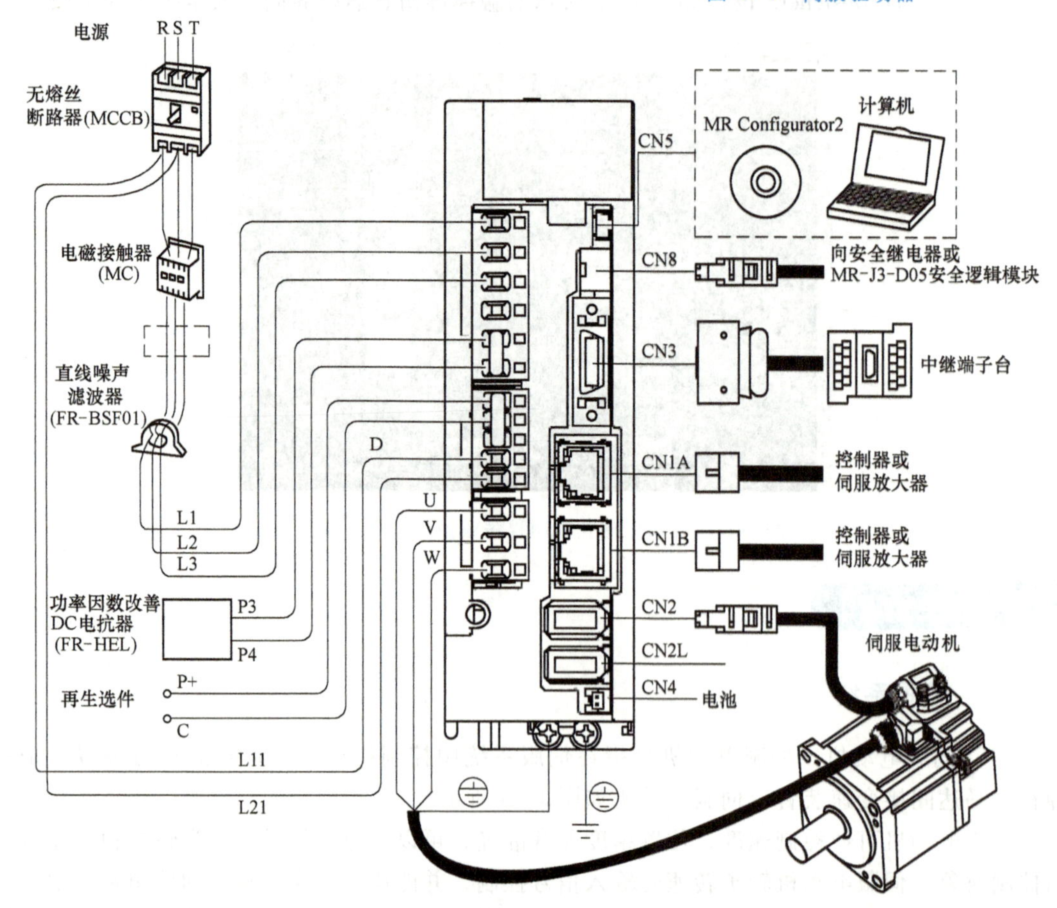

图 14-5　伺服系统连接示意图

二、步进系统

（1）步进电动机　步进电动机是将电脉冲信号转变为角位移或线位移的开环控制电动机，是现代数字程序控制系统中的主要执行元件，应用极为广泛。在非超载的情况下，电动机的转速、停止的位置只取决于脉冲信号的频率和脉冲数，而不受负载变化的影响。步进电动机如图 14-6 所示。

图 14-6　步进电动机

（2）步进电动机驱动器　步进电动机驱动器是一种将电脉冲转化为角位移的执行机构。当步进驱动器接收到一个脉冲信号，它就驱动步进电动机按设定的方向转动一个固定的角度（称为“步距角”），它的旋转是以固定的角度一步一步运行的。可以通过控制脉冲个数来控制角位移量，从而达到准确定位的目的；同时可以通过控制脉冲频率来控制电动机转动的速度和加速度，从而达到调速和定位的目的。

步进电动机的相数是指电动机内部的线圈组数，常用的有二相、三相、四相、五相步进电动机。电动机相数不同，其步距角也不同，一般二相电动机的步距角为 1.8°、三相的为 1.2°、五相的为 0.72°。在没有细分驱动器时，用户主要靠选择不同相数的步进电动机来满足步距角的要求。如果使用细分驱动器，则相数将变得没有意义，用户只需在驱动器上改变细分数，就可以改变步距角。

DM542 步进驱动器如图 14-7 所示。

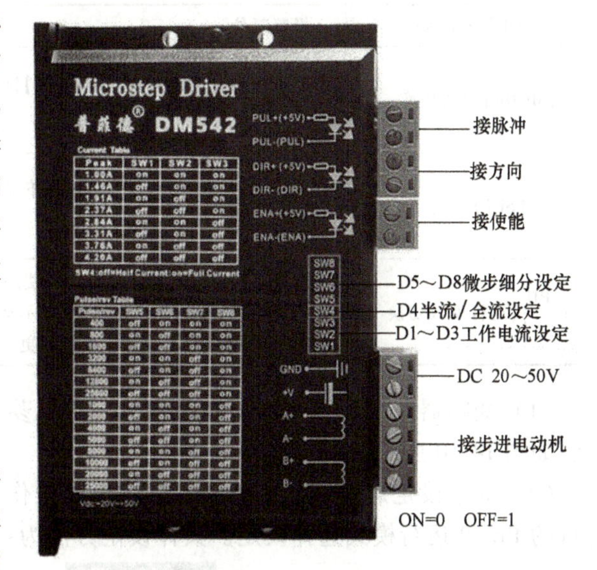

图 14-7　DM542 步进驱动器

三、变频器

三菱变频器是利用电力半导体器件的通断作用将工频电源变换为另一频率的电能控制装置。三菱变频器主要采用交—直—交方式（VVVF 变频或矢量控制变频），先把工频交流电源通过整流器转换成直流电源，然后再把直流电源转换成频率、电压均可控制的交流电源以供给电动机。三菱变频器的电路一般由整流、中间直流环节、逆变和控制 4 个部分组成。整流部分为三相桥式不可控整流器，逆变部分为 IGBT 三相桥式逆变器，且输出为 PWM 波形，中间直流环节为滤波、直流储能和缓冲无功功率。

三菱 E700 变频器适合功能要求简单、对动态性能要求较低的场合使用，且价格较有优势。三菱 E700 变频器如图 14-8 所示，三菱 E700 变频器面板如图 14-9 所示，三菱 E700 变频器面板功能说明见表 14-1。

图 14-8　三菱 E700 变频器

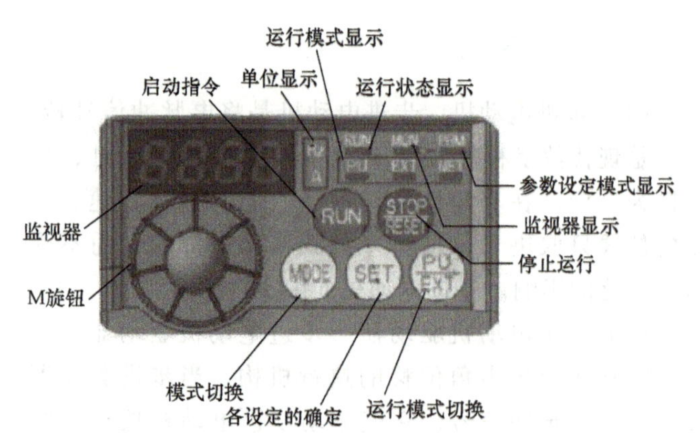

图 14-9　三菱 E700 变频器面板

表 14-1　三菱 E700 变频器面板功能说明

名称	功能说明
【M】旋钮	用于变更频率设定、参数的设定值。按该按钮可显示以下内容：监视模式时的设定频率；校正时的当前设定值；错误历史模式时的顺序
【RUN】启动指令	通过 Pr：40 的设定，选择旋转方向
【STOP】停止运行	报警复位
【MODE】模式切换	用于切换各设定模式。和【PU/EXT】键同时按下用来切换运行模式。长按此键（2s）可以锁定操作
【SET】确定	运行中按此键则监视器出现以下显示：运行频率→输出电流→输出电压；进入参数选型及参数确定
【PU/EXT】运行模式切换	用于切换 PU/外部运行模式。使用外部运行模式（通过另接的频率设定旋钮和启动信号启动的运行）时请按此键，使表示运行模式的 EXT 处于亮灯状态（切换至组合模式时，可同时按【MODE 键】0.5s 或者变更参数 Pr.79）。PU：PU 运行模式；EXT：外部运行模式

（1）变频器基本操作（出厂时设定值）　三菱 E700 系列变频器出厂时设定值基本操作方法如图 14-10 所示。

（2）简单设定运行模式　可以通过简单的操作来完成利用启动指令和速度指令的组合进行的 Pr.79 运行模式选择设定。具体设定方法为：

1）电源接通时显示的监视器 0.00 画面。

2）同时按住 PU/EXT MODE 键 0.5s，显示 79-- 画面。

3）旋转 M 旋钮，将值设定为 79-3，显示 79-3 画面。

4）按 SET 键设定，显示 79-3 79-- 画面，参数设定完成。3s 后显示监视器

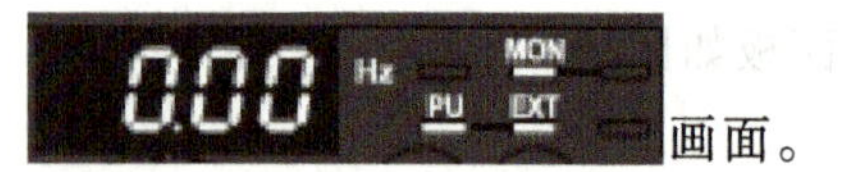

画面。

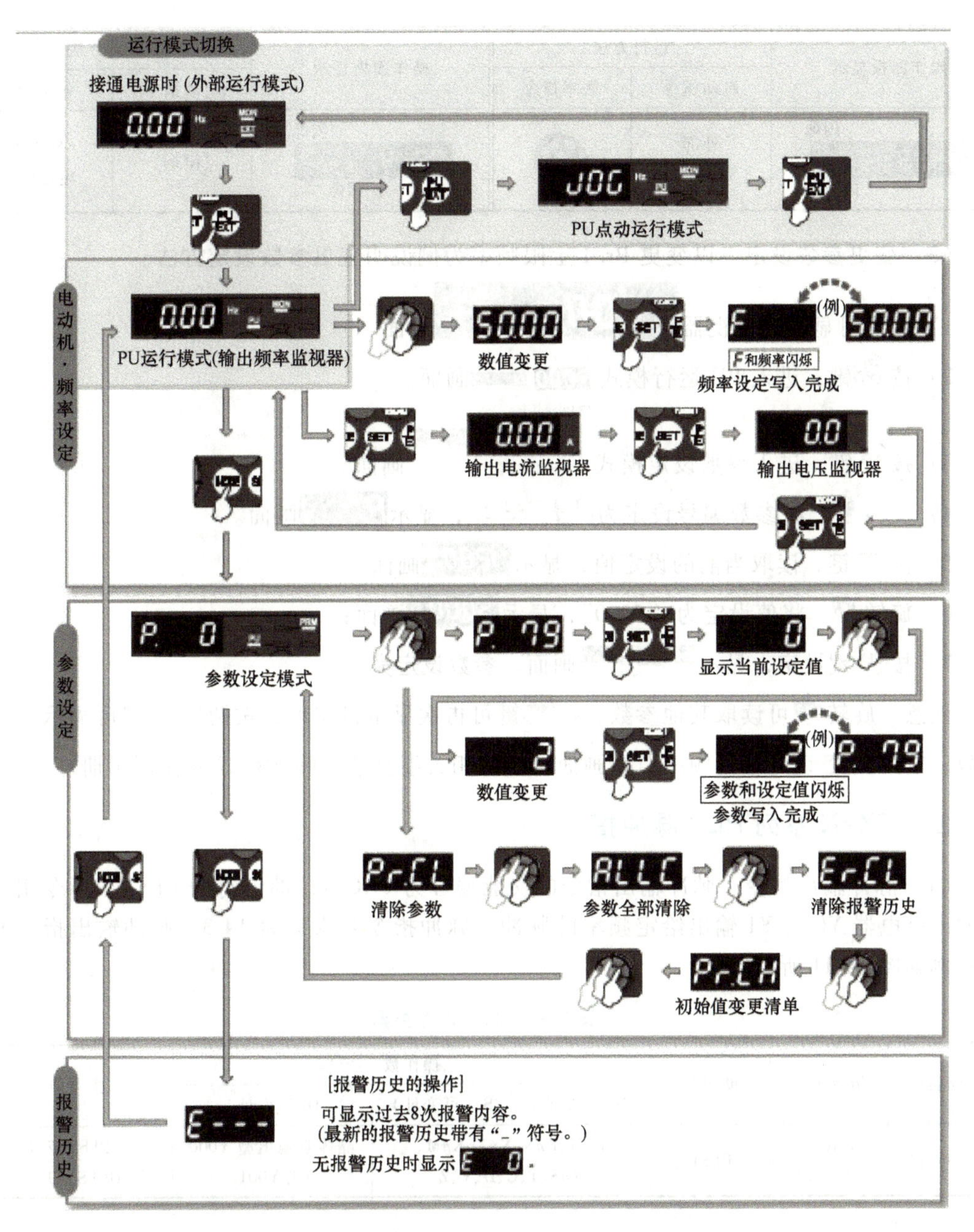

图 14-10　三菱 E700 系列变频器出厂设置方法

其他设定，请参照表 14-2 进行设置。

表 14-2　其他运行模式设置表

操作面板显示	运行方法		操作面板显示	运行方法	
	启动指令	频率指令		启动指令	频率指令
79-1 闪烁 闪烁	RUN		79-2 闪烁 闪烁	外部（STF、STR）	模拟量电压输入

（续）

操作面板显示	运行方法		操作面板显示	运行方法	
	启动指令	频率指令		启动指令	频率指令
79-3 闪烁 PU EXT PRM 闪烁	外部（STF、STR）		79-4 闪烁 PU EXT PRM 闪烁	RUN	模拟量电压输入

（3）变更参数设定　以变更 Pr. 1 上限频率为例说明变更参数设定方法。

1）接通时显示的监视器 0.00 Hz MON EXT 画面。

2）按PU/EXT键，进入 PU 运行模式（PU显示灯亮。）0.00 PU 画面。

3）按MODE键，进入参数设定模式（PRM显示灯亮。）P. 0 PRM（显示以前读取的参数编号）画面。

4）旋转旋钮，将参数编号设定为 P. 1（Pr. 1），显示 P. 1 画面。

5）按SET键，读取当前的设定值，显示 120.0 Hz 画面。

6）旋转旋钮，将值设定为“5000”，显示 50.00 Hz 画面；

7）按SET键设定，显示 50.00 Hz P. 1 画面，参数设定完成。

注意：旋转旋钮可读取其他参数；按SET键可再次显示设定值；按两次SET键可显示下一个参数；按两次MODE键可返回频率监视画面；其他相关事宜请查阅 FR-E700 使用手册。

四、FX2N 系列 PLC 脉冲指令

（1）脉冲输出指令　脉冲输出指令的功能编号为 FNC57，助记符为 PLSY，指令用于指定输出继电器 Y0 或 Y1 输出给定频率的脉冲。脉冲指令要素见表 14-3，脉冲输出指令的使用示例如图 14-11 所示。

表 14-3　脉冲指令要素

指令名称	指令编号	助记符	操作数			指令步数
			S1（可变址）	S2（可变址）	D（可变址）	
脉冲输出	FNC57（16/32）	PLSY	K、H、KnX、KnY、KnM、KnS、T、C、D、V、Z		晶体管输出型 Y000 或 Y001	PLSY：7 步 DPLSY：13 步

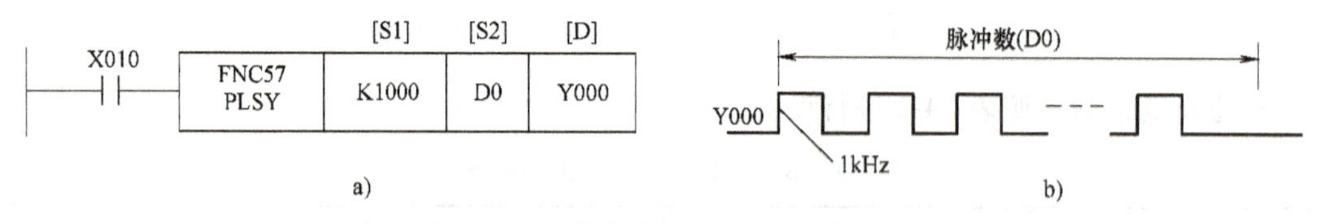

图 14-11　脉冲输出指令的使用示例

指令解读：当驱动条件成立时，从输出口 D 输出一个频率为 S1、脉冲个数为 S2、占空比为 50%的脉冲串。

在图 14-11 中，当 X010 为 ON 时，输出口 Y0 开始输出脉冲序列。该脉冲频率为

K1000，即 1kHz，脉冲个数为 D0 个。在发生脉冲期间 X010 若变为 OFF，则脉冲输出停止。X010 再为 ON 时，脉冲重新开始计数。

脉冲输出指令的使用注意事项：

1）脉冲输出端必须是晶体管输出，闸流体与继电器输出均无效。

2）本指令可应用于脉冲控制电动机，如果是步进电动机则作定位控制。

（2）可调速脉冲输出指令　可调速脉冲输出指令的功能编号为 FNC59，助记符为 PLSR，该指令是按照［S1·］指定的最高频率分 10 级加速，达到［S2·］指定的输出脉冲数时，再以最高频率分 10 级减速。可调速脉冲输出指令要素见表 14-4，可调速脉冲输出指令的使用示例如图 14-12 所示。

表 14-4　可调速脉冲输出指令要素

指令名称	指令编号	助记符	操作数				指令步数
			S1·（可变址）	S2·（可变址）	S3·（可变址）	D(可变址)	
可调脉冲输出	FNC59（16/32）	PLSR	K、H、KnX、KnY、KnM、KnS、T、C、D、V、Z	K、H、KnX、KnY、KnM、KnS、T、C、D、V、Z	K、H、KnX、KnY、KnM、KnS、T、C、D、V、Z	晶体管输出型 Y0 或 Y1	PLSR:9 步 DPLSR:17 步

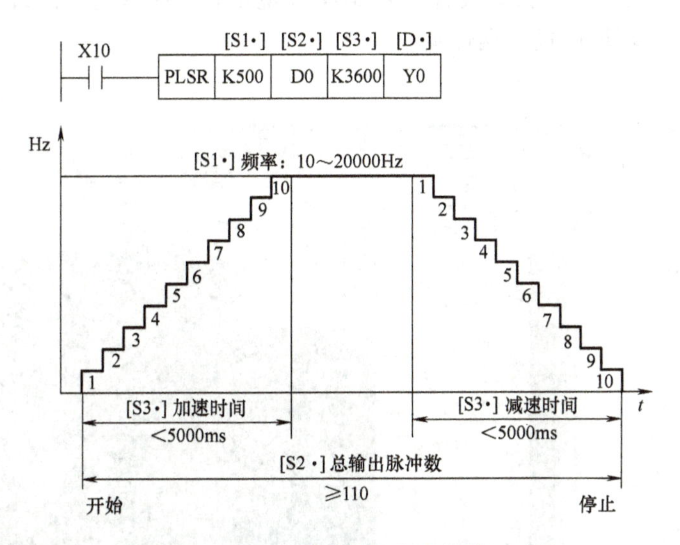

图 14-12　可调速脉冲输出指令的使用示例

指令解读：当驱动条件成立时，冲输出口 D 输出一最高频率为 S1、脉冲个数为 S2、加/减速时间为 S3、占空比为 50%的脉冲串。

在图 14-12 中，当驱动条件 X10 为 ON 时，冲输出口 Y0 输出一最高频率为 K500、脉冲个数为 D0、加/减速时间为 K3600、占空比为 50%的脉冲串。

可调脉冲输出指令参数设置注意事项：

1）输出频率 S1 的设定范围是 10~20000Hz，频率设定必须是 10 的整数倍。

2）输出脉冲个数 S2 的设定范围是：16 位运算为 110~3276，32 位运算为 110~2147486947，当设定值不满 110 时，脉冲不能正常输出。

3）加速/减速时间 S3 具体设定范围由下式确定：

$$5\times\frac{90000}{S1}\leqslant S3\leqslant 818\times\frac{S2}{S1}$$

按照上述公式计算时，其下限值不能小于 PLC 扫描时间最大值的 10 倍（扫描时间最大值可在特殊数据寄存器 D8012 中读取），其上限值不能超过 5000ms。FX2N 系列 PLSR 指令的加/减速时间是根据设定的时间进行 10 级均分的方式进行的。

五、GT Designer3 分级密码设置方法

在很多自动化车间里，操作人员只能对触摸屏进行基本的操作，比如开机、启动、关机等。那些会影响系统性能的“参数设置”“时间设置”，通常只允许高级技术人员或者设备维护人员来设置。这种功能可以通过设置安全等级密码来实现：比如最低的“0 等级”是不需要密码的，“1 等级”密码给普通操作人员，可以进行基本操作；“2 等级”授权给有一定权限的技术人员进行高级设置；“3 等级”给车间主任来管理；“4 等级”留给设备的生产厂家。这里讲解如何设置安全等级 1 的密码，设置其他的安全等级方法一样。

1）打开 GT Designer3 软件。

2）新建工程，进入画面设计界面。

3）依次单击工具栏中“公共设置”→“GOT 环境设置”→“安全”，如图 14-13 所示，进入如图 14-14 所示“环境设置”属性页。

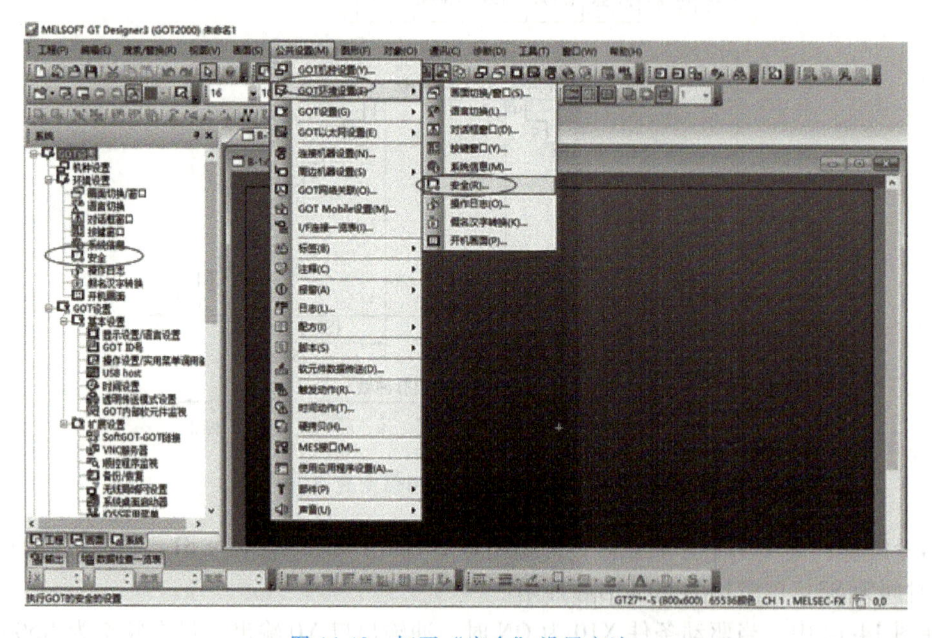

图 14-13　打开“安全”设置方法

4）如图 14-15 所示，在“画面安全”中点选“等级认证”，将“安全等级软元件”设为“D0”，在“安全等级密码”中双击“等级 1”或者单击“编辑”，进入图 14-16 所示的密码设置窗口。

5）输入密码“1234”，确认密码“1234”，单击“确定”，显示如图 14-17 所示的密码确认提示窗口，单击“是”，最后单击“确定”，这样安全等级 1 的密码就设置好了。

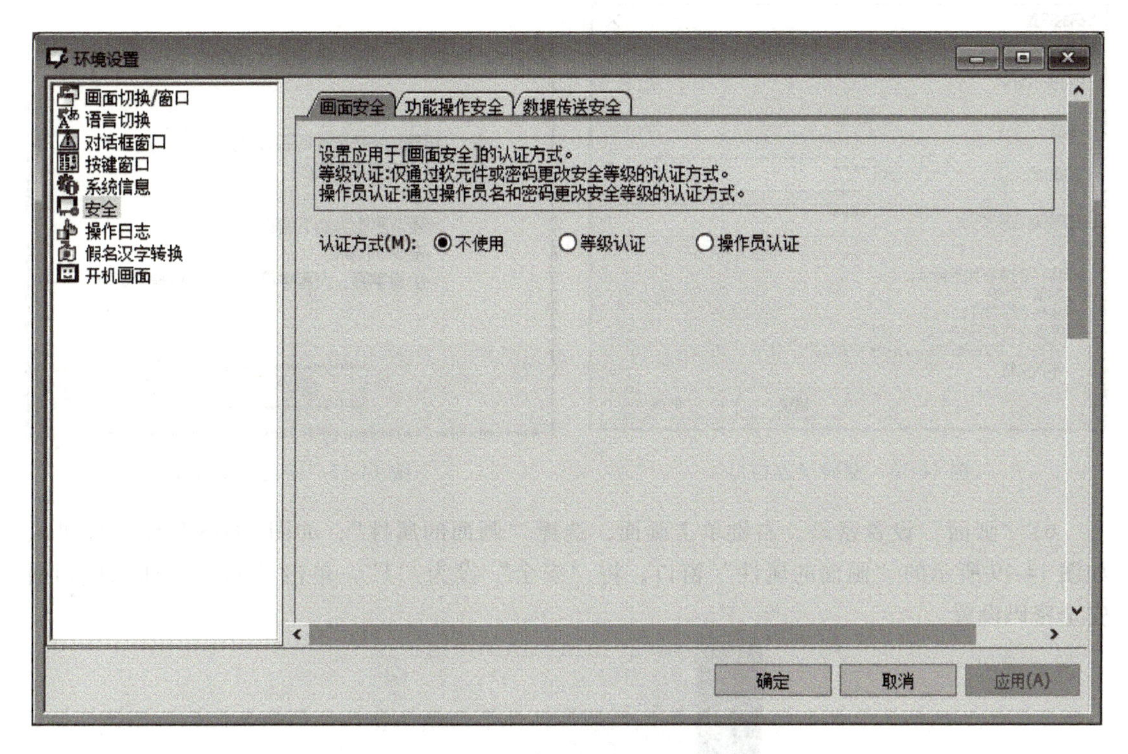

图 14-14　“环境设置”属性页

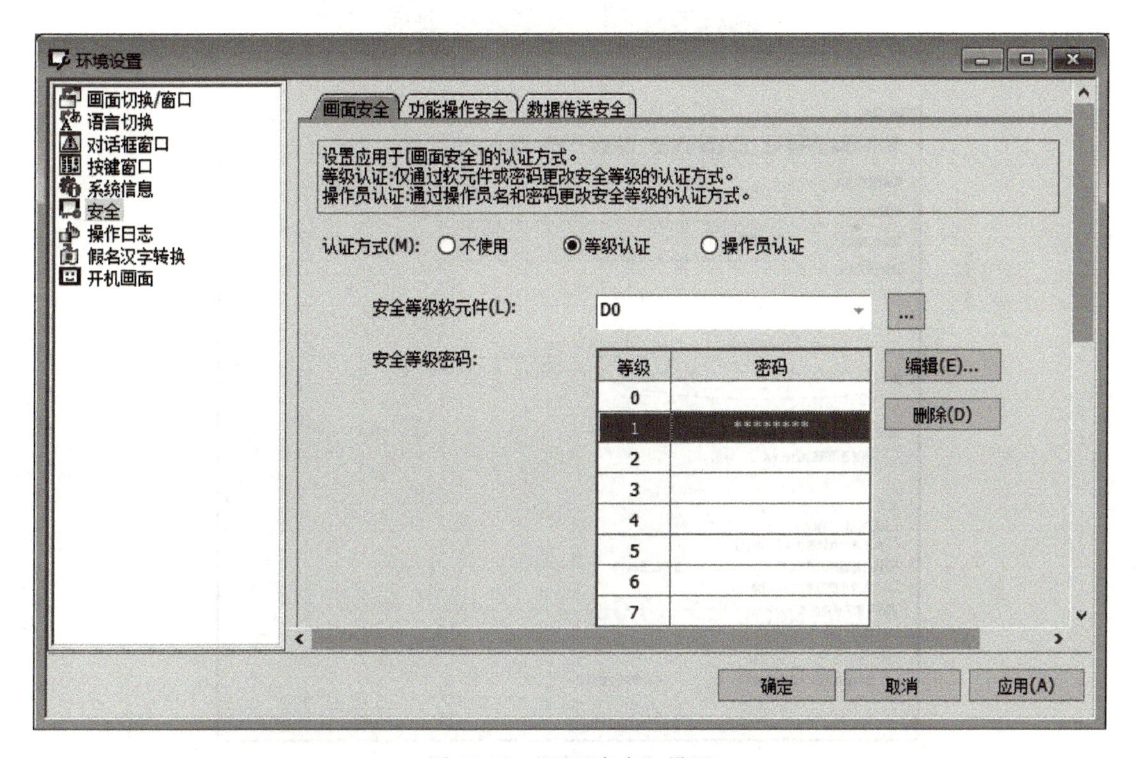

图 14-15　“画面安全”设置

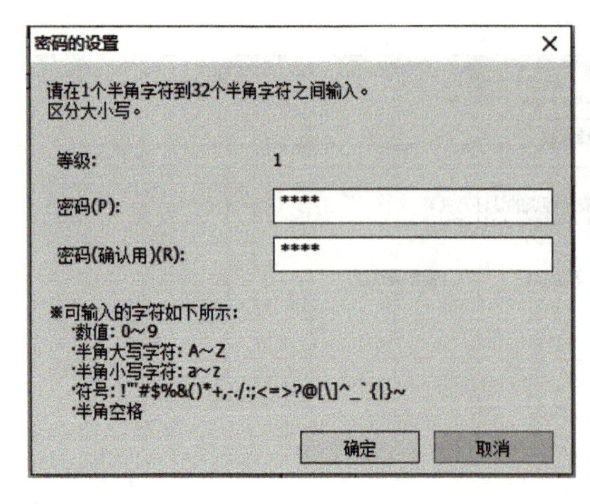

图 14-16　密码设置窗口

图 14-17　密码确认提示

6)“画面”设置密码。右键单击画面，选择“画面的属性”，如图 14-18 所示，即进入如图 14-19 所示的“画面的属性”窗口，将“安全”设为“1”，单击“确定”即完成画面安全密码设置。

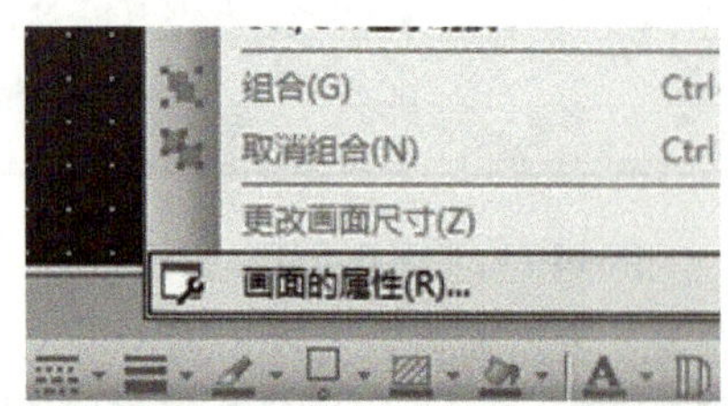

图 14-18　打开画面属性

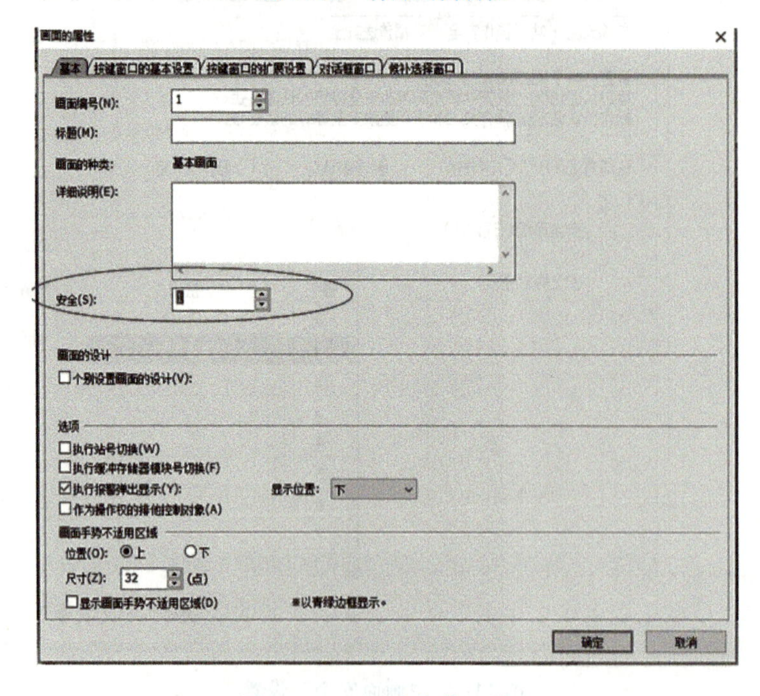

图 14-19　画面安全等级设置

7）“按钮开关”设置密码。双击按钮开关元件或者右键单击按钮开关元件，选择“打开设置对话框”，如图 14-20 所示。进入“开关”设置页，如图 14-21 所示，单击“扩展功能”，将安全等级中“显示”设为“0”，“输入”设为“1”，单击“确定”即完成“按钮开关”密码设置。

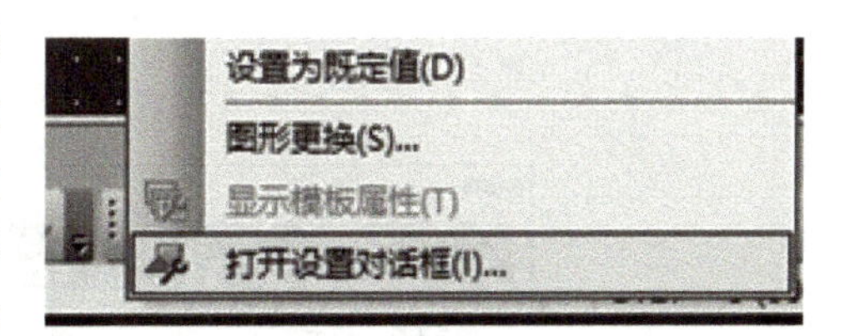

图 14-20 打开设置对话框

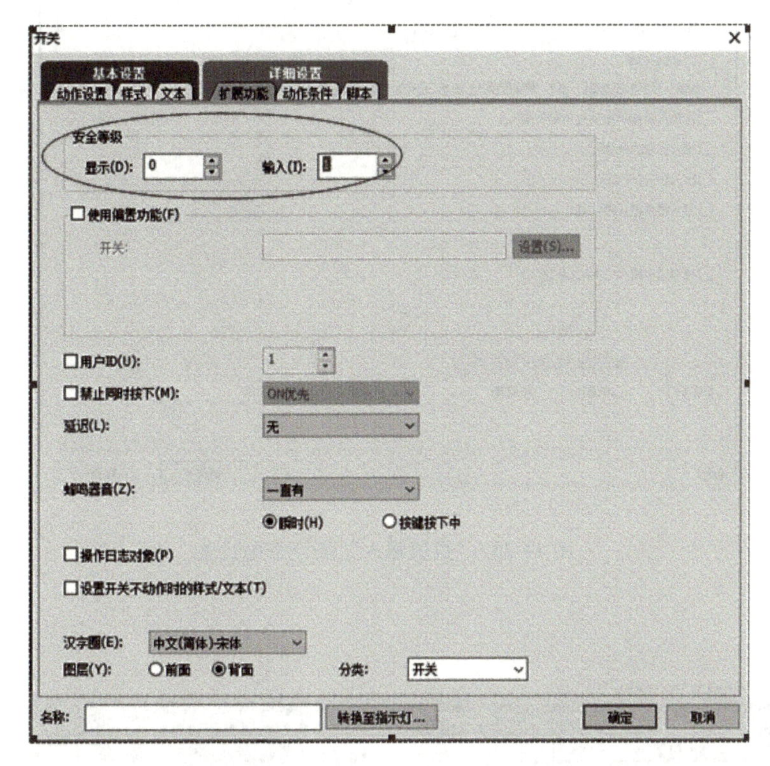

图 14-21 “开关”安全等级设置

8）“数值输入”设置密码，右键单击数值框，选择“打开设置对话框”，如图 14-22 所示。进入“数值输入”设置页，如图 14-23 所示，单击“扩展功能”，将安全等级中“显示”设为“0”、“输入”设为“1”，单击“确定”即完成“数值输入”密码设置。

9）“窗口”设置密码，右键单击窗口画面，选择“画面的属性”，如图 14-24 所示。进入如图 14-25 所示的窗口“画面的属性”页面，将“安全”设为“1”，单击“确定”即完成窗口画面安全密码设置。

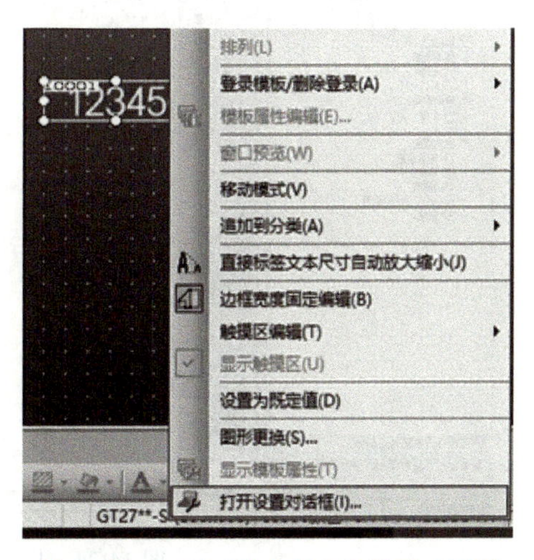

图 14-22 打开“数值输入”设置对话框

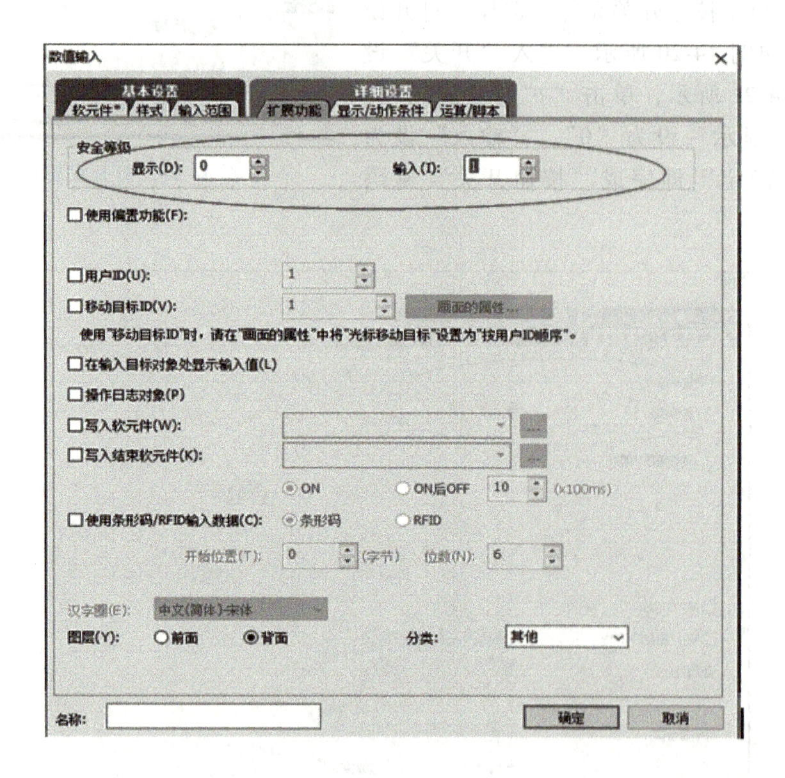

图 14-23 “数值输入”安全密码设置

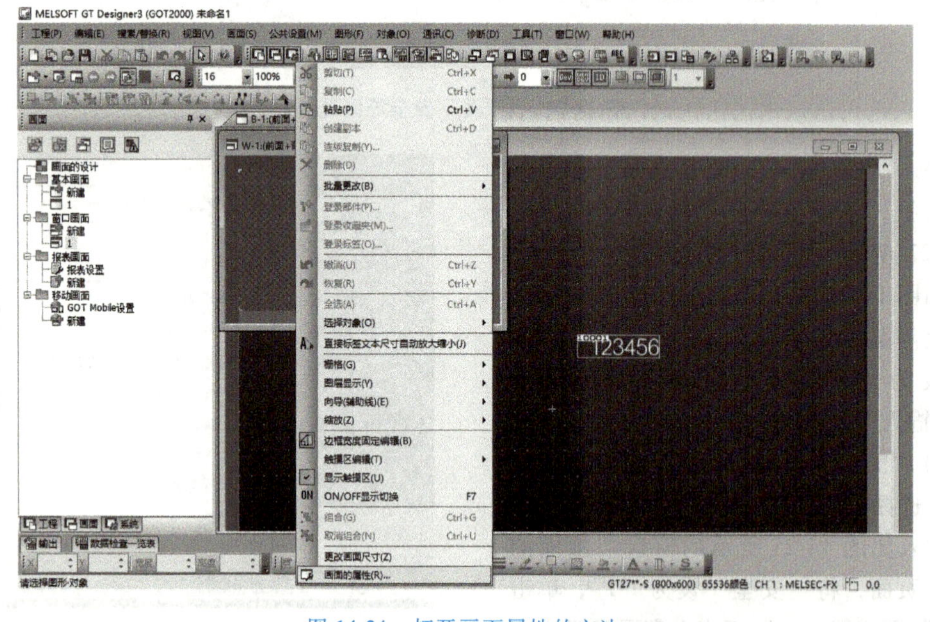

图 14-24 打开画面属性的方法

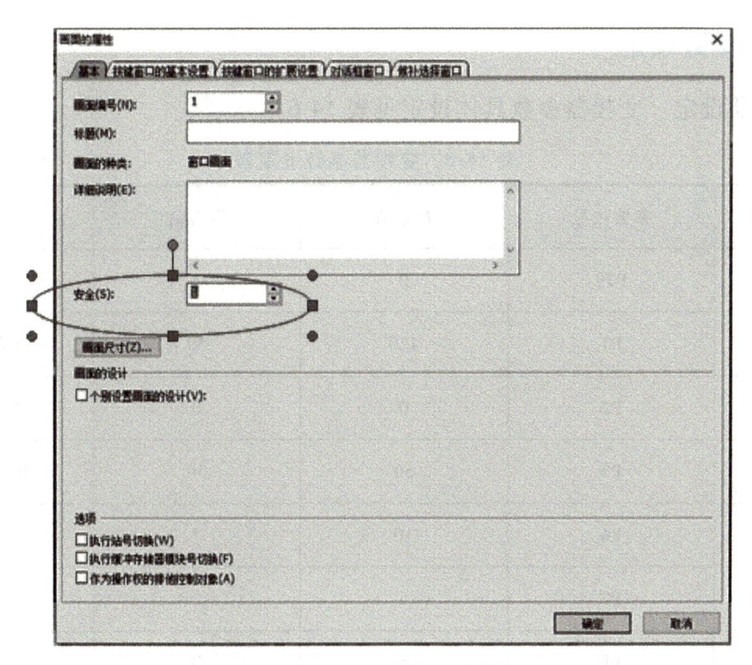

图 14-25　窗口画面属性安全等级设置

【项目实施】

一、I/O 地址分配

根据五角星冲孔的控制要求，设定 I/O 地址分配表，见表 14-5。

表 14-5　I/O 地址分配表

输入				输出	
地址号	功能	地址号	功能	地址号	功能
X0	暂停 SB1	X17	Y 轴正按钮 SB6	Y0	伺服电动机 X 脉冲
X1	启动 SB2	X20	Y 轴负按钮 SB7	Y1	伺服电动机 Y 脉冲
X2	复位 SB3	X21	仓储上极限	Y2	转塔步进电动机脉冲
X3	手自动 XK1	X22	仓储原点	Y3	伺服电动机 X 方向
X4	急停	X23	下料位置信号	Y4	伺服电动机 Y 方向
X5	转塔步进电动机原点	X24	仓储下极限	Y5	电动机低速
X6	料仓物料检测传感器	X25	仓储限位开关	Y6	电动机正转
X7	伺服电动机 X 轴左极限	X26	夹料检测传感器	Y7	电动机反转
X10	伺服电动机 X 轴右极限	X27	夹爪夹紧到位	Y10	真空吸盘电磁阀
X11	伺服电动机 X 轴原点	X30	定位气缸 1 到位	Y11	夹紧气缸电磁阀
X12	伺服电动机 Y 轴左极限	X31	定位气缸 2 到位	Y12	定位气缸电磁阀
X13	伺服电动机 Y 轴右极限	X32	冲压缸原点	Y13	冲压缸电磁阀
X14	伺服电动机 Y 轴原点	X33	冲压缸到位	Y14	推料气缸电磁阀
X15	X 轴正按钮 SB4	X34	推料气缸到位 1		
X16	X 轴负按钮 SB5	X35	推料气缸到位 2		

二、硬件参数设定

（1）变频器设定　变频器参数具体设定见表 14-6。

表 14-6　变频器参数设定表

序号	参数代号	初始值	设置值	说明
1	P79	0	3	运行模式选择
2	P1	120	50	上限频率(Hz)
3	P2	0	0	下限频率(Hz)
4	P3	50	50	电动机额定频率
5	P6	10	7	低速运行
6	P7	5	2	加速时间
7	P8	5	0	减速时间

（2）伺服驱动器参数设定　将伺服驱动器参数设定为：

Cn001 = H0002（位置控制模式）

Cn002 = H0011（驱动器上电马上励磁，忽略 CCW 和 CW 驱动禁止功能）

Cn025 = 00030（负载惯量比）

Pn301 = H3000（脉冲命令形式：脉冲+方向；脉冲命令逻辑：正逻辑）

Pn302 = 00003（电子齿轮比分子 1）

Pn306 = 00001（电子齿轮比分母）

X 轴 Pn314 = 00001，Y 轴 Pn314 = 00000（0：顺时针方向旋转；1：逆时针方向旋转）

注意：参数设置完成后，伺服驱动器断电（LED 灯灭），重新上电，以保存设置的参数。

（3）步进驱动参数设定　步进驱动器具体参数设定见表 14-7。

表 14-7　步进驱动器参数设定表

拨码开关	SW1	SW2	SW3	SW4	SW5	SW6	SW7	SW8
设置状态	on	off	on	off	on	on	off	off
对应参数值	工作(动态)峰值电流设定为 1.91A			停止电流设为半流	细分设定为 8000			

注意，参数设置前需将步进电动机驱动器电源关闭，参数设置完成后方可将电源打开。

三、控制程序设计

扫描下方二维码可查看本项目微课讲解及控制程序梯形图文档。

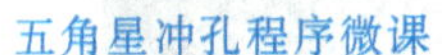

五角星冲孔程序微课

五角星冲孔程序梯形图

四、程序输入、仿真调试及运行

1）在 GX Works2 中完成五角星冲孔控制程序。

2）利用 GX Works2 调试功能完成程序仿真运行，测试功能是否达到设计要求，如不能达到设计要求，应进行相应修改，直至仿真结果与系统设计要求一样。如图 14-26 所示为程序仿真调试界面。

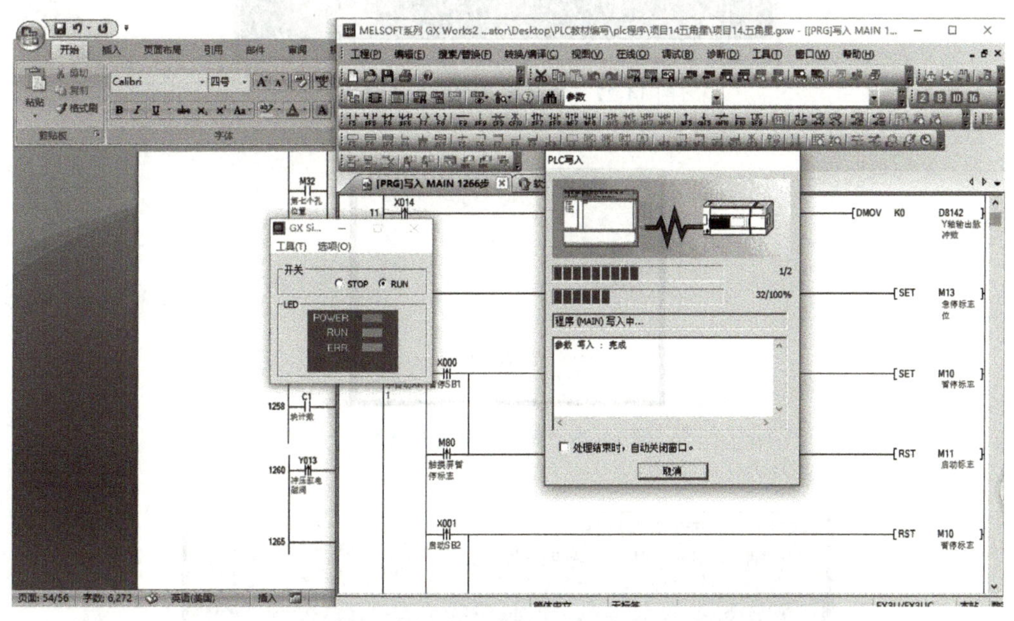

图 14-26 程序仿真调试界面

3）将 PLC 运行模式选择开关拨到“STOP”位置，此时 PLC 处于停止状态，可以进行程序的编写。

4）执行“在线”→“PLC 写入”，将程序文件下载到 PLC。

5）将 PLC 运行模式选择开关拨到“RUN”位置，使 PLC 处于运行状态。

6）单击菜单栏“在线”→“监视”→“监视模式”，监控运行中各输入、输出器件的通断状态。

7）按下相关按钮对程序进行调试运行，观察程序运行情况。若出现故障，应分别检查硬件电路接线和梯形图是否有误，修改后，应重新调试，直至系统按要求正常工作。

8）打开 GT Designer3 仿真运行触摸屏程序，结合 PLC 验证程序。图 14-27 所示为安全登录密码输入界面，图 14-28 所示为安全认证通过界面，图 14-29 所示为触摸屏仿真运行界面。

图 14-27　安全登录密码输入界面

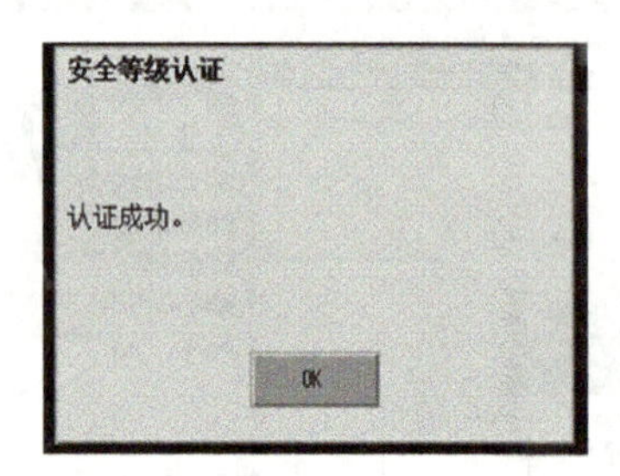

图 14-28　安全认证通过界面

图 14-29　触摸屏仿真运行界面

【项目评价】

填写项目评价表，见表 14-8。

表 14-8　项目评价表

评价方式	项目内容	评分标准	配分	得分
自我评价	PLC 程序设计	1. 编制程序，每出现一处错误扣 1~2 分 2. 分析工作过程原理，每出现一处错误扣 1~2 分	30	
	GX Works2 使用	1. 输入程序，每出现一处错误扣 1~2 分 2. 程序运行出错，每次扣 3 分	30	
	PLC 连接与使用	1. 安装与调试，每出现一处错误扣 3 分 2. 使用与操作，每出现一处错误扣 3 分	20	
	安全文明操作	1. 违反操作规程，产生不安全因素，视情况扣 5~10 分 2. 迟到、早退、工作场地不清洁，每次扣 3~5 分	20	
签名		总分 1（自我评价总分×40%）		
小组评价	实训记录与自我评价情况		20	
	对实训室规章制度的学习与掌握情况		20	
	团队协作能力		20	
	安全责任意识		20	
	能否主动参与整理工具、器材与清洁场地		20	
参评人员签名		总分 2（小组评价总分×30%）		
教师评价				
教师签名		教师评分（30）		
总分（总分 1+总分 2+教师评分）				

【复习与思考题】

1. （　　）是指在伺服系统中控制机械元件运转的动力装置，是一种补助马达间接变速装置。

2. （多选）下列关于伺服驱动器表述正确的是（　　）。

A. 伺服驱动器又称为“伺服控制器”“伺服放大器”

B. 伺服驱动器是用来控制伺服电动机的一种控制器

C. 伺服驱动器主要应用于高精度的定位系统

D. 一般是通过位置、速度和力矩三种方式对伺服电动机进行控制，实现高精度的传动系统定位

3. (　　) 是将电脉冲信号转变为角位移或线位移的开环控制电动机，是现代数字程序控制系统中的主要执行元件。

4. 步进电动机通过控制脉冲 (　　) 来控制角位移量，从而达到准确定位的目的；同时可以通过控制脉冲 (　　) 来控制电动机转动的速度和加速度，从而达到调速的目的。

5. (多选) 下列关于步进驱动器的表述正确的是 (　　)。

A. 步进电动机驱动器是一种将电脉冲转化为角位移的执行机构。

B. 当步进驱动器接收到一个脉冲信号，它就驱动步进电动机按设定的方向转动一个固定的角度（称为“步距角”），它的旋转是以固定的角度一步一步运行的。

C. 通过控制脉冲个数来控制角位移量，从而达到准确定位的目的。

D. 通过控制脉冲频率来控制电动机转动的速度和加速度，从而达到调速和定位的目的。

6. 三菱变频器的电路一般由 (　　)、(　　)、(　　) 和 (　　) 4 个部分组成。

7. 三菱 (　　) 是利用半导体器件的通断作用将工频电源变换为另一频率的电能控制装置。

8. 脉冲输出指令的助记符为 (　　)。

A. PLF　　B. PLS　　C. PLSR　　D. PLSY

9. 脉冲输出指令用于指定输出继电器 (　　) 输出给定频率的脉冲。

10. 可调速脉冲输出指令的助记符为 (　　)。

A. PLF　　B. PLS　　C. PLSR　　D. PLSY

11. 在 GX Works2 中完成五角星冲孔控制系统的程序。

12. 在 GT Designer3 中完成五角星冲孔控制系统的仿真界面。

参 考 文 献

[1] 黄中玉．PLC 应用技术［M］．2 版．北京：机械工业出版社，2018.

[2] 周文煜．PLC 综合应用技术［M］．2 版．北京：机械工业出版社，2018.

[3] 刘建华，张静之．三菱 FX2N 系列 PLC 应用技术［M］．2 版．北京：机械工业出版社，2018.

[4] 牟应华，陈玉平．三菱 PLC 项目式教程［M］．北京：机械工业出版社，2017.